电工书架

电工线路快学速用

张志军　李　帆　编

河南科学技术出版社

·郑州·

内 容 提 要

本书是应广大初级电工和电子爱好者要求编写的，内容涵盖常见生产和生活用电线路。主要内容包括照明线路、电动机控制线路、电气保护线路、自动控制线路、报警电路、常用小家电电路、电工维修经验线路、节电电气线路、电工仪表线路。

本书比较全面地介绍了初级电工人员常用的电气电子线路，并对每种线路的工作原理、线路特征等给予必要说明，适合广大电工操作和维修人员阅读，也可作为广大电子爱好者的参考资料。

图书在版编目（CIP）数据

电工线路快学速用/张志军，李帆编．-郑州：河南科学技术出版社，2014.5
ISBN 978-7-5349-6644-6

Ⅰ.①电…　Ⅱ.①张…　②李…　Ⅲ.①电路-基本知识　Ⅳ.①TM13

中国版本图书馆 CIP 数据核字（2014）第 042091 号

出版发行：河南科学技术出版社
　　　　　地址：郑州市经五路 66 号　　邮编：450002
　　　　　电话：（0371）65737028　65788613
　　　　　网址：www.hnstp.cn
策划编辑：孙　彤
责任编辑：邓　珺
责任校对：李振方
封面设计：张　伟
责任印制：朱　飞
印　　刷：郑州文华印务有限公司
经　　销：全国新华书店
幅面尺寸：140 mm×202 mm　　印张：8.5　　字数：220 千字
版　　次：2014 年 10 月第 1 版　2014 年 10 月第 1 次印刷
定　　价：21.00 元

随着我国电气技术、电子技术的日益发展和普及，大量用电器具和设备进入到工矿企业和家庭。电工人员作为社会中用电设备维修的主力军，对其自身的知识水平和技术水平要求也越来越高。

对任何一种电气设备，只有正确地连接其电气、电子线路才能保证它们的正常工作。电工人员了解、熟悉这些电气、电子线路，对于一般的电气安装和日常的维护修理都大有好处。因此，编者针对初级电工人员和电子爱好者的实际需要，根据有关资料和实际工作的经验，汇编了多种常见的电工线路，目的是给初级电工人员和电子爱好者提供一个比较实用的参考资料，以帮助大家快速正确地处理工作中遇到的问题。同时，希望读者能从中得到一些启发，将其完善，应用到实际工作中去，以取得好的效益。

本书由郑州铁路职业技术学院张志军、李帆共同编写。由于编者水平有限，书中错误和不当之处敬请批评指正。

编者

2014 年 3 月

目 录

第一章　常用照明线路

1. 一个单连开关控制一盏灯电路

在工矿企业和一般家庭中，灯具的应用极为广泛。灯具的接线安装要做到安全、经济、美观、合理并且便于维修。用一个单连开关控制一盏灯是一种最简单、最常用的方法，开关应安装在相线上，安装时应使灯泡的额定电压符合电源电压的要求。具体接线图如图 1－1 所示。

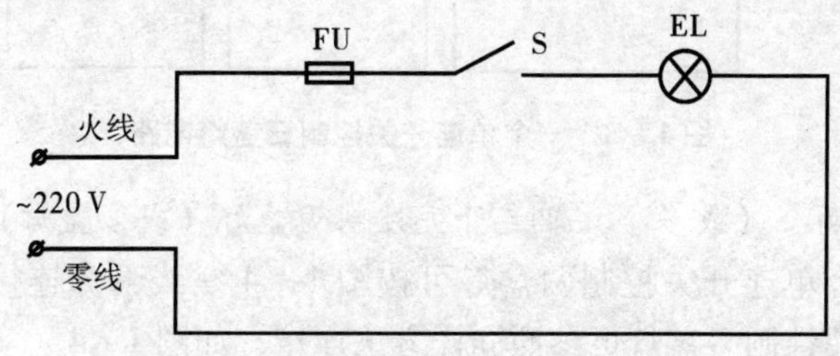

图 1－1　一个单连开关控制一盏灯电路

2. 一只单连开关控制一盏灯并另外连接一只插座电路

其加接的插座一般并接联电源上，见图 1－2a。有时为了维修方便，减少故障点，接头可接入内部接线桩上，外部连线可做到无接头，见图 1－2b。

3. 一个单连开关控制三盏灯电路

用一个单连开关控制三盏灯的电路如图 1－3 所示，要注意

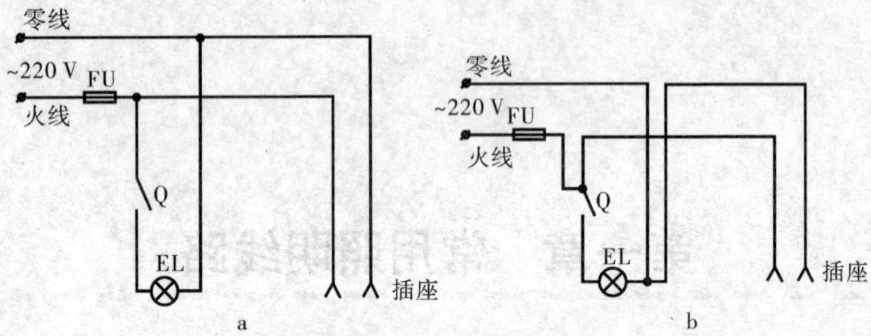

图 1-2 一个单连开关控制一盏灯并另外连接一个插座电路

通过开关的电流值不能超过该开关容许的范围。用一个单连开关控制多盏灯的线路与此类似。

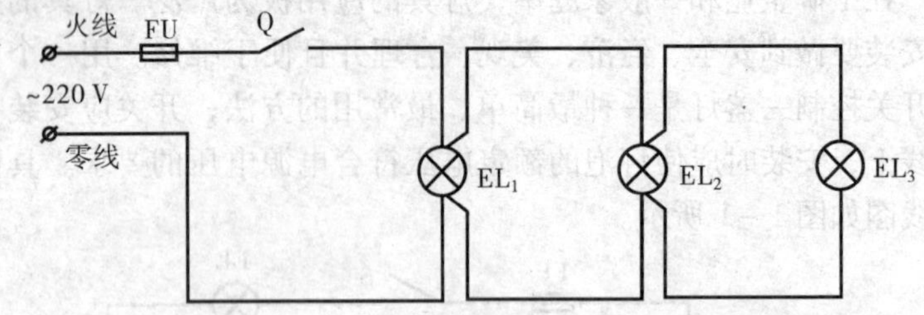

图 1-3 一个单连开关控制三盏灯电路

4. 两个（或多个）单连开关控制两盏灯（或多盏灯）电路

两个单连开关控制两盏灯可按图 1-4 实线部分连接。多个单连开关控制多盏灯可参照同样方法连接，如图 1-4（实线 + 虚线）所示。

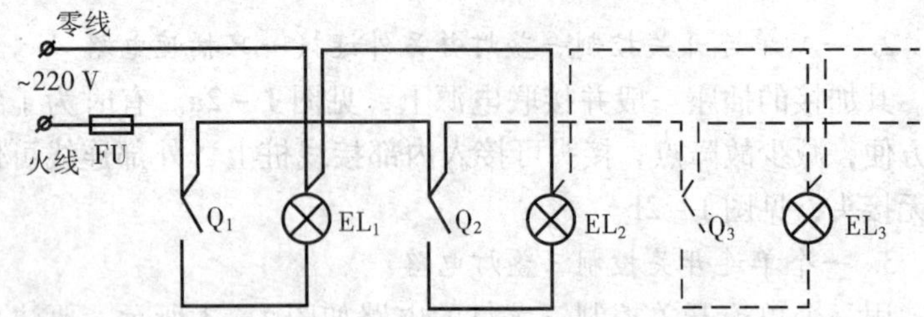

图 1-4 两个（或多个）单连开关控制两盏灯（或多盏灯）电路

5. 两只双连开关在两地控制一盏灯电路

有时为了方便，需要在两地控制一盏灯。例如，楼梯上使用的照明灯，要求在楼上、楼下都能控制其亮或灭。它需要多用一根连线，其接线方法如图 1－5 所示。

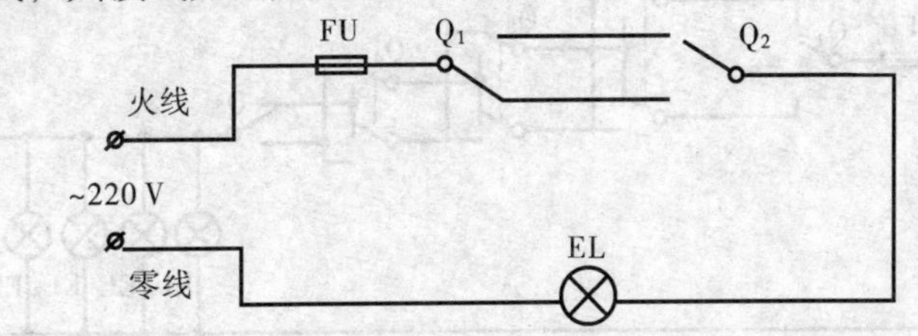

图 1－5 两只双连开关在两地控制一盏灯电路

6. 三个开关控制一盏灯电路

在日常生活中，经常需要用两个或多个开关来控制一盏灯，如楼梯有一盏灯，要求上、下楼梯门处各安一个开关使上、下楼都能开灯或关灯。这就需要一灯多控。图 1－6 所示是三个开关控制一盏灯的电路。开关 Q_1 和 Q_3 用单刀双掷开关，而 Q_2 用双刀双掷开关。Q_1、Q_2、Q_3 三个开关中的任何一个都可以独立地控制电路通断。

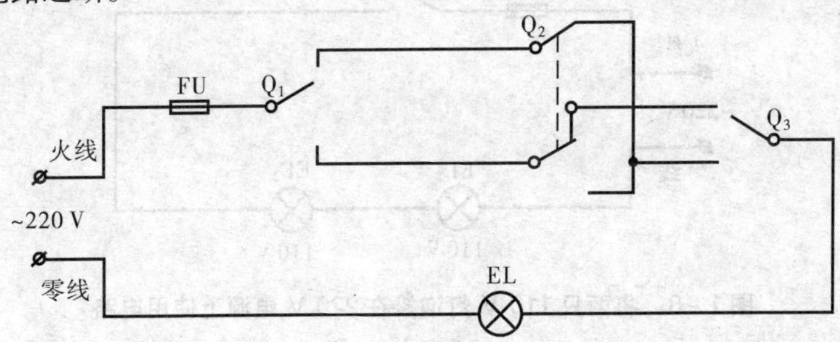

图 1－6 三个开关控制一盏灯电路

7. 五层楼照明灯开关控制电路

如图 1－7 所示，Q_1 至 Q_5 分别装在一、二、三、四、五层楼的楼梯上，灯泡也分别装在各楼层的走廊里。这样在任何一个地方都可控制整座楼走廊的照明灯。例如上楼时开灯，到五楼再关灯，或从四楼下楼时开灯，到一楼再关灯。

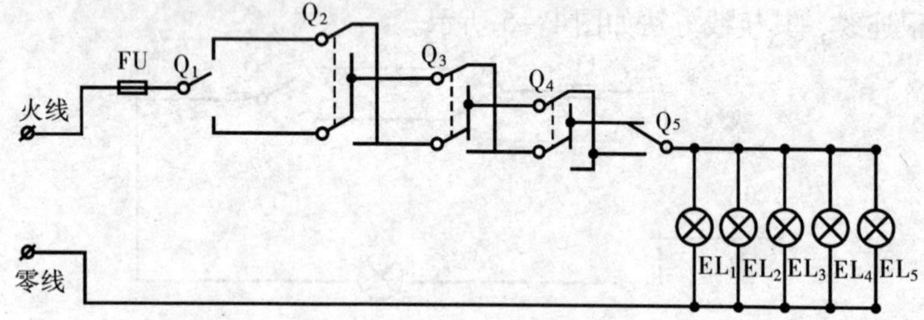

图 1-7 五层楼照明灯开关控制电路

8. 两个 110 V 灯泡接在 220 V 电源上使用电路

某些地区用的电源电压为 110 V，而目前我国绝大多数地区所用的电源电压为 220 V。按图 1-8 的接线方法可将两只 110 V 的灯泡接在 220 V 电源上使用，接线方法为串联法。注意：两只 110 V 的灯泡功率必须相同，否则灯泡功率比较小的一个极易被烧坏。

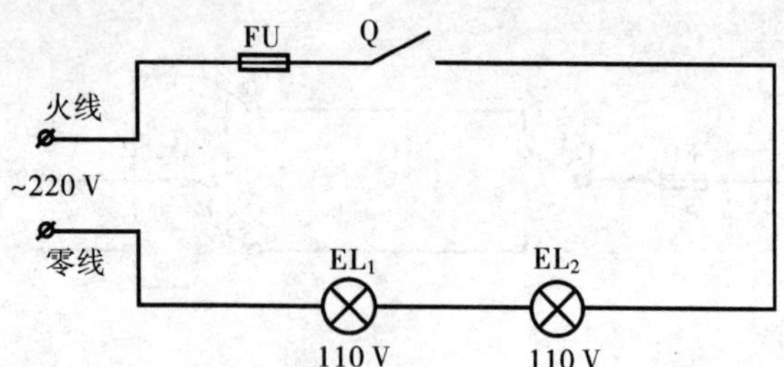

图 1-8 将两只 110 V 灯泡接在 220 V 电源上使用电路

9. 低压灯泡在 220 V 电源上使用电路

一般低压灯泡接入 220 V 交流电源时需要一个变压器，不仅体积增大，成本也高。如果将低压灯泡和一只容量合适的电容串联后，就可直接接入 220 V 电源，如图 1-9 所示。这种方法简便易行，如在车床上安装指示灯时可采用。

串联的电容起降压作用，其容量要适当，过大会烧坏灯泡，过小则灯光太暗，可根据实验而定。它的估算公式为：$C=15I$。I为低压灯泡的额定电流（A）。另外，电容的耐压值要大于300 V。低压灯泡的这种使用方法应特别注意绝缘保护，以防触电。

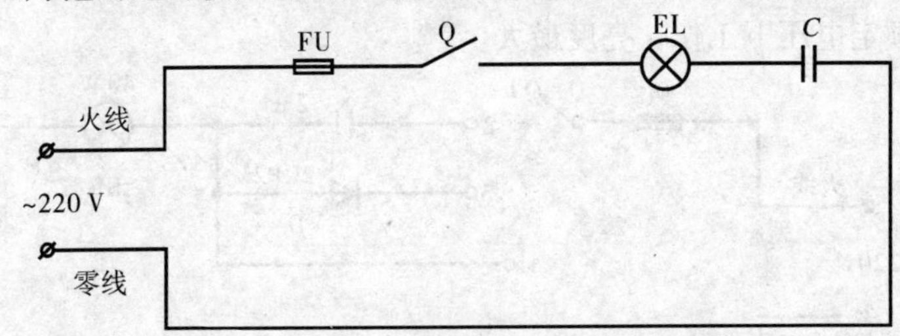

图1－9 低压灯泡在220 V电源上使用电路

10. 延长白炽灯使用寿命的方法

在楼梯、走廊、厕所等场所使用的照明灯，亮度要求不高，但由于夜晚电压升高或在点燃瞬间受大电流冲击的影响，很容易烧坏灯泡，因此需要经常更换。延长寿命的一个简便的方法是采用两只功率相同、耐压均为220 V的白炽灯串联，连接在电压为220 V的电源回路里，如图1－10所示。因为每只灯泡的电压降低了，故发光效率也降低了。

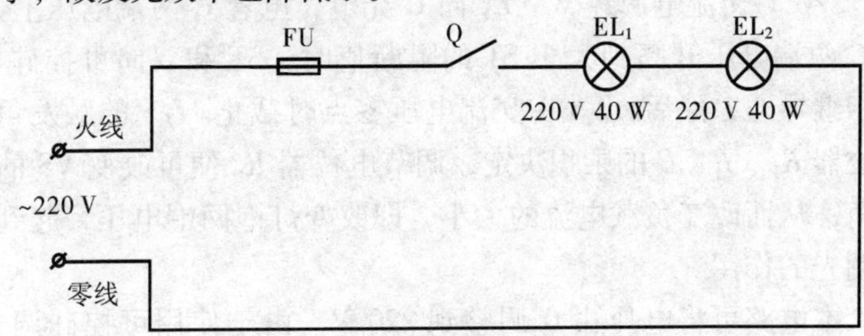

图1－10 延长白炽灯使用寿命的方法

11. 简易调光灯电路

图 1－11 是一种简易调光灯电路，光线的调节由多挡开关 Q 控制。当 Q 拨到“1”时，灯灭；当 Q 拨到“2”时，灯通过电容连接发出微光；当 Q 拨到“3”时，电源经二极管半波整流给灯泡供电，灯泡亮度约为平时的一半；当 Q 拨到“4”时，灯泡在额定电压下工作，亮度最大。

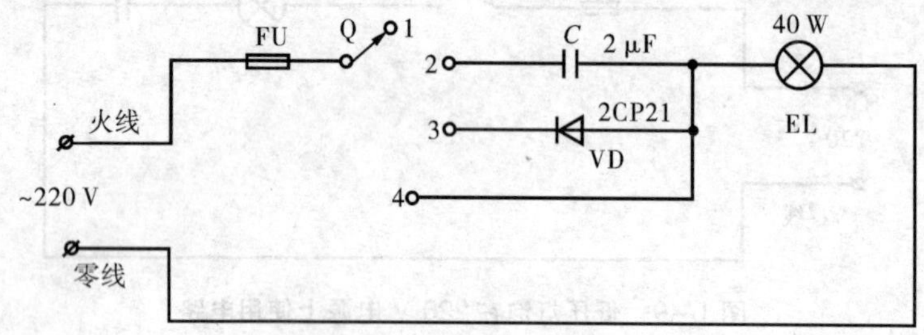

图 1－11　简易调光灯电路

12. 无级调光台灯电路

自制一台小型可控硅调光器，可根据工作学习等需要随意调整台灯的亮度，不但能为您在工作或家庭生活中带来方便，而且可达到节电目的，工作原理如图 1－12 所示。R_1、电位器 R_P、C、R_2 和双向触发二极管 ST 组成移相触发电路，在交流电压的某半周，220 V 交流电源经 W、R_1 向 C 充电，电容 C 两端电压上升。当 C 两端电压升高到大于 ST 的阻断值时，ST 和双向可控硅 VS 才相继导通，然后，VS 在交流电压零点时截止。VS 的触发角由电位器 R_P、R、C 的乘积决定，调节电位器 R_P 便可改变 VS 的触发角，从而改变负载电流的大小，即改变灯泡两端电压，起到随意调光的作用。

本电路可将电压由 0 调整到 220 V。由于使用可控硅调光，故具有调光范围大、体积小、线路简单易制作等优点。整机可安装在一个很小的盒内或者安装在台灯底座下，电位器 R_P 可选用带开关的中型电位器，电位器上的开关可作为台灯开关用。

可控硅 VS 应选用 3 A、400 V 以上型号，台灯灯泡选用 60 ~ 100 W的白炽灯。

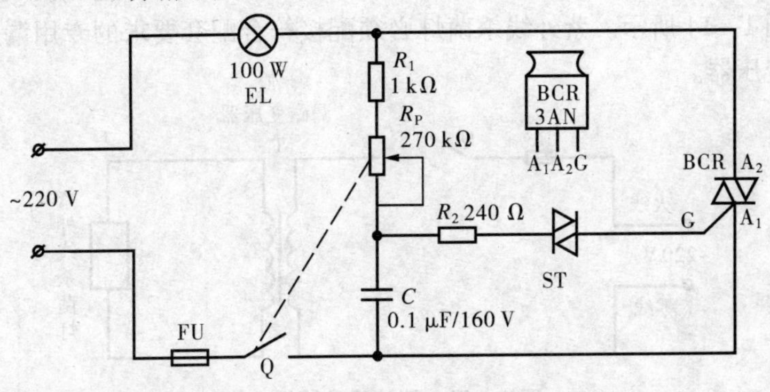

图 1 – 12　无级调光台灯电路

13. 探照灯、红外线灯、碘钨灯电路

探照灯适用于铁路、建筑工地及远距离照明。只要探照灯的额定电压和电源电压一致即可将其直接并联在电源上，如图 1 – 13 所示。红外线灯主要应用于医疗、化工等方面，其接线线路相同。碘钨灯具有体积小、使用时间长、光线好、光效高等优点，灯管两端的接线柱也同样是直接与电源相连接。另外，自镇流高压水银荧光灯、工厂安全型照明灯、普通反射型灯、白炽灯的接线都相同。

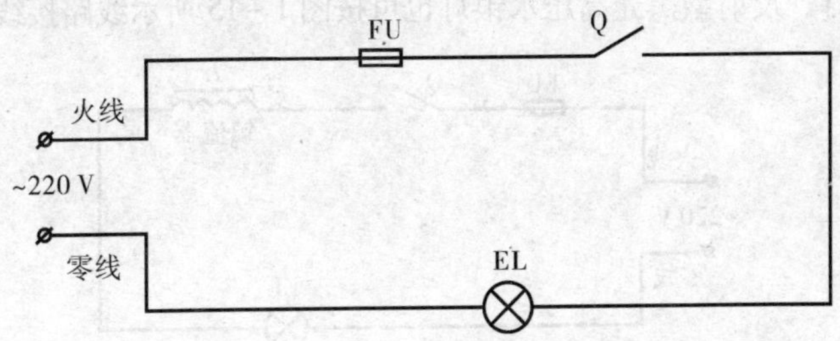

图 1 – 13　探照灯、红外线灯、碘钨灯电路

14. 紫外线杀菌灯电路

紫外线杀菌灯适用于医学、制药工业方面，灯与电源接线如图 1－14 所示。紫外线杀菌灯必须配接符合配套要求的专用漏磁变压器。

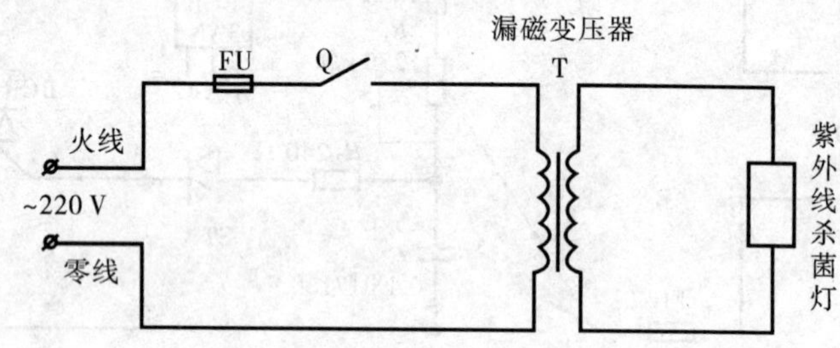

图 1－14　紫外线杀菌灯电路

15. 高压水银灯电路

高压水银灯具有节省电能、发光效率较高、寿命较长、安装线路简单、外型美观等优点，故得到广泛应用，安装线路如图 1－15所示。使用高压水银灯应注意以下几点：

（1）电源波动不宜过大。如果使用中电源电压中途下降 5%，有可能造成灯泡熄灭，熄灭后也不能及时重燃。

（2）灯泡与镇流器要配套使用。高压水银灯座额定功率必须足够大，以防止灯泡热量过高而烧坏灯座。另外，反射型高压水银荧光灯、反射型黑光高压水银灯也可按图 1－15 所示线路接线。

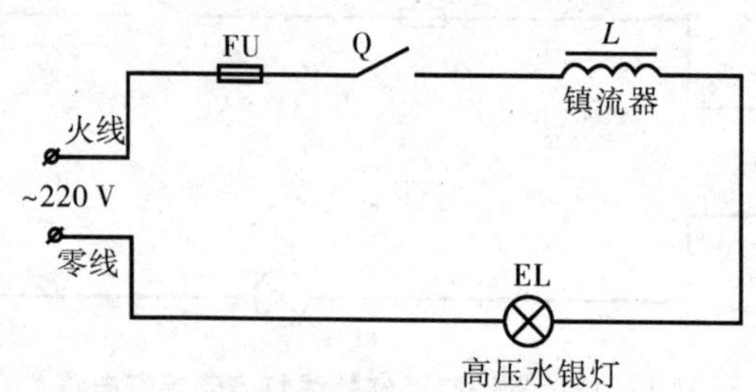

图 1－15　高压水银灯电路

16. 管形氙灯电路

图 1 – 16 是管形氙灯电路。φ_1 为高压输出端，应注意绝缘。触发控制端在触发时电流很大，需配一只 CJ10 – 20 接触器。启动时按下按钮 SB，灯管即可点燃，线路中 φ_3 接相线，φ_4 接中性线，φ_1、φ_2 接灯管两端。

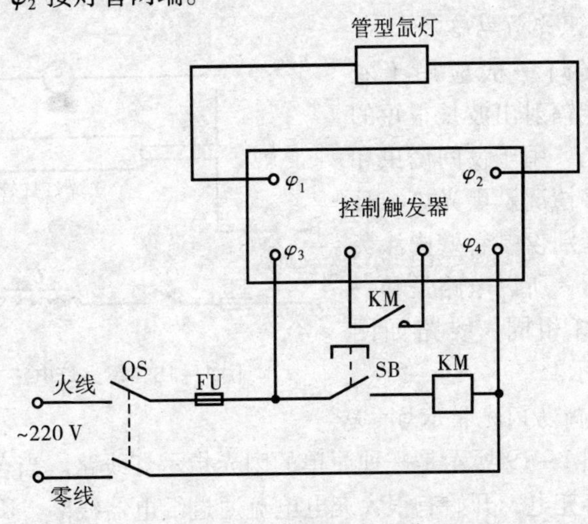

图 1 – 16 管形氙灯电路

17. 日光灯的一般连接电路

日光灯大量应用于家庭及公共场所等的照明，具有发光效率高、寿命长等优点，图 1 – 17 为日光灯的一般连接电图。

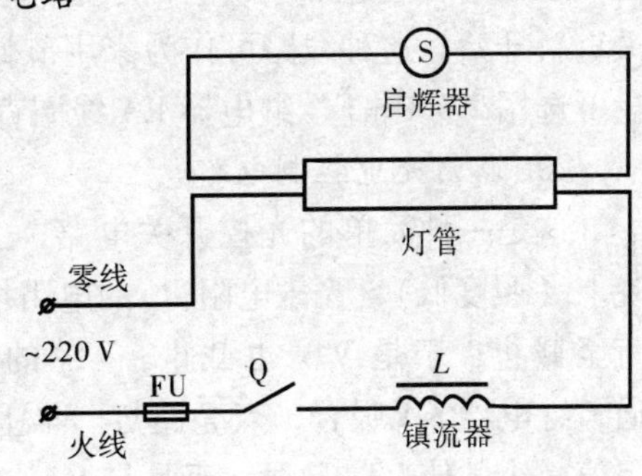

图 1 – 17 日光灯的一般连接电路

日光灯的工作原理是：当开关闭合、电源接通后，灯管尚未放电，电源电压通过灯丝全部加在启辉器内两个双金属触片上，使氖管中产生辉光放电发热，两触片接通，于是电流通过镇流器和灯管两端的灯丝，使灯丝加热并发射电子。此时由于氖管被双金属触片短路停止辉光放电，双金属触片也因温度降低而分开，在此瞬间，镇流器产生相当高的自感电动势，它和电源电压串联后加在灯管两端引起弧光放电，使日光灯被点亮。

18. 黑光灯电路

黑光灯一般应用于农业，它能辐射出波长很短的不可见光，用于夜间诱虫和预测虫害情况。黑光灯与日光灯的区别仅是管壁内涂荧光粉不同，所以电路是和一般日光灯相同，线路如图 1-18所示。

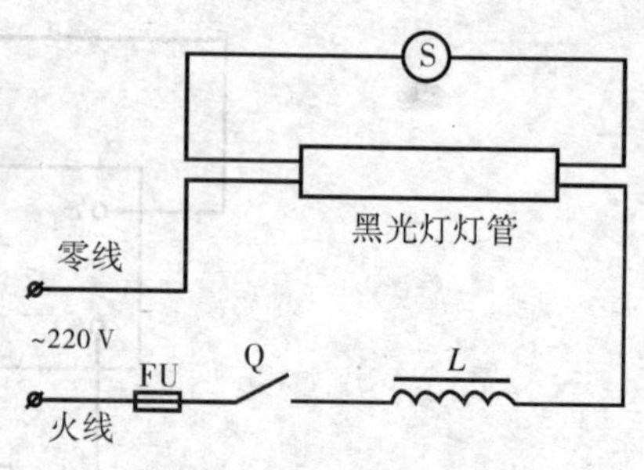

图 1-18 黑光灯电路

19. 简易闪光指示灯电路

如图 1-19 所示是一种简单的闪光指示灯线路。当合上开关时，电容充电，开始有很大充电电流通过继电器线圈，KA 吸合，这时电容继续充电，电流逐渐减小，使 KA 释放，各触点立即复位，这时电容通过灯泡放电，灯亮，电容放电完毕，另一个周期又重新开始。这种线路可作为家用节日闪光灯，线路中的电容容量可选用 2 000 μF，继电器 KA 线圈直流电阻为 700 Ω 为宜。

20. 路灯光电控制电路

这是一种简单的光控开关电路，工作原理如图 1-20 所示。晚上（照度低），光敏电阻 R_L 的电阻增大，NT_1 的基极电流减小直至截止，于是 VT_2 也截止。VT_2 的集电极电压上升使 VT_3 导通，继电器 KA 吸合，点亮路灯。早上天刚亮（照度高），R_L 的阻值减小，使 VT_1 导通，于是与上述过程相反，关闭路灯。继电器 KA 为 JRX-BF 型。

电源变压器采用次级输出为 12 V 的小型电源变压器，功率约

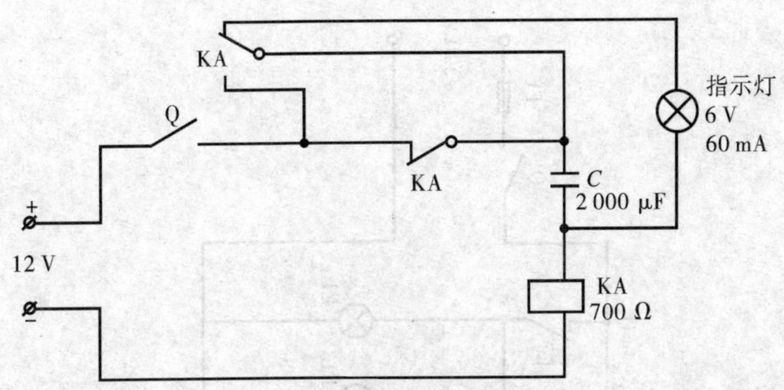

图 1－19　简易闪光指示灯电路

2 V·A即可。桥式整流器采用2CP10 型整流管。

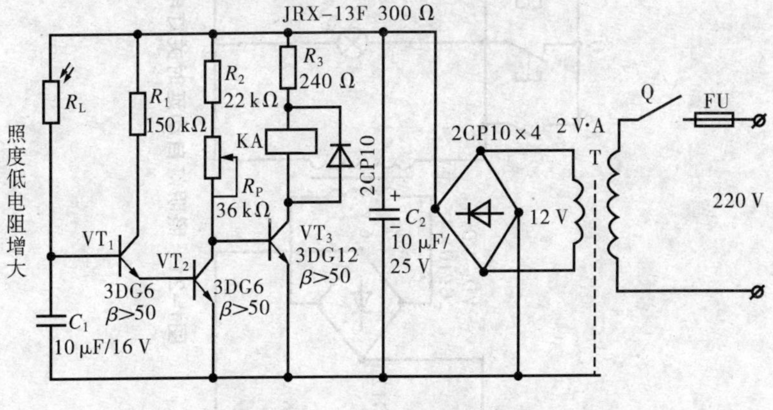

图 1－20　路灯光电控制电路

21. 照明灯自动延时关灯电路

在走廊、门厅或楼梯口的照明灯开关旁边，我们常见到贴有“人走灯灭”或“随手关灯”字样的提示纸条，可实际上很难真正做到人走灯灭，常常还是让照明灯彻夜长明，既费了电，又缩短了灯泡寿命。如图 1－21 所示的电路可以有效地解决“人走灯灭”的问题。

线路中的 Q_1、Q_2、Q_3、Q_4 分别是设在四层楼楼梯上的开关，

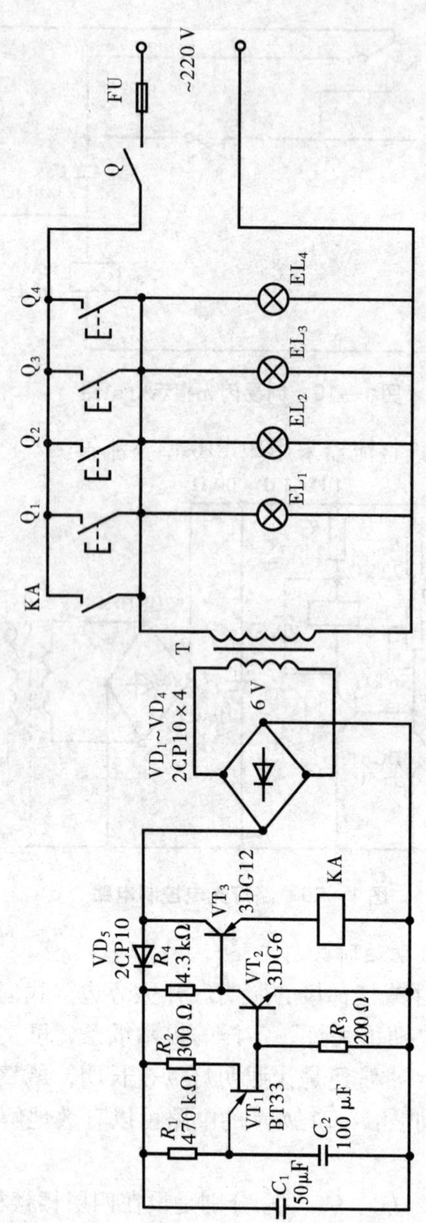

图1-21 照明灯自动延时关灯电路

EL_1、EL_2、EL_3、EL_4 四盏灯分别装在四层楼的楼梯上。当人走进走廊里后，按下任何一个开关按钮，四盏照明灯全部接通电源发光。照明一段时间，人走进房间后，照明灯就会自动熄灭。

线路中继电器选用 JRX－13F 继电器，EL_1 ~ EL_4 灯泡选用 15 W为宜，可以通过改变 R_1 阻值获得不同延时时间。

22. 大功率“流水式”控制彩灯电路

大功率“流水式”彩灯，可以在剧院、舞厅或其他建筑物上使用，以美化夜景，特别在节日使用时，更可增加节日的欢乐气氛。这里介绍一种元件少、功率大，可同时点亮 60 只 20 W 彩灯的线路。灯光呈追逐式跳动闪光。电路如图 1－22 所示，VS_1、VS_2、VS_3 组成相同的三个单元电路。当接通电源后，电源通过 D_1、R_1 对 C_1 充电，使 A 点电位升高。同理，B、C 点电位也逐渐升高。由于电子元件性能的差别，某一组双向可控硅会首先触发导通，如 C 点电位升高使 VS_1 首先触发导通，EL_1 灯亮，电容 C_3 经电阻 R_6 向 VS_1 放电，C 点电压下降，而电容 C_1 继续充电，A 点电位升高，一段时间后，VS_2 导通，EL_2 灯亮，VS_1 截止。这时电容 C_1 经 R_2 向 VS_2 放电，A 点电位下降，而 C_2 继续充电，B 点电位升高，一段时间后，VS_3 导通，EL_3 灯亮，VS_2 截止，以下过程相同。这样，灯泡按次序轮流发光，产生“流水式”效果。若灯泡亮灭时间不符合追逐要求，可适当调整 C_1 ~ C_3 容量。

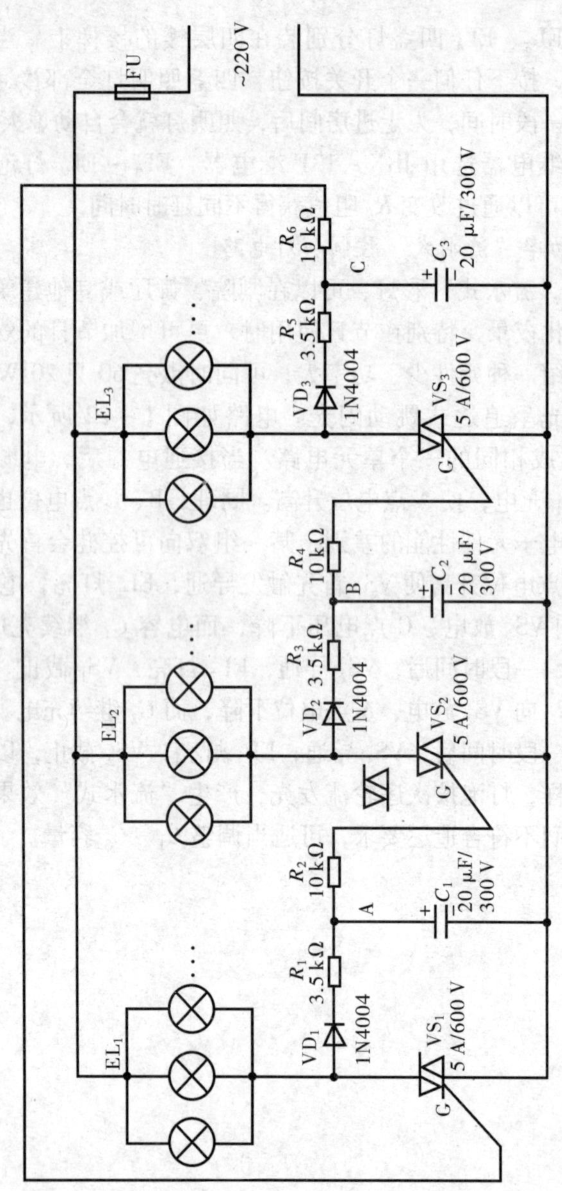

图1-22 大功率"流水式"控制彩灯电路

第二章　电动机控制电路

1. 一个闸刀开关控制电动机的运转和停止电路

在电源和电动机之间，如图 2 - 1 所示，组合连接一个闸刀开关和保险丝，手动断开、闭合这个闸刀开关，电动机中就会有电源电流流过或是没有电流流过，实现电动机的运转或者停止。

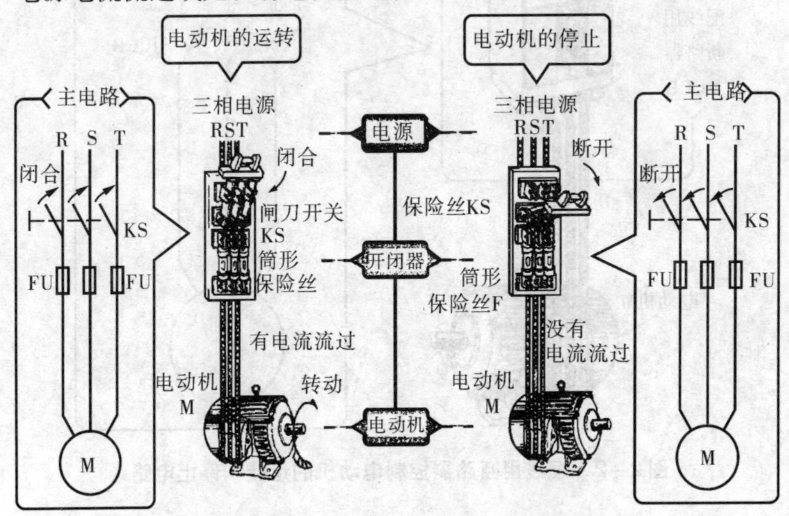

图 2 -1　闸刀开关控制电动机运转和停止电路

2. 一只配线用断路器控制电动机的运转和停止电路

使用闸刀开关和保险丝的组合控制电动机的运转和停止，主要用于短路和过电流的保护，可是保险丝有以下缺点：①每当保险丝断开时，必须更换。②在三相电路中，保险丝只要有一相断开时，就变成了单相运转，有时会烧坏电动机。③如果只是保险丝，很难承受电动机启动时的大电流（启动时的电流一般是标牌上标记电流的6~7倍），而且很难具有运转中超负荷电流时必须熔断的保护特性。

所以，取代闸刀开关和保险丝的组合，采用如图2-2所示的配线用断路器控制电动机的运转和停止。断路器保护跳闸后，只要再次通电操作，不用更换保险丝，电源电路就能再次启动。

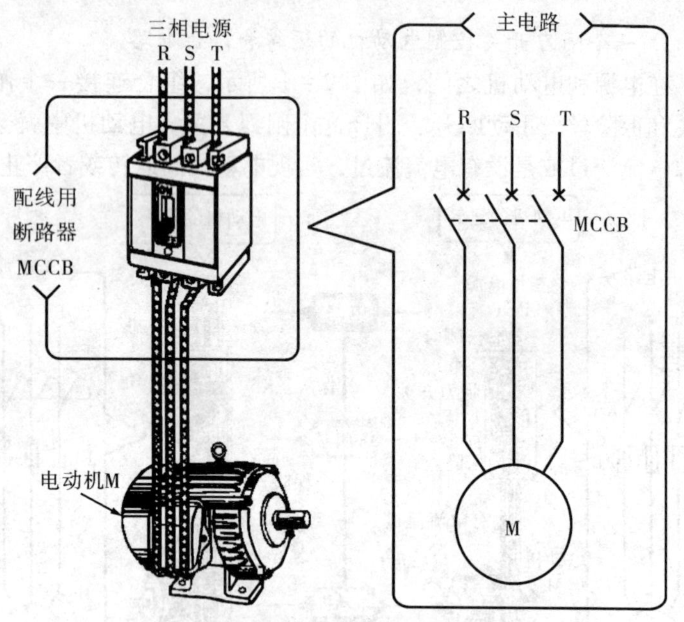

图2-2 配线用断路器控制电动机的运转和停止电路

3. 一只电磁接触器控制电动机的运转和停止电路

作为启动或是停止电动机的方法，在三相交流电源和电动机之间只用闸刀开关或是配线用断路器的直接手动操作控制有以下缺点：①要启动或者停止电动机必须到现场操作，不能在远距离进行控制，很不方便。②配线用断路器是切断电流的装置，构造上不适合用于频繁开关负载。③闸刀开关因为出现弧光等原因，不适合用于运转中的负载开关。

通常如图 2－3a 所示，在配线用断路器和电动机之间再连接电磁接触器，构成间接手动操作控制电路。之所以采用该方法，是因为：①线路断路器，作为电源开关在接通、切断电源电压同时，也起到了过电流保护的作用。②对于平时的负载电流的开闭，使用电磁接触器。③用按钮开关等电流容量小的小型操作开关，可以开闭具有大电流容量的触点电磁接触器，所以能够安全地控制大容量的电动机。④因为按钮开关等小型操作开关可以使用，所以把那些按钮开关集中到一个地方，能从远处集中地进行运转操作。

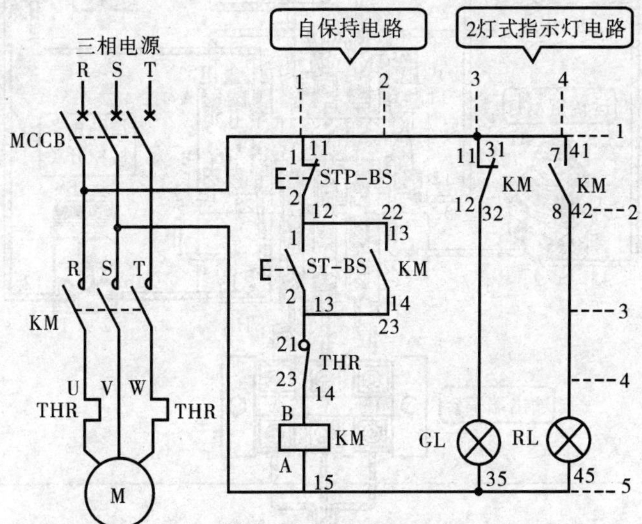

图 2－3a 电磁接触器控制电动机的运转和停止电路

该电路使用配线用断路器作为电源开关，电动机电路的开闭使用的是电磁接触器和热敏继电器组合而成的电磁开闭器，该电磁开关的开闭操作是由启动及停止的 2 个按钮开关 ST－BS、STP－BS

进行操作的，电动机运转时是红色的电灯（RL）亮，停止时是绿色的电灯（GL）亮。实际配线图如图 2 -3b 所示。

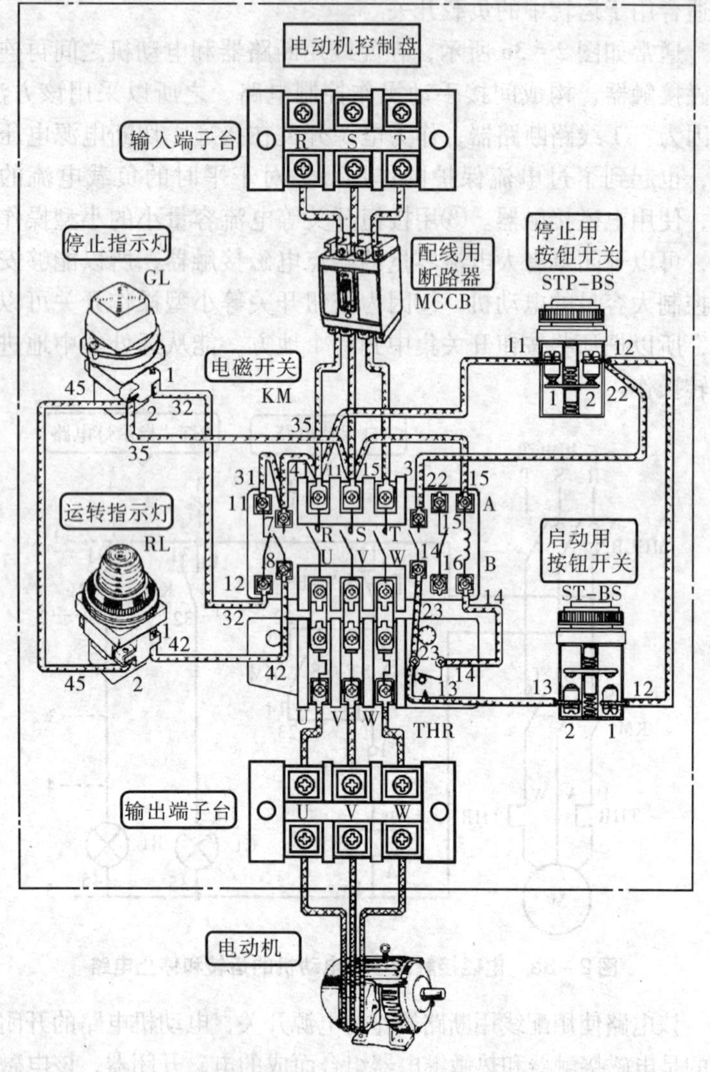

图 2 -3b　电磁接触器控制电动机的运转和停止的实际配线

按下启动用按钮开关 ST－BS，电磁接触器 KM 就开始工作，主触点 KM 闭合，电动机 M 启动。电动机的启动动作步骤如图 2－3c 所示。

步骤［1］：接通主电路的电源开关配线用断路器 MCCB。

步骤［2］：因为接通 MCCB，回路中的电磁接触器的辅助常闭触点 KM 就闭合了，所以，停止指示灯 GL 中有电流，灯亮（停止指示灯 GL 亮表示电源被接通）。

步骤［3］：按下回路中的启动用按钮开关 ST－BS，其常开触点就闭合。

步骤［4］：ST－BS 闭合，回路 A 的电磁线圈 KM 中有电流，电磁接触器动作。

步骤［5］：KM 动作，回路 B 的自保持常开触点 KM 就闭合。

步骤［6］：自保持常开触点 KM 闭合，就会有电流通过回路 B 流入电磁线圈 KM 中，所以电磁接触器 KM 进行自保持。

步骤［7］：KM 发生动作，主电路的主触点 KM 就闭合。

步骤［8］：主触点 KM 闭合，主电路的电动机 M 就被施加三相交流电压，电动机启动，开始旋转。

步骤［9］：KM 发生动作，回路 C 的的辅助常开触点 KM 就闭合。

步骤［10］：回路 C 的辅助常开触点 KM 闭合，运转指示灯 R_L 中有电流，灯亮。

步骤［11］：KM 动作，回路 A 的辅助常闭触点 KM 就断开。

步骤［12］：回路 C 的辅助常开触点 KM 断开，停止指示灯 GL 中就没有电流流过了，灯灭。

步骤［13］：使按回路 A 的 ST－BS 的手脱离。

注：电磁接触器 KM 动作时，步骤［5］、步骤［7］、步骤［9］、步骤［11］的动作被同时进行。

按下停止用按钮开关 STP－BS，电磁接触器 KM 就复位了，主触点 KM 断开，电动机 M 停止。电动机的停止动作步骤如图

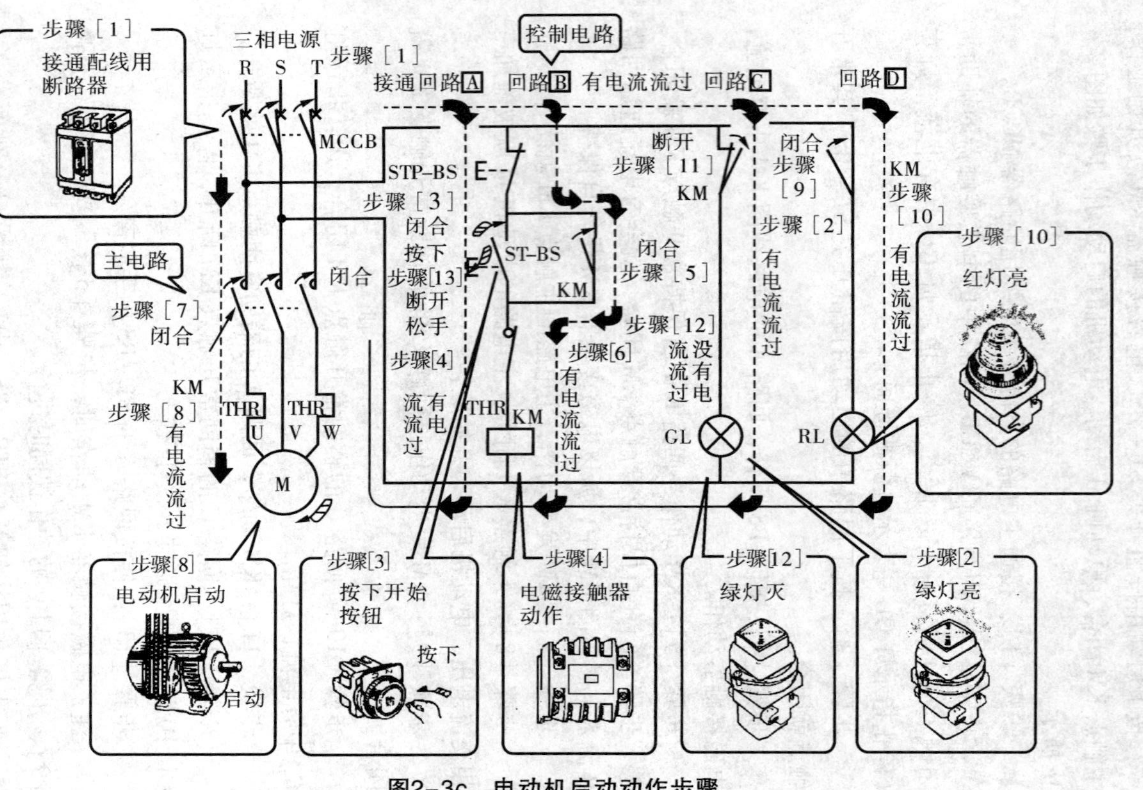

图2-3c 电动机启动动作步骤

2－3d所示。

步骤［1］：按下回路B的停止用按钮开关STP－BS，其断开接点也就断开。

步骤［2］：STP－BS断开，回路B的电磁线圈KM中就没有电流了，电磁接触器KM复位。

步骤［3］：电磁接触器KM复位，回路B的自保持常开触点KM就断开，解除自保持。

步骤［4］：KM复位，主电路的主触点KM就断开。

步骤［5］：主触点KM断开，主电路的电动机M就不施加三相交流电压，电动机停止。

步骤［6］：KM复位，回路C中的辅助常闭触点KM就闭合。

步骤［7］：回路C的辅助常闭触点KM闭合，停止指示灯GL中就有电流流入，灯亮。

步骤［8］：KM复位，回路D中的辅助常开触点KM就断开。

步骤［9］：回路D中的辅助常开触点KM断开，运转指示灯R_L中没有电流流过，灯灭。

步骤［10］：使按着回路B中的STP－BS的手脱离。

注：电磁接触器KM复位，步骤［3］、步骤［4］、步骤［6］、步骤［8］的动作被同时进行。到此，所有的动作，恢复到按下启动用按钮开关之前的状态。

4. 按钮控制的电动机点动电路

按钮控制的电动机点动电路可按图2－4连接。在电路中按下按钮SB_1，接触器KM_1线圈通电，其常开触点闭合，电动机绕组有电流流过，电动机开始运行，松开按钮SB_1，接触器KM_1线圈失电，其常开触点断开，电动机绕组没有电流流过，电动机停止工作。图中FU_1为熔断器，起短路保护作用，FR_1为热继电器，起过载保护作用。

5. 具有点动与连续运行的电动机控制电路

如电动机既需要点动又需要连续运行，则可以使用图2－5

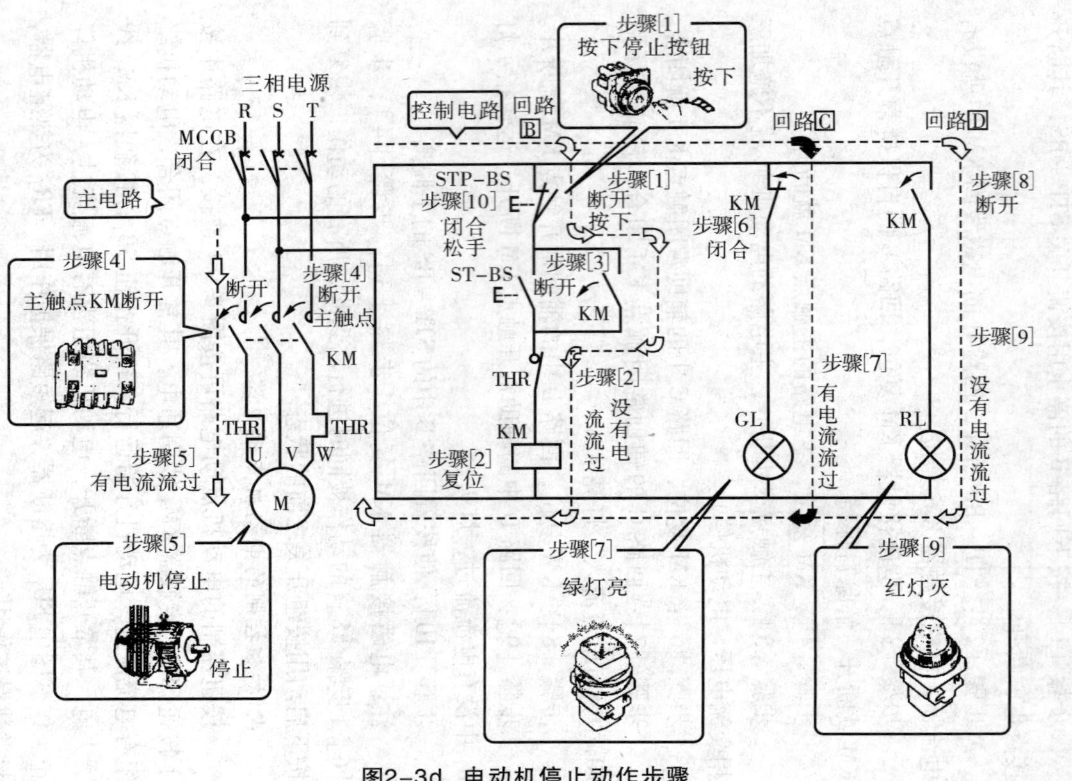

图2-3d 电动机停止动作步骤

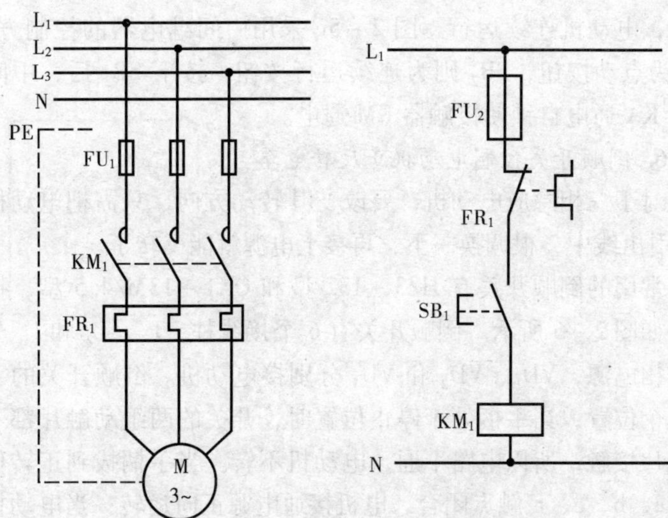

图2-4 按钮控制的电动机点动电路

所示电路实施控制。

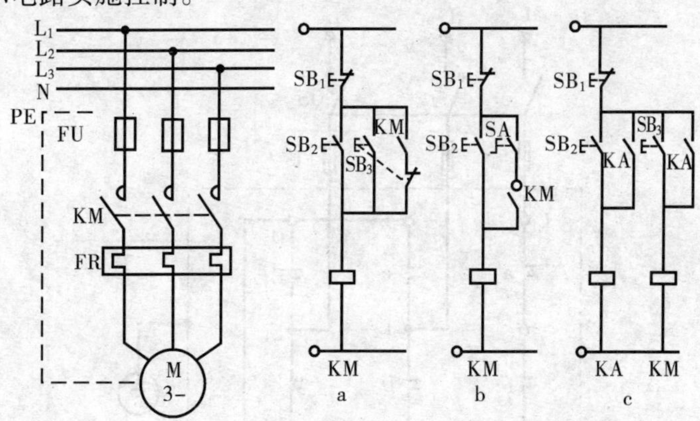

图2-5 具有点动与连续运行的电动机控制电路

图2-5a采用按钮联锁的控制方法，SB_3为点动按钮，SB_2则为连续运行按钮。图2-5b采用开关转换的控制方法，断开开关SA，按下SB_2按钮，电动机点动运行，闭合开关SA，按下SB_2

按钮，电动机连续运行。图 2－5c 采用中间继电器的控制方法，SB_3 为点动按钮，SB_2 则为连续运行按钮，按下 SB_2 后，中间继电器 KA 通电自锁使接触器 KM 通电。

6. 倒顺开关控制电动机正反转电路

对于三相感应电动机，要改变其转动方向，只需把电动机的 3 根引出线中 2 根调换一下，再接上电源就能反转了。

常用的倒顺开关有 HZ3－132 型和 QX1－13M/4.5 型，控制电路如图 2－6 所示。倒顺开关有 6 个接线柱，L_1、L_2 和 L_3 分别接三相电源，VD_1、VD_2 和 VD_3 分别接电动机。倒顺开关的手柄有三个位置，当手柄处于停止位置时，开关的两组动触片都不与静触片接触，所以电路不通，电动机不转。当手柄拨到正转位置时，a、b、c、F 触点闭合，电机接通电源正向运转；当电动机需向反方向运转时，可把倒顺开关手柄拨到反转位置上，这时 a、b、D、E 触片接通，电动机换相反转。

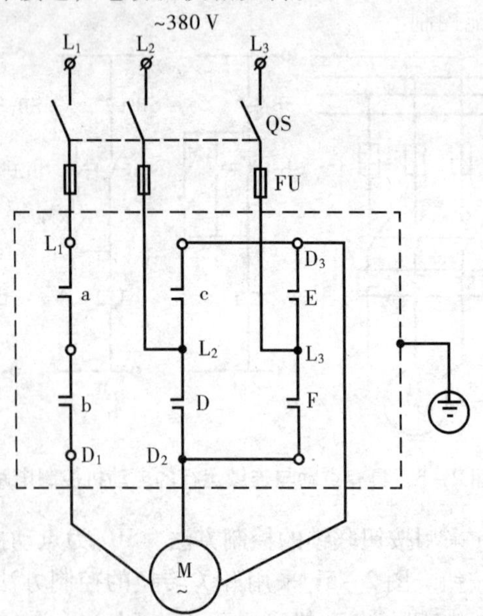

图 2－6　倒顺开关控制电动机正反转电路

在使用过程中，电动机处于正转状态时欲使它反转，必须先把手柄拨至停转位置，使它停转，然后再把手柄拨至反转位置，使它反转。

倒顺开关一般适用于4.5 kW以下的电动机控制线路。

7. 两个接触器控制电动机正反转电路

使用两个分别用于正转和反转的电磁接触器对电动机进行电源电压相间的调换可以更好地实施控制。电动机的正转电路和反转回路的切换是用正转用电磁接触器和反转用电磁接触器实现的，使用各自的按钮开关，能够进行正转、反转以及停止操作。

在图2－7a中，从主电路的R相和S相中分别引出一条线，作为控制电路的控制电源母线并联，作为控制电路，由启动用及停止用的按钮开关F－ST（或R－ST）、STP和电磁接触器F－MC（或R－MC）构成自保持电路。另外，和正转用电磁线圈F－MC相串联地，把反转按钮开关R－ST的常闭触点以及反转用电磁接触器的辅助常闭触点R－MC接到NAND电路中，构成互锁电路。同样地，和反转电磁线圈R－MC相串联地，把正转用按钮开关F－ST的常闭触点以及正转用电磁接触器的辅助常闭触点F－MC接到NAND电路中，构成互锁电路。

图2－7b表示接触器控制的电动机正反转控制电路的实际配线图。

按下正转用启动按钮开关F－ST，正转用电磁接触器F－ST就做动作，主触点F－ST闭合，所以，电动机M沿正方向旋转、启动。

正转启动的动作步骤如图2－7c所示。

步骤［1］：接通主电路的电源开关配线用断路器MCCB。

步骤［2］：接通MCCB，回路E中就有电流，停止指示灯GI亮（这个停止指示灯GL亮表示电源接通）。

步骤［3］：按下正转用启动按钮开关F－ST，回路A的常开触点F－ST闭合。

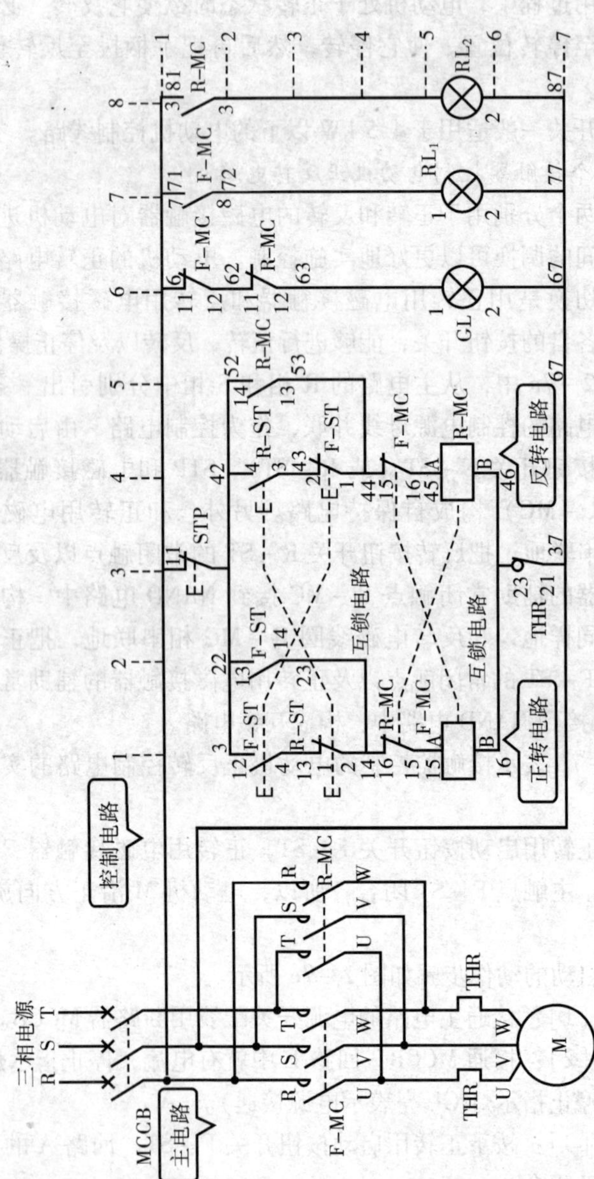

图2-7a 两个接触器控制电动机正反转控制电路

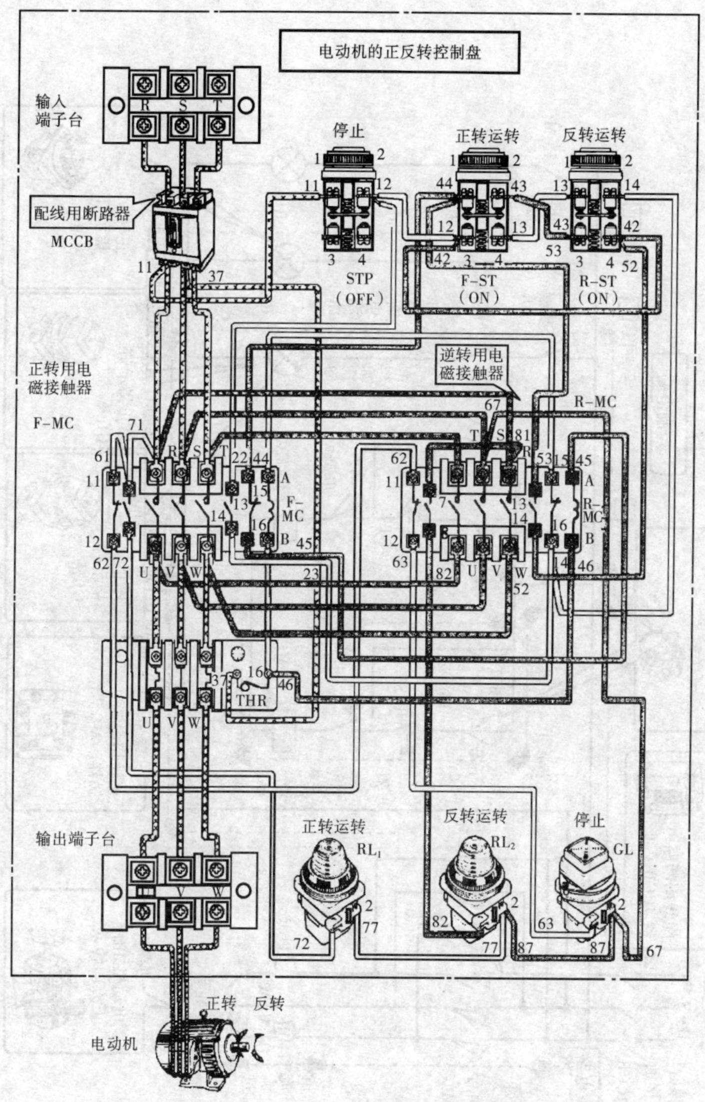

图 2-7b 两个接触器控制电动机正反转实际配线

步骤［4］：按下 F-ST，回路 C 的常闭触点 F-ST 就断开，

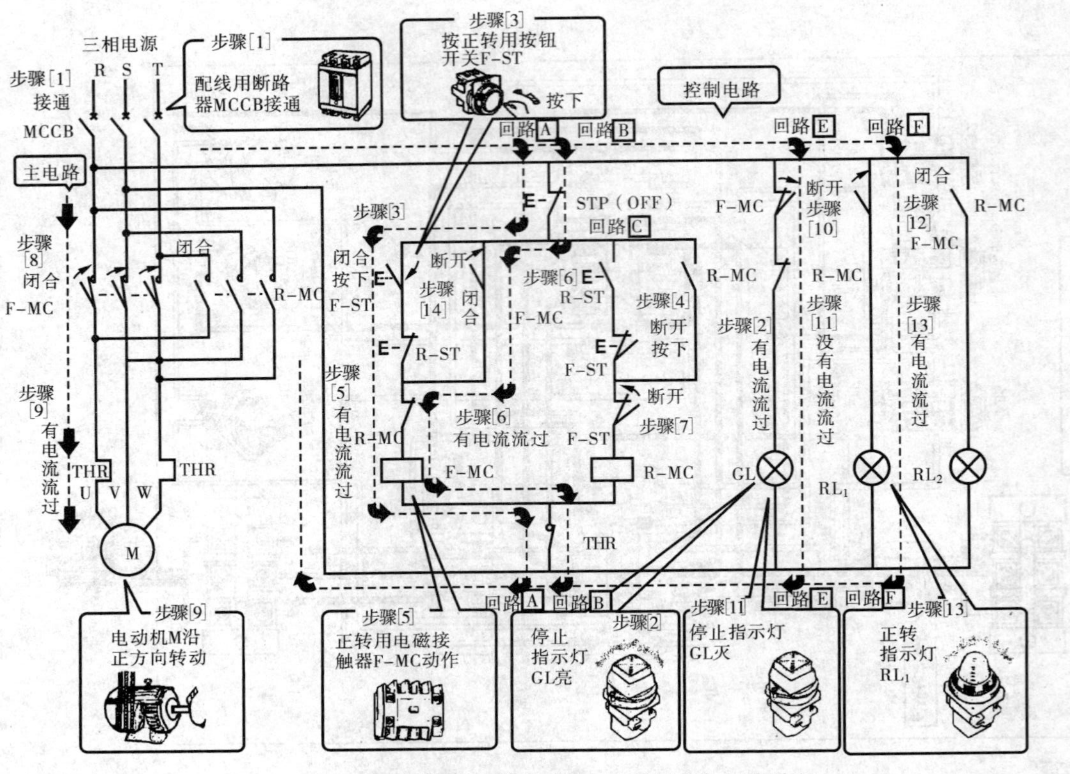

图2-7c 两个接触器控制电动机正反转正转启动过程

反转电路处于开路状态，得到由按钮开关控制的互锁。

步骤［5］：回路 A 的常开触点 F－ST 闭合，电磁线圈 F－MC 中有电流流过，正转用电磁接触器 F－MC 动作。

步骤［6］：F－MC 动作，回路 C 的自保持常开触点 F－ST 闭合，电流通过回路 B，流入 F－MC 中，F－MC 进行自保持。

步骤［7］：F－MC 动作，回路 C 的常闭触点 F－MC 就打开，反转电路处于开路状态，得到由电磁接触器控制的互锁。

步骤［8］：F－MC 动作，主电路的主触点 F－MC 闭合。

步骤［9］：主触点 F－MC 闭合，主电路的电动机 M 中就通有电流，电动机沿正方向转动。

步骤［10］：F－MC 动作，回路 E 的辅助常闭触点 F－MC 断开。

步骤［11］：回路 E 的辅助常闭触点 F－MC 断开，停止指示灯 GL 中就没有电流了，灯灭。

步骤［12］：F－MC 动作，回路 F 的辅助常开触点 F－MC 闭合。

步骤［13］：回路 F 的辅助常开触点 F－MC 闭合，正向运转指示灯 R_{L1} 亮，表示电动机正向运转。

步骤［14］：使手从回路 A（以及回路 C）的 F－MC 上脱离。

注：正转用电磁接触器 F－MC 动作时，步骤［6］、步骤［7］、步骤［8］、步骤［10］、步骤［12］的动作就被同时进行。

电动机的正转停止的动作过程如图 2－7d 所示。

按下停止用按钮开关 STP，正转用电磁接触器 F－MC 复位，主触点 F－MC 断开，所以，电动机 M 停止运行。

正转停止的动作步骤：

步骤［1］：按下回路 B 的停止按钮开关 STP，其常闭触点断开。

步骤［2］：回路 B 的常闭触点 STP 断开，电磁线圈 F－MC

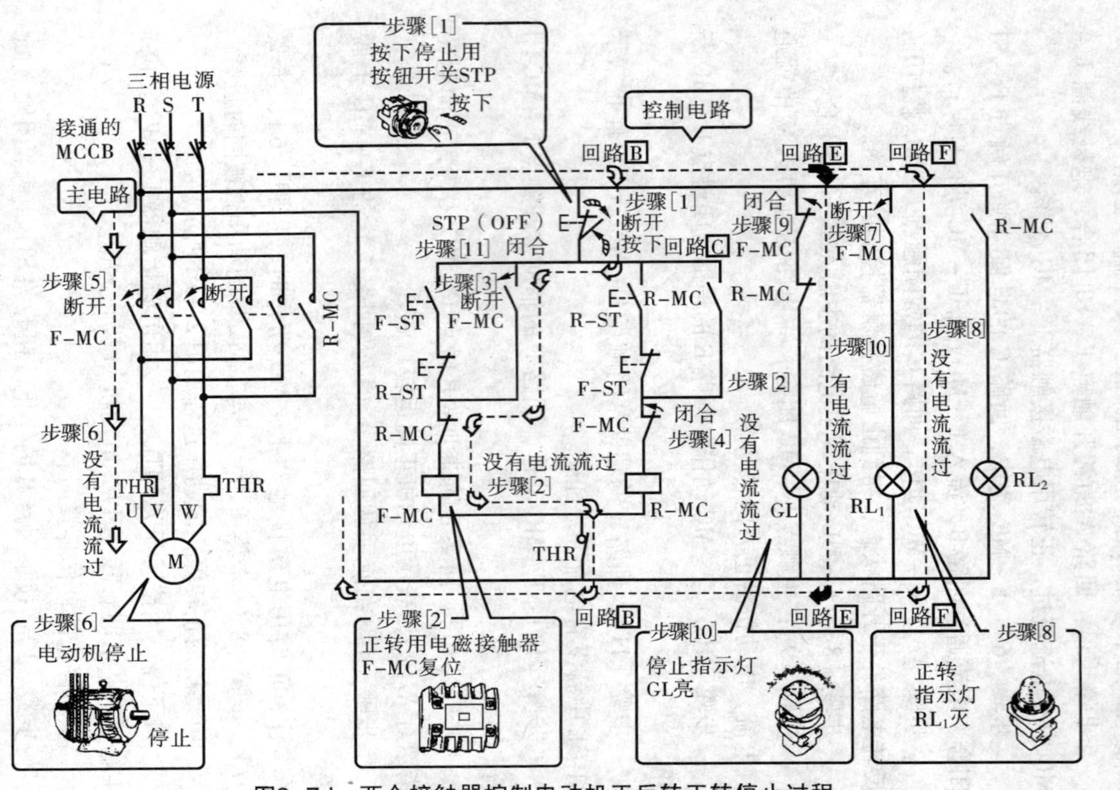

图2-7d 两个接触器控制电动机正反转正转停止过程

中没有电流，正转电磁接触器 F－MC 复位。

步骤［3］：F－MC 复位，回路 B 的自保持常开触点 F－MC 断开。

步骤［4］：F－MC 复位，回路 C 的常闭触点 F－MC 闭合，解除反转电路的互锁。

步骤［5］：F－MC 复位，主电路的主触点 F－MC 处于开路状态。

步骤［6］：主触点 F－MC 开路，主电路的电动机 M 中没有电流，电动机停止。

电动机反转控制与正转控制过程类似。反转启动过程可参考图 2－7e 。

8. 电动机延时停止的控制电路

如图 2－8 所示，电动机由接触器 KM_1 触点控制，FU_1 为熔断器起短路保护作用，FR_1 为热继电器起过载保护作用，KA_1 为中间继电器，KT_1 为时间继电器，HL_1 为信号灯。

电路的工作原理如下：

按下 SB_2 按钮，KA_1 线圈通电自锁，信号灯 HL_1 点亮，时间继电器 KT_1 线圈通电，其常开触点闭合使接触器 KM_1 线圈通电并自锁，KM_1 主触点闭合，电动机开始运转。

需要电动机停止时，按下 SB_0 按钮，KA_1、KT_1、KM_1 线圈均失电，KM_1 主触点断开，电动机停止，信号灯 HL_1 熄灭。

从按下 SB_1 按钮到电动机停止运行的时间决定于时间继电器 KT_1 的延时长短。

9. 电动机延时启动的控制电路

如图 2－9 所示，电动机由接触器 KM_1 触点控制，FU_1 为熔断器起短路保护作用，FR_1 为热继电器，起过载保护作用，KA_1 为中间继电器，KT_1 为时间继电器，HL_1 为指示灯。

电路的工作原理如下：按下 SB_1 按钮，KA_1 线圈通电自锁，指示灯 HL_1 点亮，时间继电器 KT_1 线圈通电，其通电延时型常开

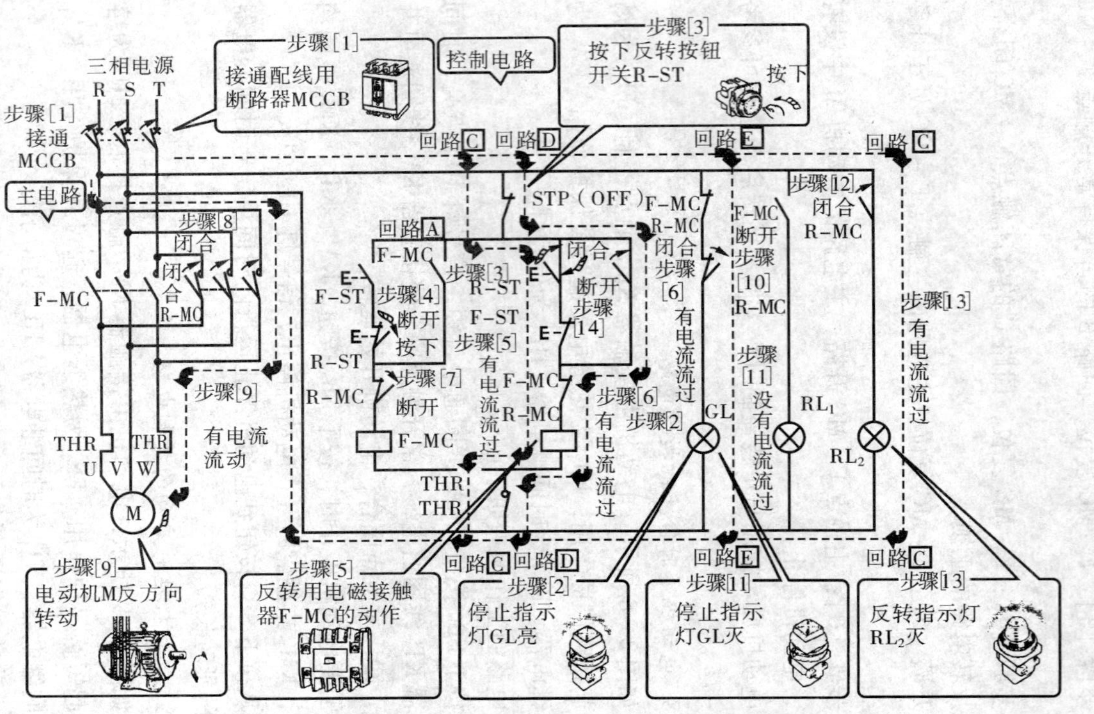

图2-7e 两个接触器控制电动机正反转反转启动过程

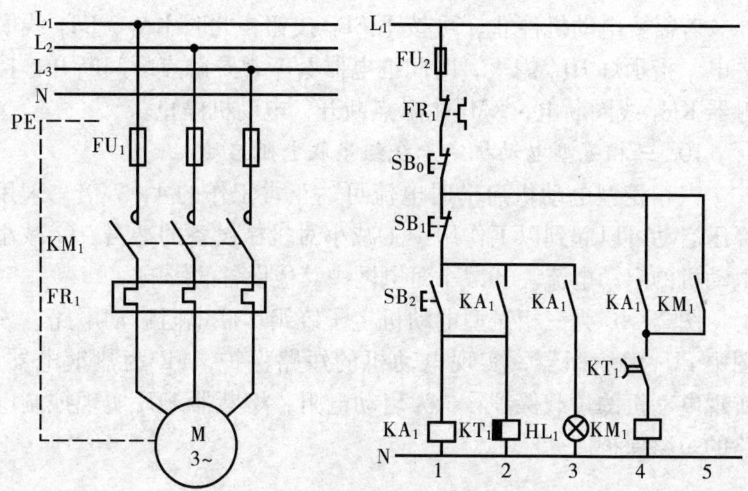

图2－8　电动机延时停止的控制电路

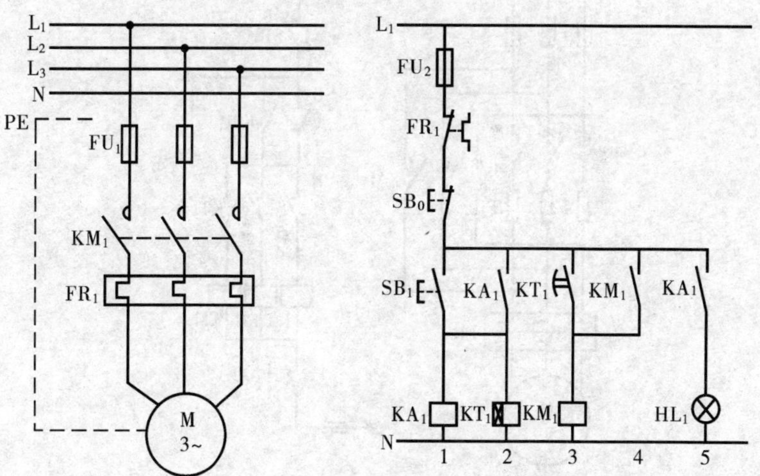

图2－9　电动机延时启动的控制电路

触点延时闭合，接触器 KM_1 线圈通电自锁，KM_1 主触点闭合，电动机开始运转。从按下 SB_1 按钮到电动机开始运转的时间取决于时间继电器 KT_1 的延时长短。

若需要电动机停止，可按下 SB_0 按钮，此时 KA_1、KT_1 线圈失电，指示灯 HL_1 熄灭，时间继电器 KT_1 常开触点瞬间断开，接触器 KM_1 线圈断电，KM_1 主触点断开，电动机停止。

10. 三相笼型电动机定子绕组串联电阻启动

三相笼型电动机启动时电流可达正常工作的 4 ~ 7 倍，采用降压启动可以起到以下作用：①减小对机械设备的冲击。②减小电动机的启动电流。③减小对电网中其他设备的影响。

图 2 - 10 为三相笼型电动机定子绕组串联电阻启动电路，该图中 FU_1 为熔断器，实现电动机的短路保护，FR 为热继电器，实现电动机的过载保护，R 为启动电阻，熔断器 FU_2 实现控制电路的短路保护。

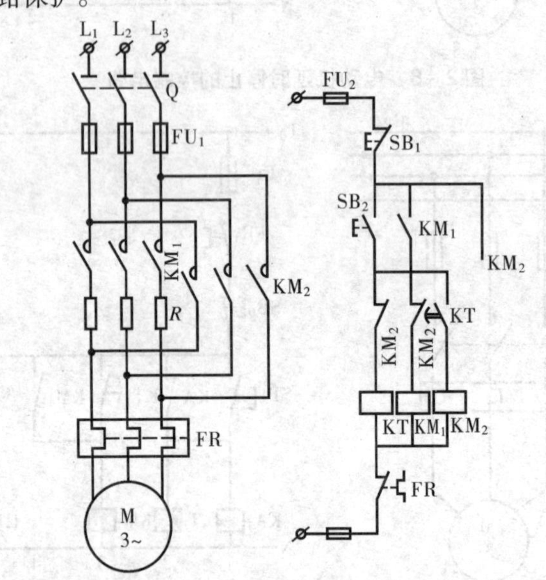

图 2 - 10 三相笼型电动机定子绕组串联电阻启动电路

电路的工作原理如下：合上电源开关 Q，按下启动按钮 SB_2，KM_1、KT 线圈同时通电并自保，此时电动机定子绕组串接电阻 R 进行减压启动。当电动机转速接近额定转速时，时间继电器 KT

通电延时闭合触头闭合，KM_2 线圈通电并自保，KM_2 常闭触头断开并切断 KM_1、KT 线圈电路，使 KM_1、KT 断电释放。于是构成先由 KM_2 主触头短接定子回路电阻，后由 KM_1 主触头断开定子电阻，电动机经 KM_2 主触头在全压下进入正常运转。

11. 三相笼型电动机 Y－△启动电路

图 2－11 为三相笼型电动机 Y－△启动电路，该图中 FU_1 为熔断器，实现电动机的短路保护，FR 为热继电器，实现电动机的过载保护，熔断器 FU_2 实现控制电路的短路保护。

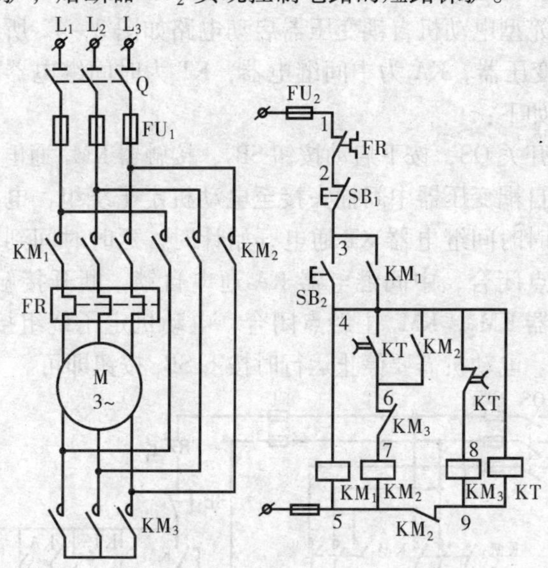

图 2－11　三相笼型电动机 Y－△启动电路

电路的工作原理如下：合上电源开关 Q，按下起动按钮 SB_2，KM_1、KT、KM_3 线圈同时通电吸合并自保，电动机接成 Y 连接，接入三相交流电源进行减压启动。当电动机转速接近额定转速时，通电延时型时间继电器 KT 动作，其延时常闭触头 KT 断开，使 KM_3 线圈断电释放，同时延时常开触头 KT 闭合。使 KM_2 线圈经 KM_3 触头通电吸合，电动机由星形（Y）连接改成三角形

（△）连接，进入正常运行。而触头 KM_2 断开，使时间继电器 KT 在电动机 Y 和△启动完成后断电，并实现 KM_2 与 KM_3 的电气互锁。

Y－△启动一般适用于正常工作运行于△连接的三相笼型电动机的空载或轻载启动。

12. 三相笼型电动机自耦变压器启动电路

Y－△启动一般只能空载或轻载启动，当电动机带负载较重时，可以使用自耦变压器启动，根据需要改变自耦变压器中间的抽头即可改变电动机定子绕组电压，达到降压启动目的。

三相笼型电动机自耦变压器启动电路如图 2－12 所示。图中 T 为自耦变压器，KA 为中间继电器，KT 为时间继电器，电路的工作原理如下：

合上开关 QS，按下启动按钮 SB_2，接触器 KM_1 通电自锁，其主触点将自耦变压器中间抽头接至电动机定子绕组，电动机降压启动。同时时间继电器 KT 通电开始计时，延时时间到后，其延时常开触点闭合，中间继电器 KA 通电自锁，断开接触器 KM_1，接通接触器 KM_2，KM_2 主触点闭合，电动机定子绕组接至电源，正常运行。电动机需要停止运行时按下 SB_1 按钮即可。

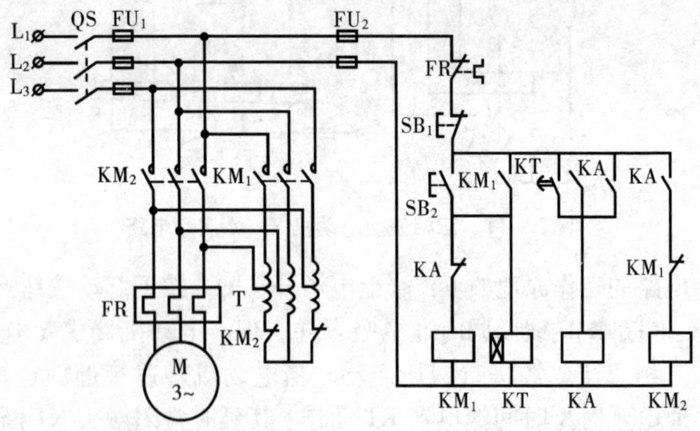

图 2－12 三相笼型电动机自耦变压器启动电路

13. 三相电动机延边三角形降压启动电路

用于延边三角形减压启动的三相异步电动机定子绕组中有9个接线端子，如图2-13所示。当KM_1主触头和KM_3主触头闭合、KM_2主触头断开时，定子绕组接成一个延边三角形，电动机减压启动。对于延边△连接的启动线路，电动机转速升至接近额定值时，控制KM_1主触头和KM_2主触头闭合、KM_3主触头断开，这时定子绕组换接成△连接，电动机在额定电压下正常运转。

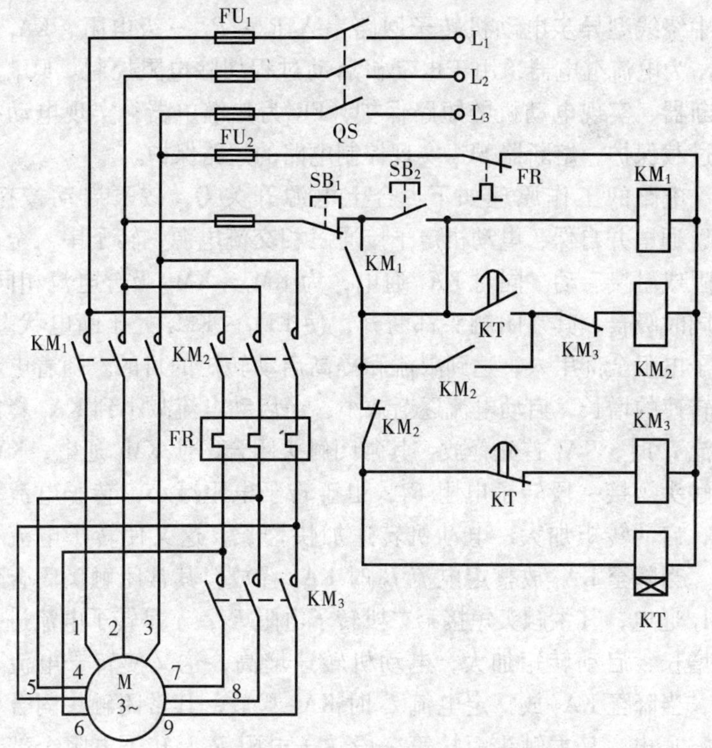

图2-13 三相电动机延边三角形降压启动电路

电路的工作原理如下：按下启动按钮SB_1，KM_1线圈获电动作并自保。与此同时，KM_3线圈和时间继电器KT线圈获电，电动机绕组接成延边三角形降压启动。KT的整定时间到达之后，延时断开的常闭触点断开，使 KM_3 线圈失电释放，其常辅助闭触点闭合。同时，KT 的延时闭合常开触点闭合，KM_2 线圈获电吸合并自锁。KM_3 主触头释放，KM_2 主触头闭合，电动机绕组由延边△转换为△接法，启动结束，运转开始。

该电路适用于要求启动转矩较大的场合。

14. 三相绕线型异步电动机转子回路串联电阻启动电路

图 2－14 是绕线型异步电动机转子回路串联电阻启动电路，图中绕线型异步电动机转子回路串入 $R_1 \sim R_3$ 三级电阻，$KA_1 \sim KA_3$ 为电流继电器，用于电动机启动过程切除电阻控制。FU_1 为熔断器，实现电动机的短路保护，FR 为热继电器，实现电动机的过载保护，熔断器 FU_2 实现控制电路的短路保护。

电路的工作原理如下：合上电源开关 Q，按下启动按钮，KM_4 通电并自保，电动机定子接通三相交流电源，转子串入全部电阻成星接启动。同时 KA_4 通电，为 $KM_1 \sim KM_3$ 吸合电流相同，故同时吸合，其常闭触头都断开，使 $KM_1 \sim KM_3$ 处于断电状态，转子电阻全部串入，达到限流和提高启动转矩的目的。随着电动机转速的增长，启动电流逐渐减小，当启动电流减小到 KA_1 释放电流 I_1 时，KA_1 首先释放，其常闭触头闭合，使 KM_1 通电，KM_1 主触头短接一段转子电阻 R_1，由于转子电阻减小，转子电流增大，启动转矩加大，电动机转速加快增长，这又使转子电流下降，当降至 KA_2 放整定电流 I_2 时 KA_2 释放，其常闭触头闭合使 KM_2 通电，其主触头短接第二段转子电阻 R_2，于是转子电流进一步增长，启动转矩加大，电动机转速增高，这又使转子电流下降，当降至 KA_3 放整定电流 I_3 时 KA_3 释放，其常闭触头闭合使 KM_3 通电，其主触头短接第三段转子电阻 R_3，转子电阻全部切除，电动机启动过程结束。

15. 三相异步电动机电磁制动电路

很多生产机械都需要在停车时有适当的制动作用，使运动部件迅速停车。停车制动有机械制动和电气制动等多种方法。异步

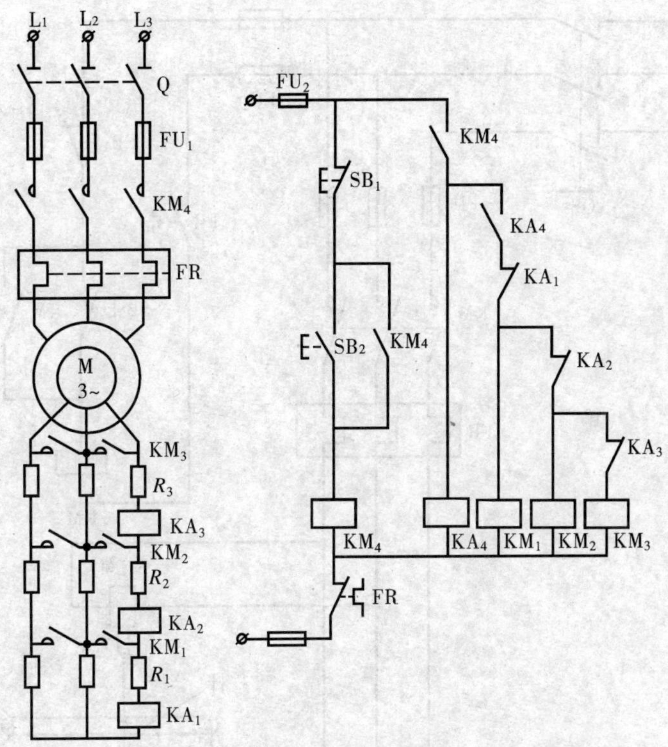

图2－14　绕线型异步电动机转子回路串联电阻启动电路

电动机电磁制动就是常用的一种机械制动方法。

如图 2－15 所示，与电动机主轴相连一个闸轮，按下按钮 SB_2，接触器 KM 通电自锁，电动机定子绕组通电获得转矩，同时电磁制动器线圈通电，吸引衔铁拉伸弹簧，通过杠杆将抱紧闸轮的闸瓦松开，电动机开始运转。需要制动停车时按下 SB_1 按钮，接触器 KM 断电，主触点断开，电动机定子绕组上电源断开，同时电磁制动器线圈失电，吸力消失，弹簧复位，通过杠杆将闸瓦压紧在闸轮上，电动机主轴获得摩擦阻力形成机械制动而达到快速停车的目的。

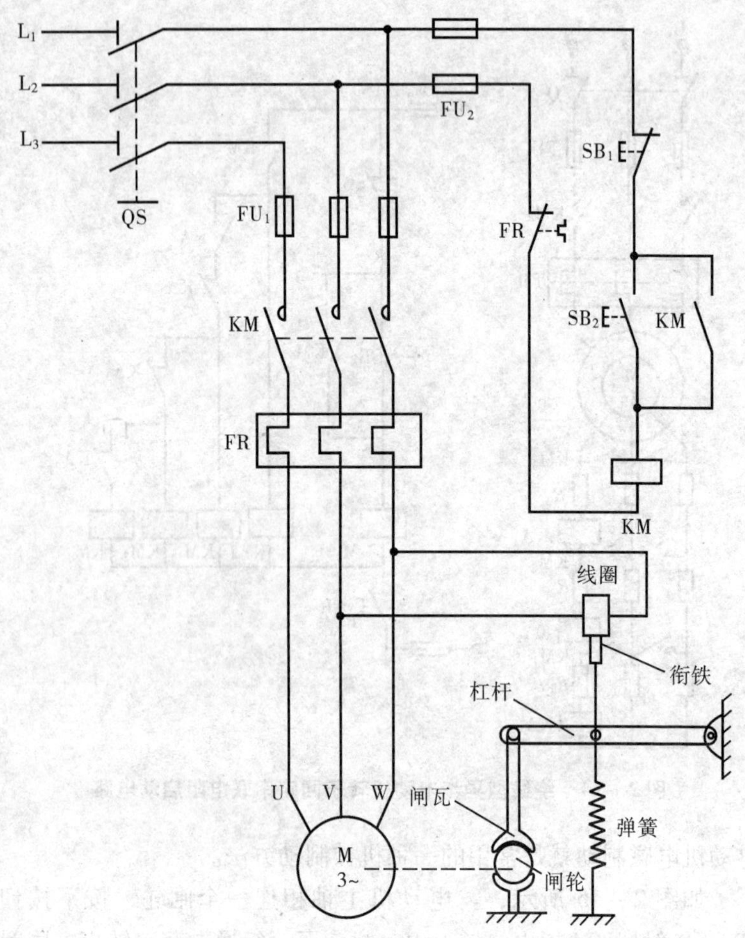

图2－15　三相异步电动机电磁制动电路

16. 三相异步电动机能耗制动电路

能耗制动是一种应用很广泛的电气制动方法。能耗制动就是将运行中的电动机，从交流电源上切除并立即接通直流电源，在定子绕组接通直流电源时，直流电流会在定子内产生一个静止的直流磁场，转子因惯性在磁场内旋转，在转子导体中产生感应电势并有感应电流流过，与恒定磁场相互作用消耗电动机转子惯性能量产生制动力矩，使电动机迅速减速，最后停止转动。

在电动机容量较小且对制动要求不高时，可采用图 2－16a 简单能耗制动电路，这种制动线路简单、体积小、成本低。

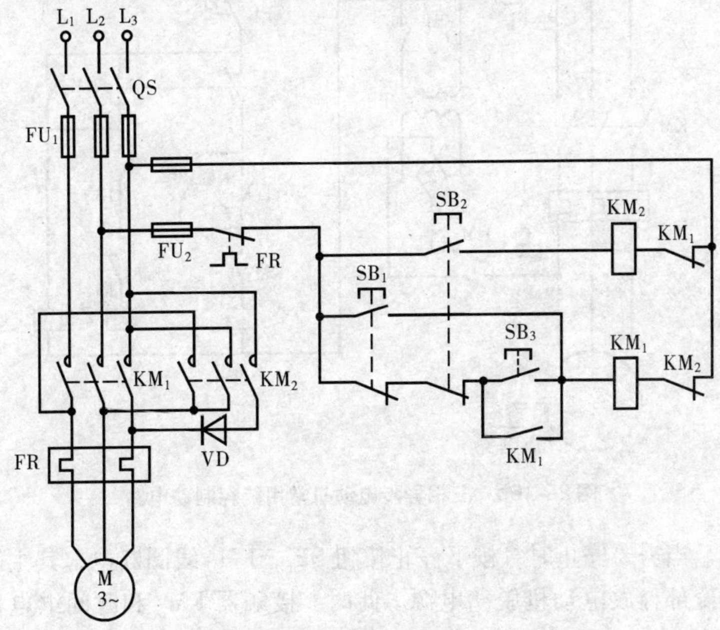

图 2－16a　三相异步电动机简单能耗制动电路

该电路的工作原理如下：按下 SB_3 按钮，接触器 KM_1 通电自锁，其主触点闭合，电动机定子绕组通入三相交流电，启动运转。按下 SB_1 按钮，接触器 KM_1 线圈失电，其主触点断开，电动机自由停车。如需制动停车可按下 SB_2 按钮，接触器 KM_1 失电，接触器 KM_2 得电，此时电动机定子绕组通过整流管 VD 实现能耗制动。

上述电路制动力矩较弱，实际应用中常采用图 2－16b 的三相异步电动机能耗制动电路，其工作过程如下：

合上空气开关 QF 接通三电源，按下启动按钮 SB_2，接触器 KM_1 线圈通电并自锁，主触头闭合电动机接入三相电源而启动运

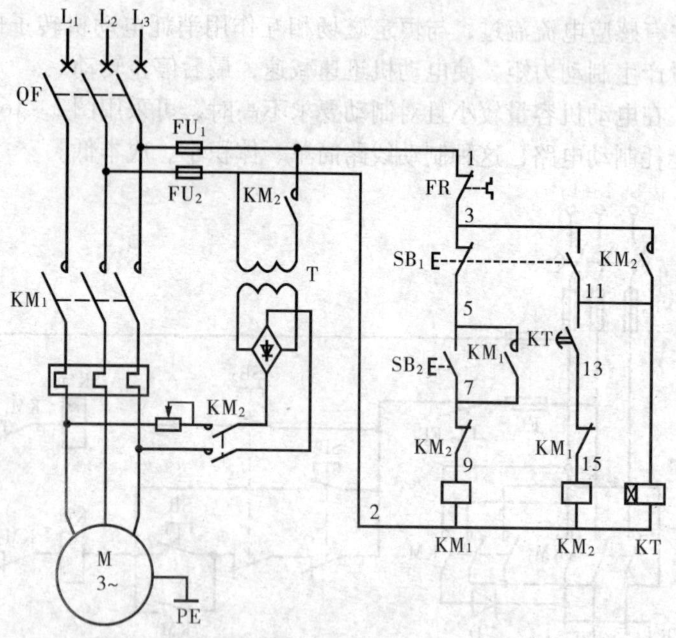

图2－16b 三相异步电动机常用能耗制动电路

行。当需要停止时，按下停止按钮 SB_1，KM_1 线圈断电，其主触头全部释放电动机脱离电源。此时，接触器 KM_2 和时间继电器 KT 线圈通电并自锁，KT 开始计时。KM_2 主触点闭合将直流电源接入电动机定子绕组，电动机在能耗制动下迅速停车。另外，时间继电器 KT 的常闭触点延时断开时接触器 KM_2 线圈断电，KM_2 常开触点断开直流电源，脱离电源及脱离定子绕组，能耗制动及时结束，保证了停止准确。

该电路的过载保护由热继电器完成，KM_2 常闭触点与 KM_1 线圈回路串联，KM_1 常闭触点与 KM_2 线圈回路串联，保证了 KM_1 与 KM_2 线圈不可能同时通电，也就是在电动机未脱离三相交流电源时，直流电源不可能接入定子绕组。按钮 SB_1 的常闭触点接入 KM_1 线圈回路，SB_1 的常开触点接入 KM_2 线圈回路，这时按钮互

锁也保证了 KM_1、KM_2 不可能同时通电，与上面的互锁触点起到同样作用。直流电源采用二极管单相桥式整流电路，电阻 R 用来调节制动电流的大小，改变制动力的大小。

17. 三相异步电动机反接制动电路

图 2－17 为改变三相异步电动机定子绕组中三相电源的相序进行的反接制动电路。图中 KM_1 为单向旋转接触器，KM_2 为反接制动接触器，KV 为速度继电器，用于检测电动机速度。当速度 $v>120$ r/min 时，KV 动作，当速度 $v<100$ r/min 时，KV 恢复原位。R 为反接制动电阻。

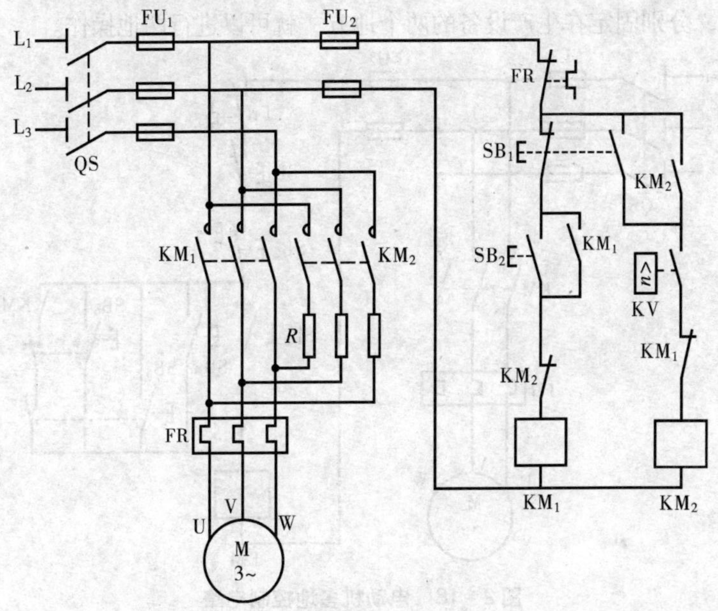

图 2－17　三相异步电动机反接制动电路

电路工作原理如下：启动时，合上电源开关 QS，按下启动按钮 SB_2，接触器 KM_1 通电并自锁，电动机转动。在电动机正常转动时，速度继电器 KV 动作，其常开触点闭合，为反接制动做准备。当需停车时，按下停车按钮 SB_1，KM_1 断电，电动机定子绕组脱离三相电源，但电动机因惯性仍以很高的速度旋转，KV 原闭合的常开触点仍保持闭合，当 SB_1 按到底时，SB_1 常开触点闭合，KM_2 通电并自锁，电动机定子串联电阻接上反相序电源，电动机进入反接制动状态，使其转速迅速下降。在转速接近 100 r/min时，KV 常开触点复位，KM_2 线圈断电，反接制动结束。

18. 电动机多地控制电路

在大型生产设备上，为使操作人员在不同的方位均能进行操作，常常要求多地控制。图 2－18 所示电路为两地控制点动、单向旋转控制电路，图中 SB_1、SB_3、SB_5 和 SB_2、SB_4、SB_6 各组装在一起，分别固定在生产设备的两个地方，就可以进行两地操作。

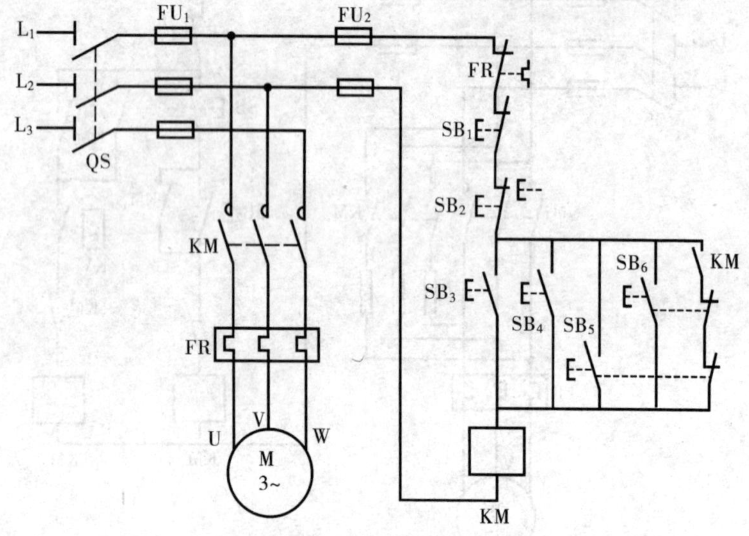

图 2－18　电动机多地控制电路

19. △－YY 双速电动机的控制电路

三相笼型电动机可以通过改变定子绕组的连接方式而改变定子绕组的极对数，这样使电动机获得不同的转速。

图 2－19 为双速电动机的控制电路，电路的工作原理如下：按下 SB_1 按钮，接触器 KM_1 通电自锁，通过互锁，接触器 KM_2

和 KM_3 不能工作，KM_1 主触点闭合，按下 SB_2 按钮，接触器 KM_1 失电，其主触点断开，同时接触器 KM_2 和 KM_3 得电自锁，KM_2 和 KM_3 的主触点闭合，三相电源从 U_2、V_2、W_2 接至 YY 连接的电动机定子绕组上，电动机以较高的速度运行。无论何时按下 SB_3 按钮，接触器 KM_1、KM_2 和 KM_3 均失电，其主触点断开，电动机停止运行。

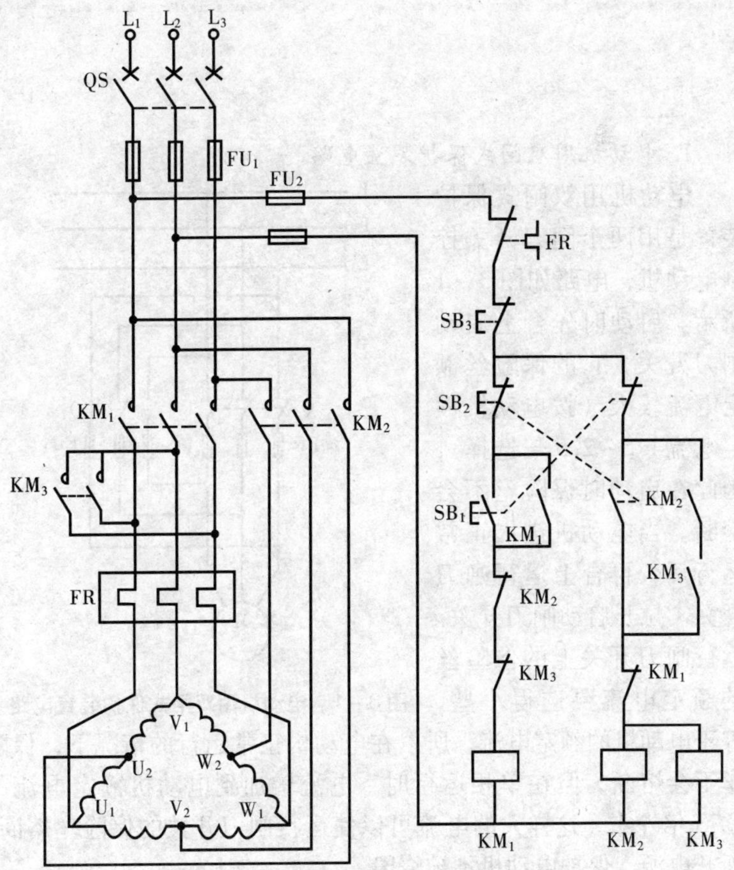

图 2－19　△－YY 双速电动机的控制电路

第三章 电气保护电路

1. 电动机用双闸式保护装置电路

电动机用双闸式保护装置是用两个闸刀开关控制电动机，电路如图3－1所示。启动时先合上启动闸刀开关，它的保险丝额定电流较大（按电动机额定电流1.5～2.5倍选择），因此在启动时保险丝不会熔断。当电动机进入正常运行后，再合上运行闸刀开关，拉开启动闸刀开关。运行闸刀开关上的保险丝的额定电流要选得小些，等于电动机的额定电流，所以在电动机正常运行的情况下，保险丝不会熔断。但在单相运行时，电流增加到电动机额定电流的1.73倍左右，这样大的电流可以使运行闸刀开关的保险丝熔断，断开电源，保护电动机不被烧毁。

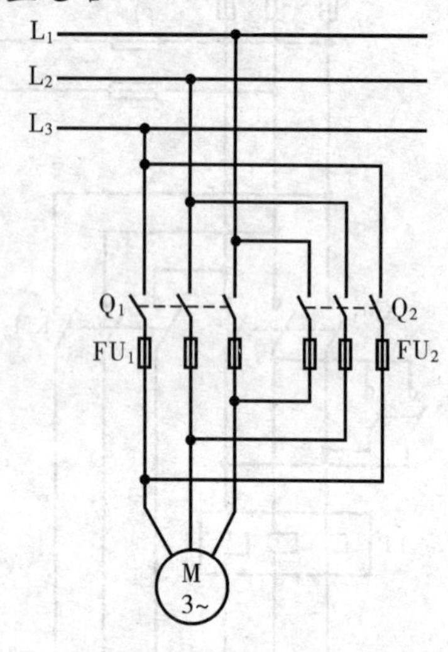

图3－1 电动机用双闸式保护装置电路

2. 羊角间隙避雷器、阀型避雷器电路

为了防止电气设备被雷电侵袭，就需采用避雷器作为防护。

羊角间隙避雷器（或称保护间隙避雷器）是当过电压侵入时，羊角间隙放电，将雷电引入大地，从而保护电气设备不受损害，连接线路如图3－2a所示。有的也利用阀型避雷器防止过电压，工作原理是当线路有过压发生时，火花间隙被击穿而放电，阀片电阻下降，将雷电引入大地，电路如图3－2b所示。

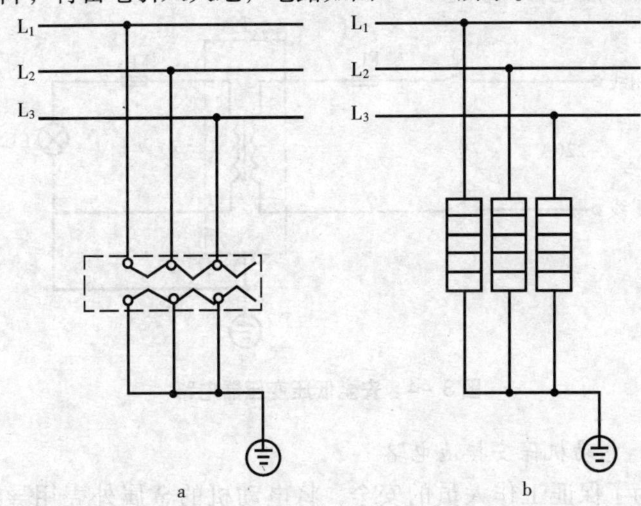

图3－2　羊角间隙避雷器、阀型避雷器电路

3. 采用隔离变压器与负载连接电路

采用隔离变压器可以在局部范围内避免触电事故，图3－3所示为220 V/220 V隔离变压器接负载电路。由于隔离后的线路和用电设备对地是绝缘的，故当人体接触一根带电导线时，也不会触电。但要防止人体接触两根带电导线，否则仍会有触电危险。

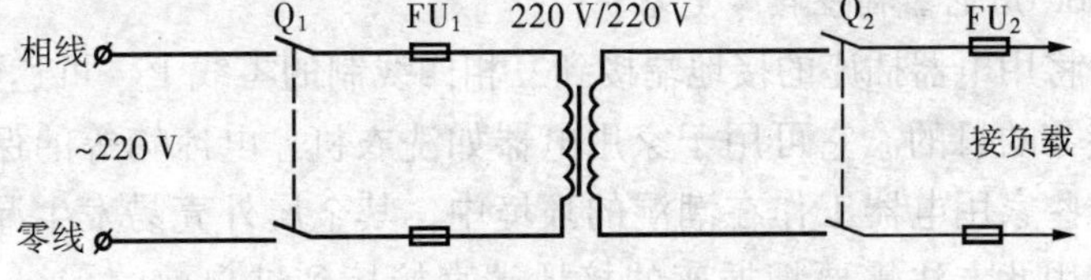

图3－3　采用隔离变压器与负载连接电路

4. 安全低压变压器电路

图 3－4 所示为安全低压变压器电路。为了避免触电事故、保障人身安全，一般在人经常接触到的地方采用低压变压器安全电压供电方式，如 12 V、24 V、36 V 等。它常用于照明行灯和理发用具等用电器的供电。

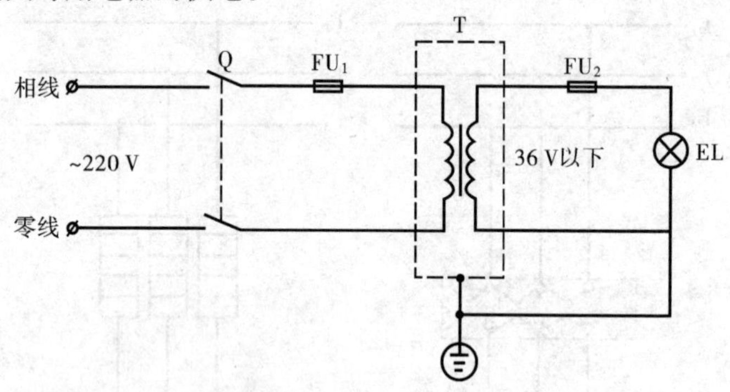

图 3－4 安全低压变压器电路

5. 电动机保安接地电路

为了保证工作人员的安全，将电动机的金属外壳用导线接地，称保安接地。当电动机外壳漏电时，产生的大电流将熔断电动机保险丝，使人身安全得到保证。其电路如图 3－5 所示。

使用此方法做保安接地保护时，应使接地电阻小于 4 Ω，且只能用于小功率的电动机。在应用中还要注意一点，那就是在同一电网电力系统中不允许一部分电气设备外壳采取接地保护，而另一部分电气设备外壳采用接零保护。

6. 用电器插座接零电路

将用电器插座的接地端接到三相四线制的零线上，可达到保护接零的目的。它可用于家用电器如洗衣机、电冰箱等的保护，因这些家用电器工作在潮湿的环境中，其金属外壳易发生漏电。但应用此方法需要把插座的接地端直接接到进户前的零线上电路，如图 3－6 所示。

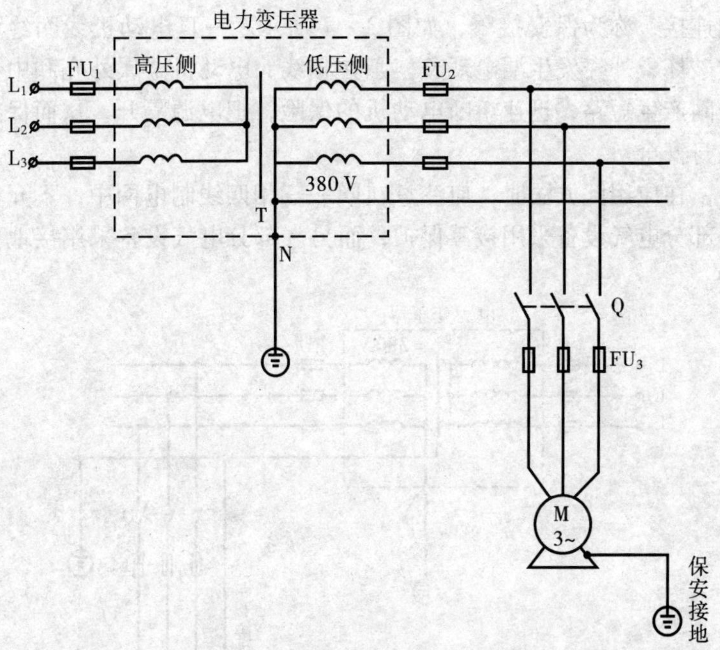

图 3-5　电动机保安接地电路

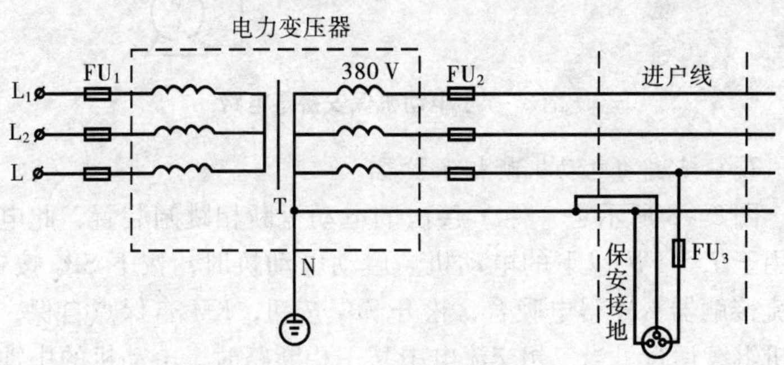

图 3-6　用电器插座接零电路

7. 电动机保安接零电路

为了保证人身安全，将电动机的金属外壳与三相四线制的零线连接，称为保安接零，如图 3 - 7 所示。一旦电动机线圈绝缘被破坏，外壳发生漏电现象，则在相线、电动机金属外壳和中性线间产生短路，迅速熔断电动机的保险，把电源隔开，从而保护人身安全。

在应用此方法时，应注意在同一三相四线制电网中，不允许一部分电气设备采用接零保护，而另一部分电气设备采用接地保护。

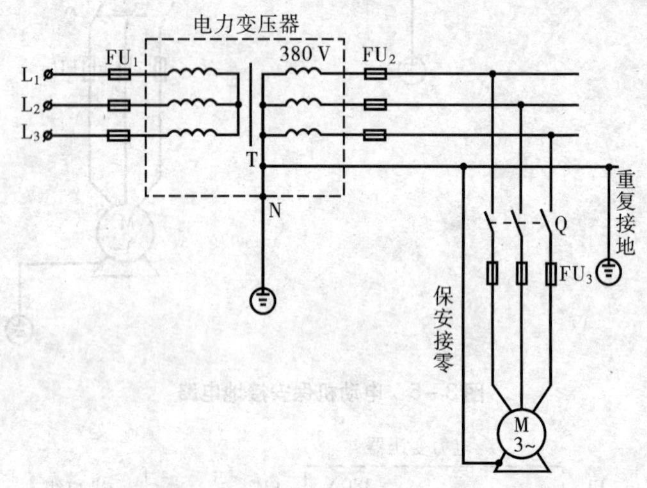

图 3 - 7 电动机保安接零电路

8. Y 接法的电动机断相保护器

图 3 - 8 所示是一种 Y 接法的电动机断相跳闸装置，此电路适用于 7.5 kW 以下的电动机。启动电动机时，按下 SB_2 按钮，交流接触器 KM 得电吸合，松开 SB_2 按钮，KM 自保点自保，电动机继续运行。当三相交流电中某一相断路时，电动机的中性点电位不是零电位，与地形成电位差。此电压经过整流、稳压，使继电器 KA 得电动作，交流接触器 KM 释放，从而使电动机断电，保护电动机定子绕组不被破坏。

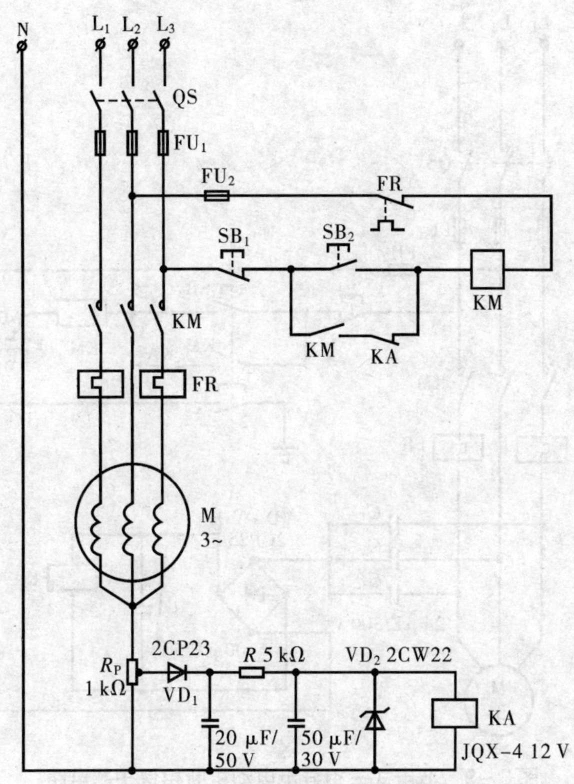

图 3-8　Y 接法的电动机断相保护器电路

9. 节电式三相异步电动机断相保护器电路

如图 3-9 所示，在电动机的三相电源 Y 接线柱上，各用导线引出，分别接在电容 C_1、C_2、C_3 上，并通过这三只电容器，使其产生一个“人为 Y 中性点”，当电动机正常运行时，“人为 Y 中性点”的电压为 0，与三相四线制的中性点电位一致，故此两点电压通过整流后无电压输出，继电器不动作。当电动机电源某一相断相时，则“人为 Y 中性点”的电压会明显上升，电压高达 12 V 时，继电器 KA 便吸合，此时交流接触器控制回路切断，接触器 KM 释放，从而达到保护电动机的目的。

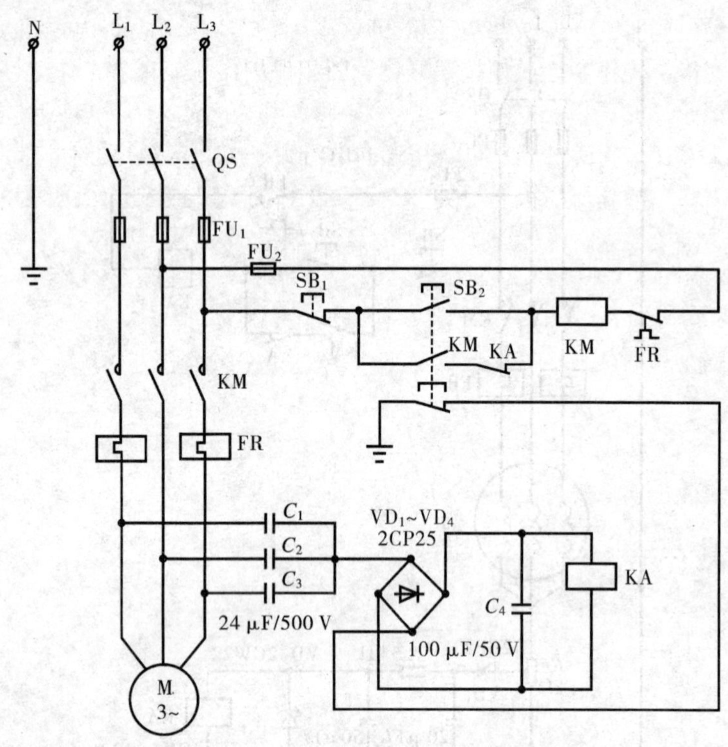

图 3－9　节电式三相异步电动机断相保护器电路

由于此断相保护器是在 L_1、L_2、L_3 三相电源上投入三只电容器运行工作的，而电容器在低压交流电网上又能起到无功功率补偿作用，故断相保护器在正常工作时，不浪费电，相反还会提高电动机的功率因数，减少无功功率的损耗，可称是一个小型节电器。该电路动作灵敏，在电动机缺相小于或等于 1 s 时，继电器便会动作。该电路无论负载轻重，也无论是 Y 接法的电动机，还是△接法的电动机均可使用。本电路适用于 0.1～22 kW 的电动机，换用容量更大的继电器则可在 30 kW 以上电动机上使用。

为了防止电动机在启动时交流接触器触点不同步引起继电器 KA 误动作，该电路采用一常闭的双连按钮作为启动按钮，使在启动的同时断开保护器与三相四线制中性点的连线。待电动机启动完毕，操作者松手使按钮复位，断相保护器才能正常工作。

元件的选择：电容 C_1、C_2、C_3 耐压均为500 V以上，容量均为2.4 μF。VD_1 ~ VD_4 可选用正向电流大于100 mA、反向电压大于100 V的整流二极管，如2CP25。为了适应控制较大电机的需要，继电器KA也可选择RJX4F/12 V型号。

10. 低压电压型触电保安器电路

安装低压触电保安器是一种有效的触电保安措施。图3-10所示是一低压电压型触电保安器电路。动作原理是：当人触及到线路中的某根火线，与大地构成回路时，灵敏继电器动作，使交流接触器线圈失电断开主电路电源。而当人脱离了电源以后，线路便能手动恢复供电。

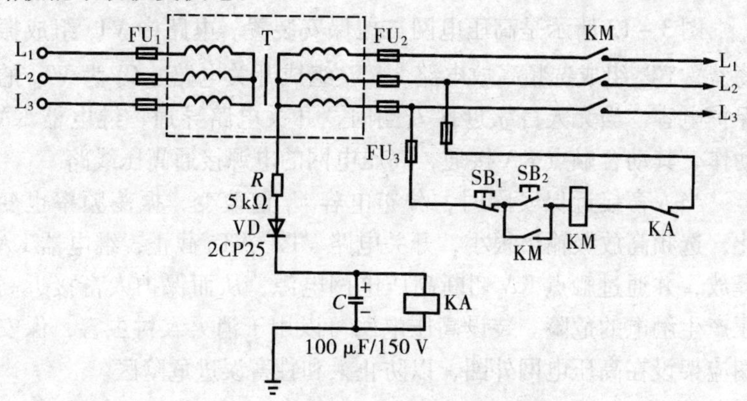

图3-10 低压电压型触电保安器电路

在安装电压型保安器电路中，中性点不允许重复接地，设备也不允许接零。如果用于中性点不直接接地的电网中，则在中性点必须装低压避雷器等保护元件。

采用电压型触电保安电路作为保护时，电路绝缘必须良好。它的缺点是电路漏电严重时，即使没有人触电，也将自动断开电源。另外，这种保安器能使变压器低压侧电网全部列入保护范围内，故动作时停电范围大，并且只适合于容量很小的电力变压器使用。

11. 电流型低压触电保安器电路

电流型触电保安器的工作原理如图 3－11 所示，当电路发生触电事故时，电流经零序电流互感器 TA、人体、大地到中性点成一闭合回路。此时零序电流互感器的副线圈因一次电流不平衡而产生电势和电流。这个电流经放大元件放大后，送往灵敏继电器 KA 的线圈，推动灵敏继电器动作吸合，把串联在交流接触器 KM 控制回路的常闭触点 KA 打开，使交流接触器失压而切断电源，保证了人身的安全。图中 SB_1 按钮为电路启动按钮，SB_2 按钮为模拟触电实验按钮。

12. 高压电网自控保安装置电路

图 3－12 所示是高压电网自控保安装置。电路中 VT_1 组成振荡器，VT_2 组成选频高放电路，VT_3 组成开关电路。C_9 为 VT_4 的保护电容。当无人畜靠近保安圈时，开关电路导通，继电器 KA 动作，其动合触点 KA 接通，高压电网的电源接通高压线路。

当人畜接近保安圈时，分布电容 C_1 值改变，振荡频率也变化，选频高放级输出很小，开关电路 VT_3、VT_4 截止，继电器 KA 释放，并通过触点 KA 切断高压电网电源，从而保护人畜接近高压产生触电的危险。装设高压电网可以用于消灭农村虫害，保安圈应架设在高压电网外圈，以防止人和牲畜误进危险区。

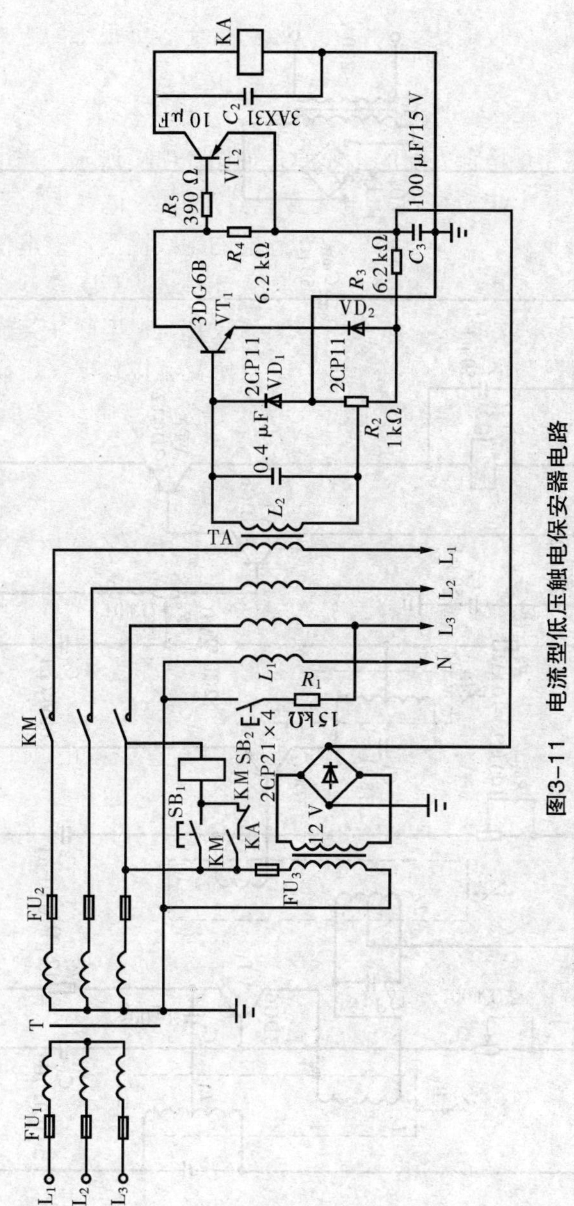

图3-11　电流型低压触电保安器电路

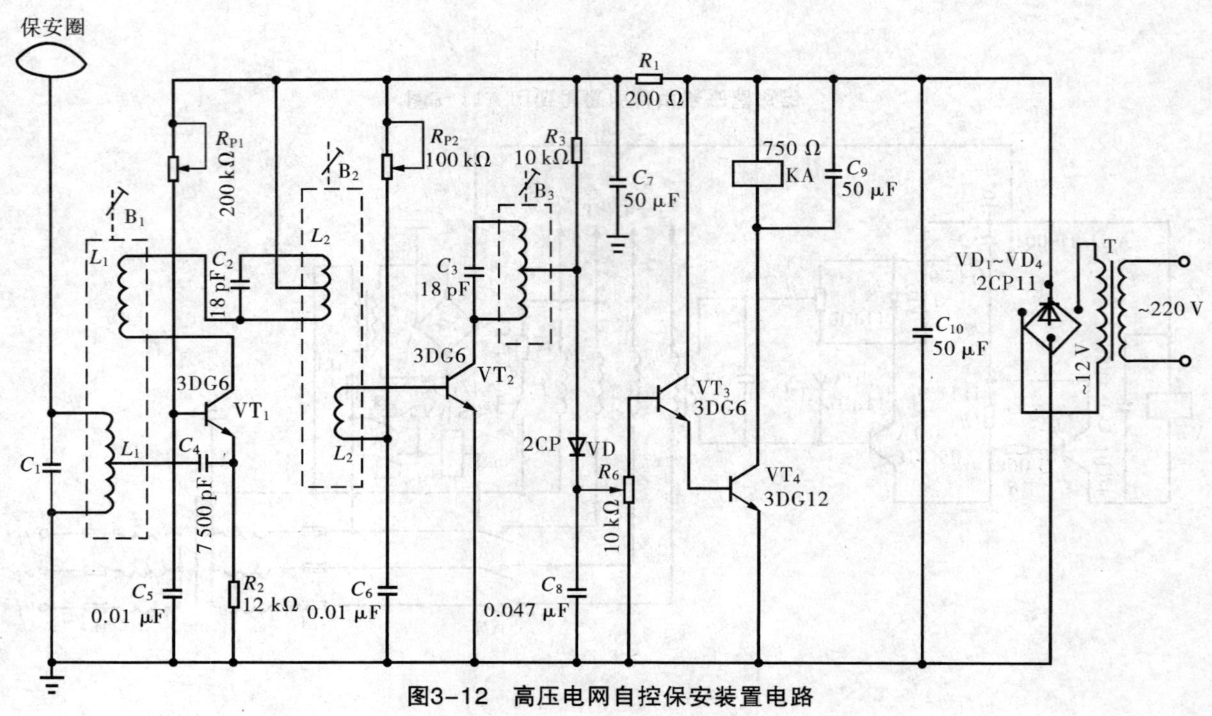

图3-12　高压电网自控保安装置电路

第四章　自动控制电路

1. 单相照明双路互备自投供电电路

如图 4－1 所示是单相照明双路互备自投供电路，当一路电源因故停电时，备用电源能自动投入。图中 Q_1、Q_2 为小型开关，KM_1、KM_2 为交流接触器。工作时，先合上开关 Q_1，交流接触器 KM_1 吸合，由 1 号电源供电。然后合上开关 Q_2，因 KM_1、KM_2 互锁，此时 KM_2 不会吸合，2 号电源处于备用状态。如果 1 号电源因故断电，交流接触器 KM_1 释放，其常闭触头闭合，接通 KM_2 线圈电路，KM_2 吸合，2 号电源投入供电。也可以先合上开关 Q_2，后合上开关 Q_1，使 1 号电源为备用电源。

2. 双路三相电源自投装置电路（1）

如图 4－2 所示是一双路三相电源自投电路。用电时可同时合上刀闸开关 QS_1 和 QS_2，KM_1 得电吸合，同时，时间继电器 KT 也得电，但由于 KM_1 的吸合，KM_1 常闭触点又断开了 KT 时间继电器的电源，这时甲电源向负载供电。当甲电源因故停电时，KM_1 接触器释放，这时 KM_1 常闭点闭合，接通时间继电器 KT 线圈上的电源，时间继电器经延时数秒钟后，使 KT 延时常开点闭合、KM_2 得电吸合并自锁。由于 KM_2 的吸合，其常闭点一方面断开延时继电器线圈电源，另一方面又断开 KM_1 线圈的电源回路，使甲电源停止供电，保证乙电源进行正常供电。如果乙电源工作一段时间停电后，KM_2 常闭点会自动接通线圈 KM_1 的电源换为甲

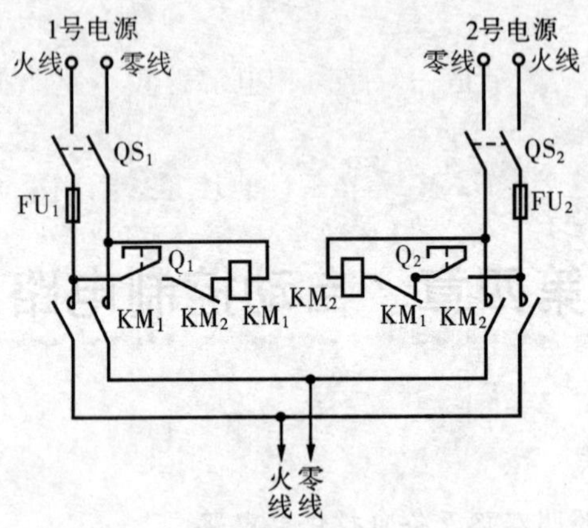

图4-1 单相照明双路互备自投供电电路

电源供电。接触器需根据负载大小选定，时间继电器可选用0~60 s的交流时间继电器。

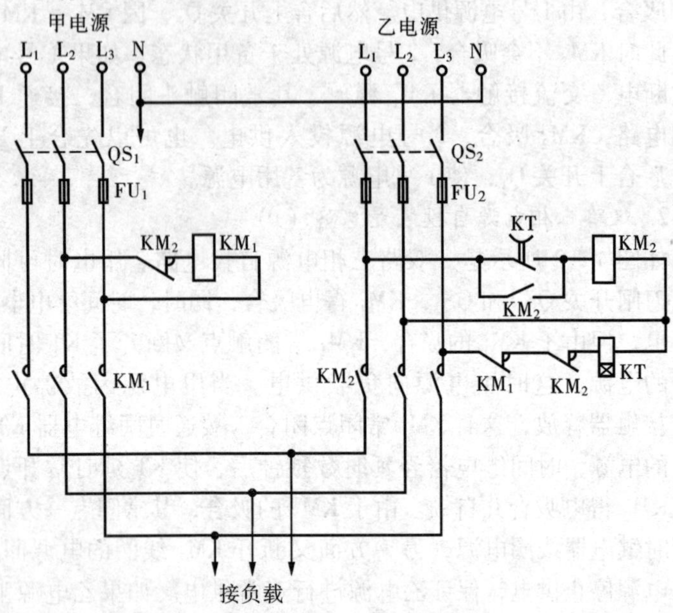

图4-2 双路三相电源自投装置电路（1）

3. 双路三相电源自投装置电路（2）

如图4－3所示是一双路三相电源自投电路。工作时，可同时合上电源刀闸开关 QS_1 和 QS_2，在此同时，交流接触器 KM_1、KM_3 同时得电吸合，KM_1 得电时闭合主触点给用电设备供电。而 KM_3 得电吸合时，接通晶体管延时导通电路。然而因 KM_1 的吸合，KM_1 的辅助常闭触点又断开 KM_3 线圈电源，KM_3 又失电释放，这时1号电源进行正常工作供电。在供电过程中，如果1号电源因故停电，交流接触器 KM_1 失电释放，KM_1 的辅助常闭触点闭合，接通 KM_3，KM_3 得电吸合，其常开触点闭合，将延时电路接通，同时 KM_3 的常闭触点断开，C_2 通过 R_1 充电，延时开始。充电1～2 s后，U_{A1} 开始低于 U_{B1}，则 VD_2 导通，VT_1 截止，VT_2 导通，继电器KA通电吸合，接通 KM_2，使 KM_2 的主触点接通2号电源进行供电。在 KM_2 吸合后，KM_2 的辅助常闭点又断开接触器 KM_3 的线圈电源，KM_3 释放切断晶体管延时电路，继电器KA的触点同时断开。但因 KM_2 的常开触点闭合，实现了自锁，故 KM_2 继续吸合，所以2号电源进行正常供电。若经一段时间后，2号电源停电，则 KM_2 释放，KM_1 吸合，转由1号电源供电。若先合 QS_2，2～3 s后才合上 QS_1，即KA已动作，KM_2 吸合，此时由2号电源供电。

本线路适用于三相四线制低压供电系统中。若需用双回路单相照明电源，可将线路中三相线按图中虚线连接后接上单相照明火线，双路零线接在单相照明零线上。负载部分接线方法同上。图中 KM_1、KM_2、KM_3 为交流接触器，KM_1、KM_2、KM_3 的线圈工作电压为220 V，继电器KA选用JRX－13F线圈电压为18 V。

4. 茶炉水加热自动控制电路

如图4－4所示是一简单的茶炉水加热自动控制电路。当水箱中水不开时，电接点温度计的常闭触点闭合，使电磁阀通电吸合，从而使蒸汽管进汽。当水开时，热敏电阻阻值变化，使电接点温度计常闭触点断开，关闭蒸汽管道，从而达到节约用汽、自

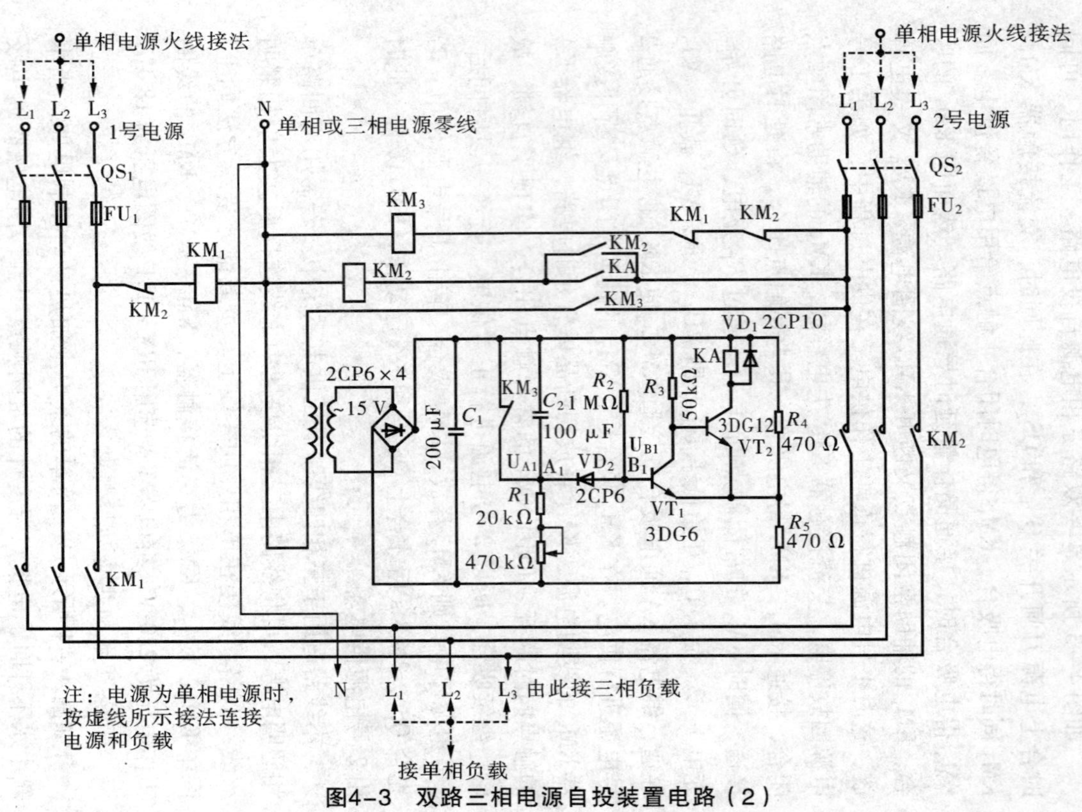

图4-3 双路三相电源自投装置电路（2）

动控制水开的目的。

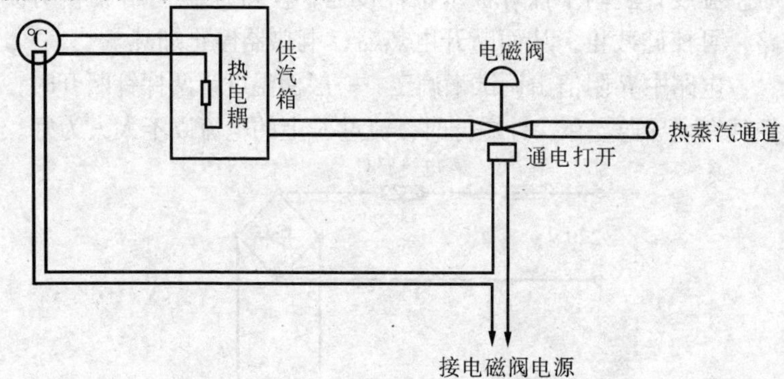

图4－4　茶炉水加热自动控制电路

5. 简单的温度控制器电路

如图4－5是一个简单的温度控制电路，KK为WJZ（WTQ）系列电接点压力式温度计，电接点温度计放入水中。当水温不到100 ℃时，KA吸合，KM得电吸合，KM接点接通电炉进行加热，当水温达到100 ℃时，电接点触点断开，从而使KA释放，电炉停止加热。

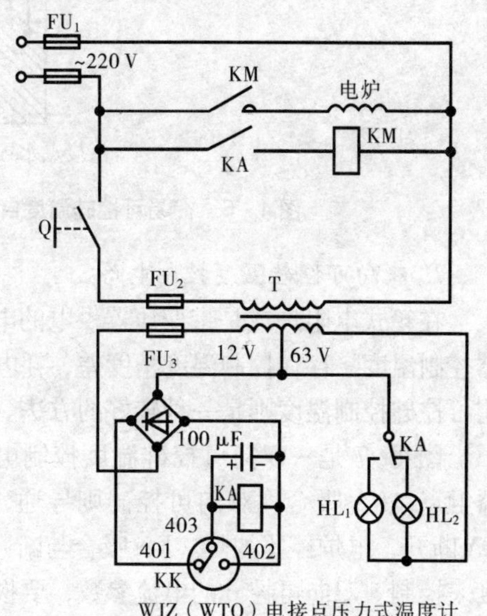

图4－5　简单的温度控制器电路

6. 简易可控硅温度自动控制电路

如图4－6是一种可控硅温度自动控制电路。当温度较低温度计两个探针断开时，可控硅元件导通，电热器通电，开始加热。当温度达到所需要值时，温度计上两个探针被水银柱接通，使可控硅控制极和阴极短路，可控硅截止，从而断开电热器，电热器停止加热。

电路中 R 阻值由调试来确定，一般使温度计两探针断开时，可控硅完全导通，在探针短拧时，流过 R 上的电流以不太大为好。

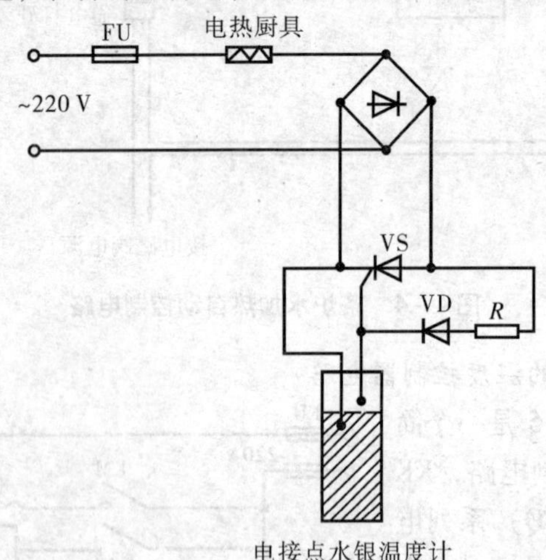

图 4－6　简易可控硅温度自动控制电路

7. 双向可控硅温度控制电路

在箱式电阻炉或是带变压器供电的电阻炉设备中大都采用接触器控制温度，存在控制温度精度差、耗电多、维修量大等缺点，利用可控硅控制温度则是一种较好的方法。

图 4－7 是一双向可控硅温度控制电路，线路中的 KA 为继电器触点，KA 吸合，双向可控硅则导通，电炉接通三相电源加热。KA 断开，电炉停止加热。KA 吸合与断开由原控制柜上的电接点温度表控制。双向可控硅的电流参数，要根据电炉负载来决定。

8. 简易温度控制电路

如图 4－8 所示是用电接点水银温度计构成的温度自动控制电路。

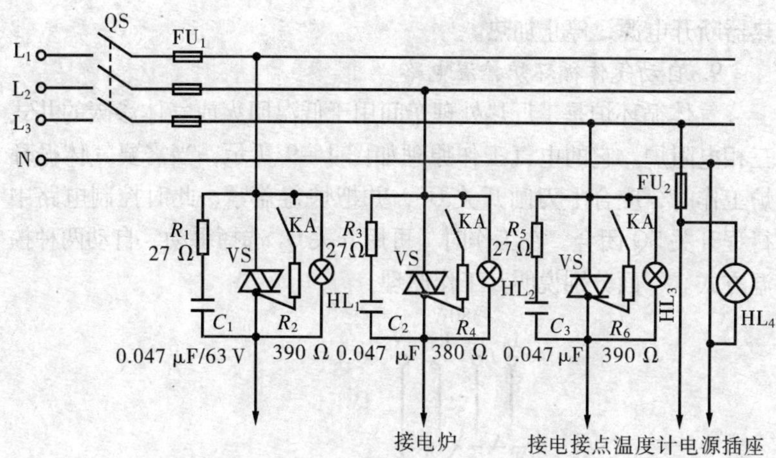

图 4－7　双向可控硅温度控制电路

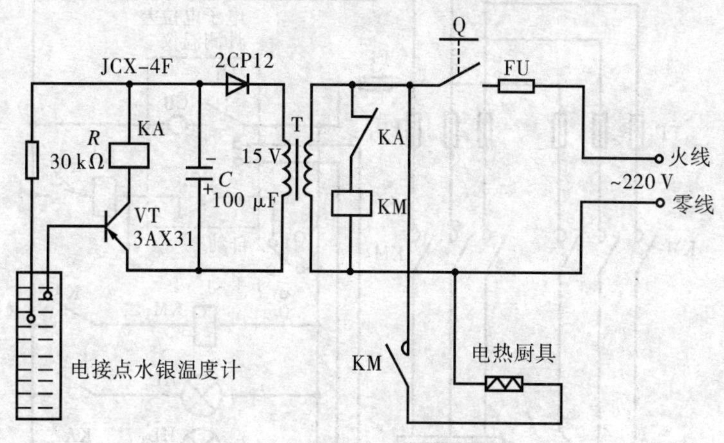

图 4－8　简易温度控制电路

工作原理：合上电源开关 Q，温度低于需要的温度时，电接点水银温度计的两个探针断开，三极管基极开路，因此处于截止状态，继电器不动作。它的常闭触点接通 KM 的线圈回路，KM 吸合，电热器开始加热。当温度升到需要值时，电接点水银温度计中的水银接点接通，使三极管接通，KA 吸合，KM 接触器释放，此时电热器断开电源，停止加热。

9. 自动气体循环炉控温电路

气体循环炉是工厂热处理车间用于低温回火或气体渗碳的井式三相电阻炉。它的电气工作原理如图 4-9 所示，当需要气体循环炉工作时，应合上刀闸开关 QS，并把炉盖盖紧，此时控制电路中行程开关 SQ 闭合。在工作时，可用开关 Q_2 选择手动、自动两种控温方式。下面分别说明其工作原理。

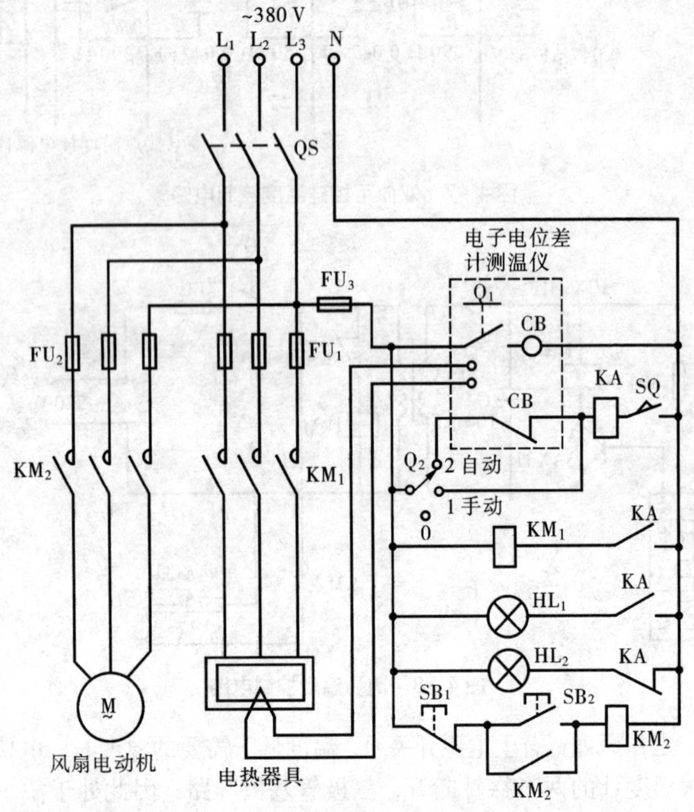

图 4-9 自动气体循环炉控温电路

(1) 手动方式：首先将组合开关 Q_2 扳到“手动”位置，这时

1触头接通，中间继电器KA线圈得电吸合，使交流接触器KM_1动作，电阻炉通电升温，当炉温升至所需要的温度时，把Q_2扳到“0”位置，使KA和KM_1线圈断电，电炉断开电源，不再升温。

（2）自动方式：将组合开关Q_2扳到“自动”位置，这时2触头接通。由于电子电位差计测温仪表CB在温度低于预定温度时，触头CB呈闭合状态，使KA继电器通电吸合，同时KM_1线圈通电，电炉通电升温；当炉温达到预定温度时，触头CB自动分断，使KA线圈断电KM_1断电，电炉停止升温，实现了自动控温。

SB_2为风扇电动机直接控制启动自锁按钮；SB_1为其停止按钮。在实际工作中，根据需要可随时手动控制风扇起停。图中Q_1为仪表的电源开关，HL_1和HL_2分别为电炉通电或断电指示灯。

10. 车床空载自停电路

如图4－10所示是车床空载自停电路。图中SQ为限位开关，它受主轴操纵杠的控制。按下按钮SB_2，车床电动机启动运转。这时车工可操作操纵杆进行操作，在车工工作时由连动杆使SQ断开，在加工停止时，车工控制操纵杆，打到空挡位置，连动杆便压下限位开关SQ，此时时间继电器KT吸合，如果在KT延时的时间内，限位开关没有复位，则KT将延时切断KM线圈电源，KM断电释放，电动机停止。KT延时的时间可根据车床操作要求来定。如果车工在车床操作时有较长一段时间不工作，即使启动了电动机，空载运行超过KT延时时间也会自动停车，以节约用电。

11. 光电控制自动停机电路

在印刷厂切纸时，往往是把很厚的纸用手放入切纸机内，这时如误用脚踩动切纸开关，切刀就会自动切纸，极易造成工伤。利用光电控制使工人在误操作时使切纸机停机，可避免事故的发生。如图4－11所示。

其工作原理是：由VT_1、VT_2组成射极耦合双稳态触发电路，当切纸工人用手放纸时（在机器一边装有灯泡并向另一边照射，另一边装有接收光敏三极管），手正好遮挡住灯泡照射的光线，使光

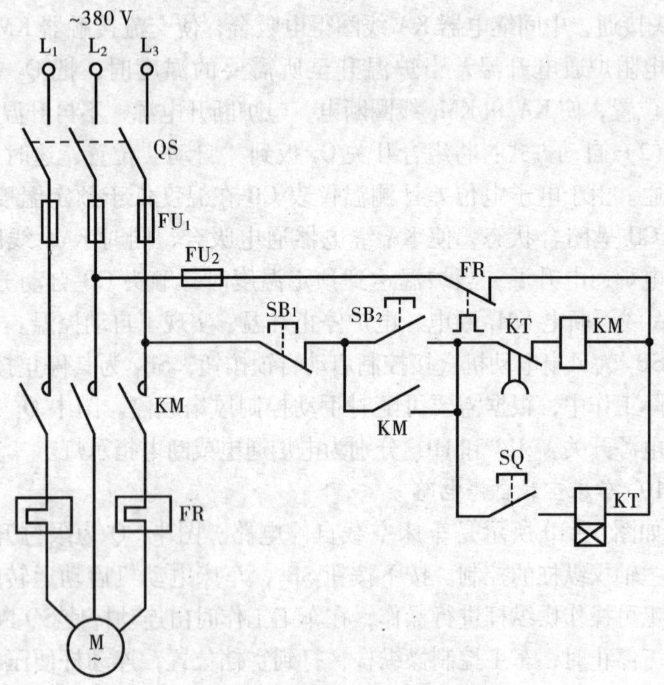

图 4－10 车床空载自停电路

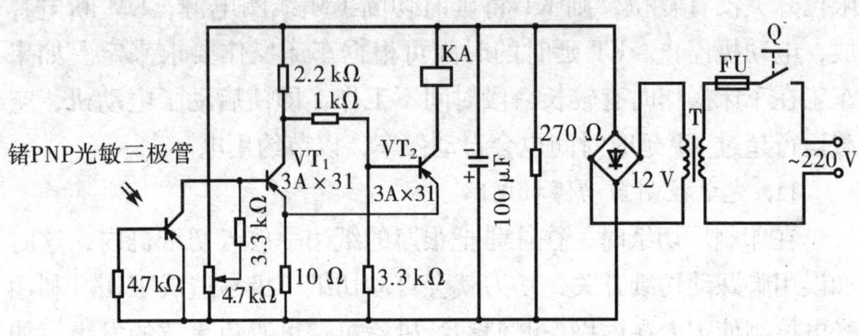

图 4－11 光电控制自动停机电路

敏管呈高阻值。于是 VT_1 导通，VT_2 截止，继电器释 KA 释放，因继电器的常闭触点串入切纸机下刀操作的线圈回路，这时即使误踩切纸机下刀开关，也不会下刀，从而避免事故的发生。

12. 黑光灯自动光控、雨控、风控电路

害虫是农作物的天敌，杀灭害虫，保护农作物也是增产的重要措施。图 4－12 所示是用黑光灯诱杀害虫，并且可自动对诱杀进行光控、雨控、风控的电路。因为白天、风雨天害虫活动很少，故可通过电路进行自动控制，将黑光灯电源断开，以达到节约用电的目的。

电路工作原理如图所示：每当到了夜晚，如果无风无雨，风控、雨控接触点不导通，光电二极管无光照射，内阻很大，相当于开路。这时，三极管 VT_1、VT_2 处于截止，VT_3 饱和，继电器 KA 动作，使 KA_1 触点闭合，黑光灯开始工作，同时高压电网也同时投入工作。当天亮后，光电二极管 VD 内阻降低，VT_1、VT_2 导通，VT_3 截止，继电器 KA 释放，黑光灯和高压电网断电，停止工作。

电路中继电器选用 JRX－13F，吸合电压为 6 V。高压升压变压器 T_2 铁芯厚 40 mm，宽 32 mm，窗口为 23×53 mm。线路无特殊要求，只要接线正确，便能正常工作。另外应注意高压安全问题，为了防止高压侧短路造成变压器烧坏，应经常清扫电网上堆积的死虫。

13. 电力变压器自动风冷电路

电力变压器在夏天连续运行时，自身温度会超过 65 ℃，故需加风机进行降温，否则会烧坏电力变压器。图 4－13 所示是一种利用电接点温度计改制的电力变压器自动风冷装置电路。在高温时启动吹风机，在低温时，则停止吹风机工作。WJ_1 为电接点温度计的上限触点，WJ_2 为下限触点。当变压器运行温度升到上限值时，WJ_1 闭合，风扇启动；当变压器温度降为下限时，WJ_2 闭合，KA 动作，使风扇停止工作。

14. 齿轮车床空载自停电路

如图 4－14 所示是齿轮车床空载自停电路。当车床离台器置于停止位置时，限位开关 SQ 被打开，交流接触器 KM 的线圈立即断电，使电动机停止运行，这样便可实现空载自停。

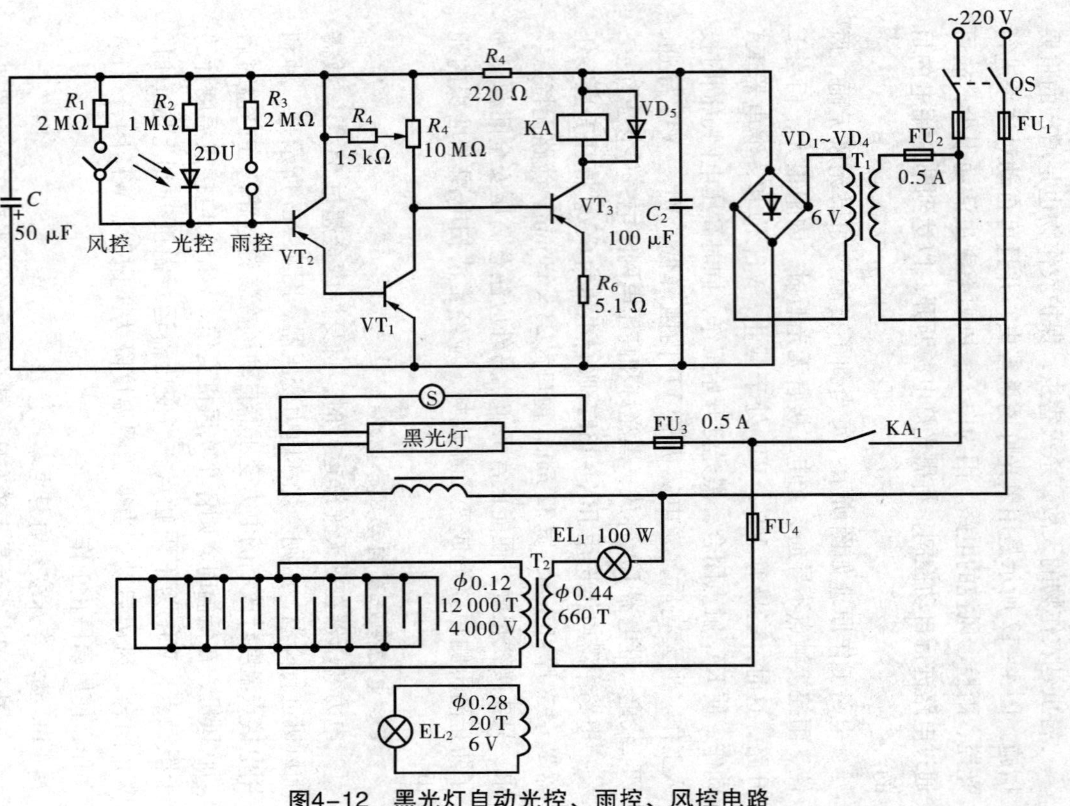

图4-12 黑光灯自动光控、雨控、风控电路

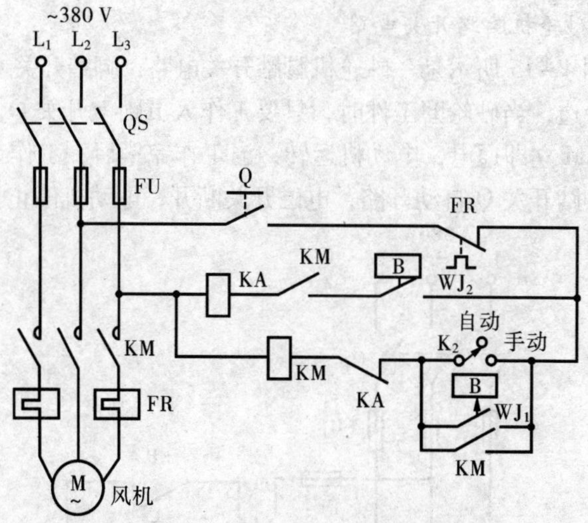

图4－13　电力变压器自动风冷电路

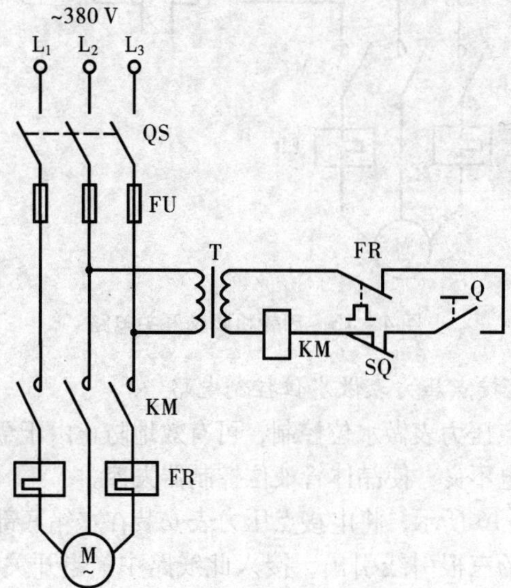

图4－14　齿轮车床空载自停电路

15. 砂轮机脚踏开关电路

如图 4－15 所示是一砂轮机脚踏开关电路，脚踏开关 Q 装在砂轮机的旁边，当砂轮磨工件时，只要工作人员踏上开关 Q，电磁开关线圈 KM 立即通电，电动机运转；当工作完毕后，工作人员离开砂轮，脚踏开关 Q 自动开路，电磁开关断开，电动机停止工作。

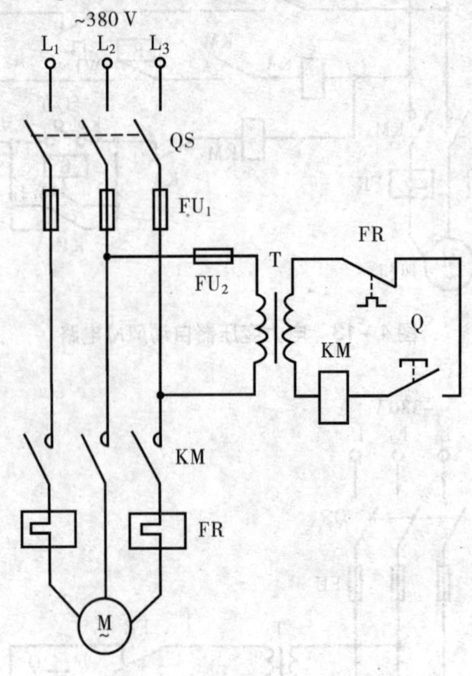

图 4－15 砂轮机脚踏开关电路

16. 用电接点压力表做水位控制电路

用电接点压力表做水位控制，可有效地防止由于金属电极表面氧化引起导电不良，使晶体管液位控制器失控。

如图 4－16 所示，将电接点压力表安装在水箱底部附近，把电接点压力表的三根引线引出，接入此线路中。当开关 Q 拨到“自动”位置时，如果水箱里液面处于下限时，电接点动触点接通 KA_1 继电器线圈，继电器 KA_1 吸合，接触器 KM 得电动作，电动机水泵运转，向水箱供水。当水位液面达到上限值时，电接点的动触点与 KA_2 接通，KA_2 吸合其常闭触点断开 KM 线圈回路，使电动机停转，停止注水。待水箱里面的水用完，下降到下限时，KA_1 再次吸合，接通接触 KM 线圈电源，使水泵重新运转抽水。这样反复运行下去，达到自控水位的目的。如需人工操作时，可将线路中开关 Q 拨到“手动”位置，按下按钮 SB_2 可启动水泵电动机，而按下按钮 SB_1 可使水泵停止向水箱供水。

线路中 KA_1、KA_2 继电器线圈电压为 380 V，也可将 JC－10 接触器代替使用。

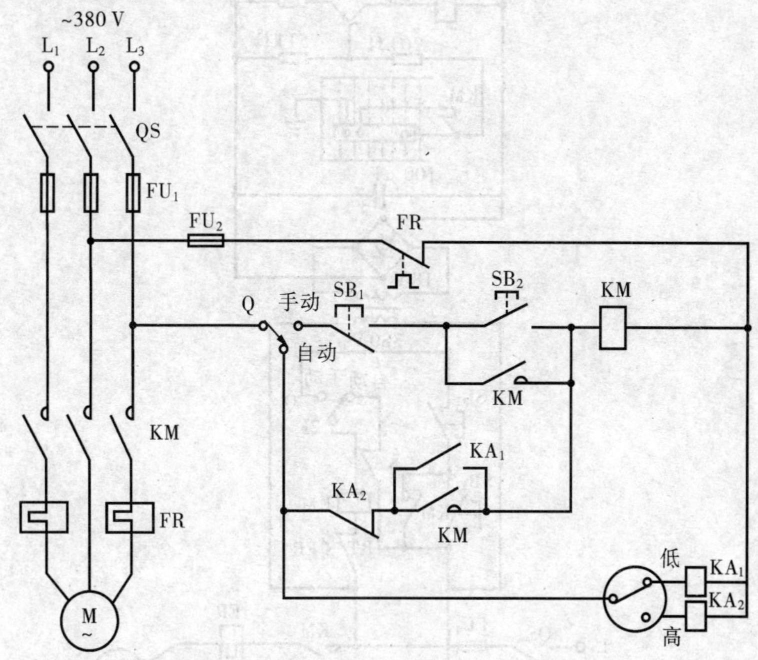

图 4－16　用电接点压力表做水位控制电路

17. 简易水位控制电路

图 4－17 所示为一个简单的水位控制电路。当开关 Q 打在“自动”位置时，水泵电动机受继电器 KA 控制。合上开关 QS，水泵

电动机启动运转，向水池中加水。当水位上升到高水位时，三极管导通，继电器 KA 吸合，其常闭触点切断接触器 KM 线圈通路，水泵电动机停转。当水位下降至中水位以上高水位以下时，三极管的基极过 KM 常闭触点接地，三极管继续导通，因此继电器 KA 继续吸合，水泵电动机不启动。当水位下降至中水位以下时，三极管因基极开路而截止，继电器断电释放，水泵电动机又启动。将 Q 打在“手动”位置时，可通过按钮 SB_1、SB_2 控制水泵电动机启停。

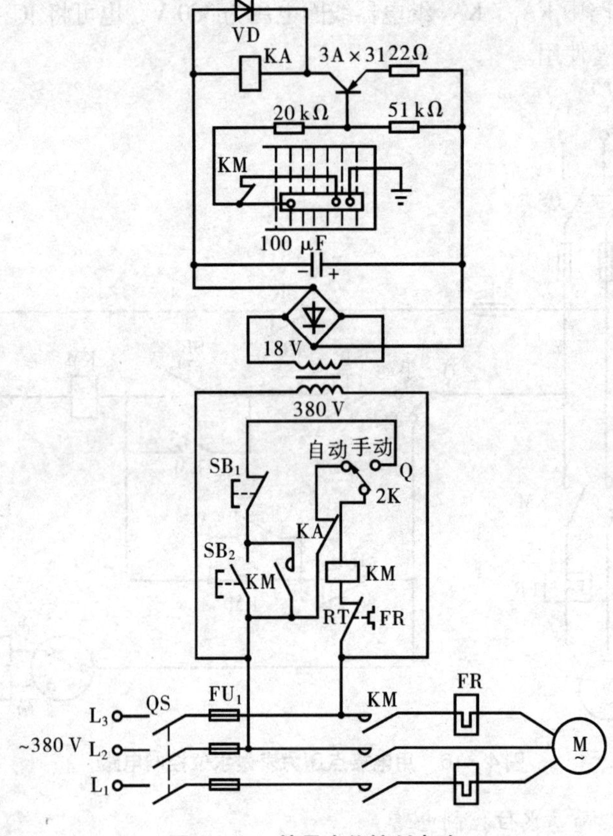

图 4－17　简易水位控制电路

18. 全自动水位控制水箱抽水电路

如图 4－18 是一种晶体管全自动水位控制水箱抽水电路。当水箱水位高于 c 点时，三极管 VT_2 基极接高电位，VT_1、VT_2 导通，继电器 KA_1 得电动作，使继电器 KA_2 也吸合，因此接触器 KM 吸合，电动机运行，带动水泵抽水。此时，水位虽下降至 c 点以下，但由于继电器 KA_1 触点闭合，故仍能使 VT_1、VT_2 导通，水泵继续抽水。只有当水位下降到 b 点以下时，VT_1、VT_2 才截止，继电器 KA_1 失电释放，致使水箱无水时停止向外抽水。当水箱水位上升到 c 点时，再重复上述过程。

变压器选用 50 V · A 行灯变压器，为保护继电器 KA_1 触点不被烧坏，加了一个中间继电器 KA_2。在使用中，如维修自动水位控制线路可把开关拨到手动位置，这样可暂时用手动操作启停电动机。

19. 改进的水位自动控制电路

水位自动控制在实际应用中，因水箱里水面上下浮动，使接触导电触点时通时断，造成接触器频繁吸合释放，很容易烧坏接触器触点。在一般的晶体管水位控制线路中，加一只电容 C_3，使三极管的导通或截止时间延迟，不使接触器马上动作，即可保护接触器触点。如图 4－19 所示为改进的水位控制线路（为水箱水满后向外自动抽水线路）。

20. 大型水塔自动控制供水电路

在自备大型水塔的单位，往往供水抽水泵电动机容量较大，一般均在 40 ~ 75 kW 范围内。因此一般都采用人工看守水塔，并且应用降压配电柜来启动电动机。现市场上虽有晶体管自动水位控制器出售，但对大型水塔供水实现自动控制还有很多连接上的问题需要解决。

这里介绍一种能使大型水塔实现自动供水的控制电路。工作原理：当 Q 拨到手动位置时，电动机配电柜进行正常的启动，待降压启动完毕后，自动投入运行，如图 4－20 所示。当开关 Q 拨

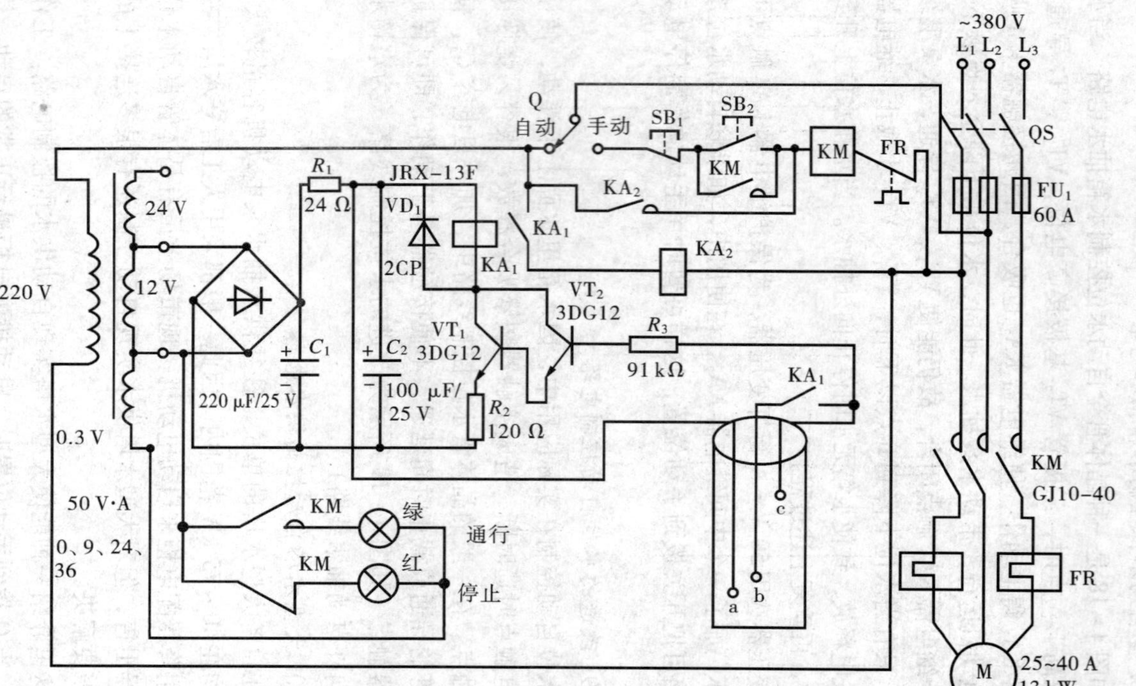

图4-18 全自动水位控制水箱抽水电路

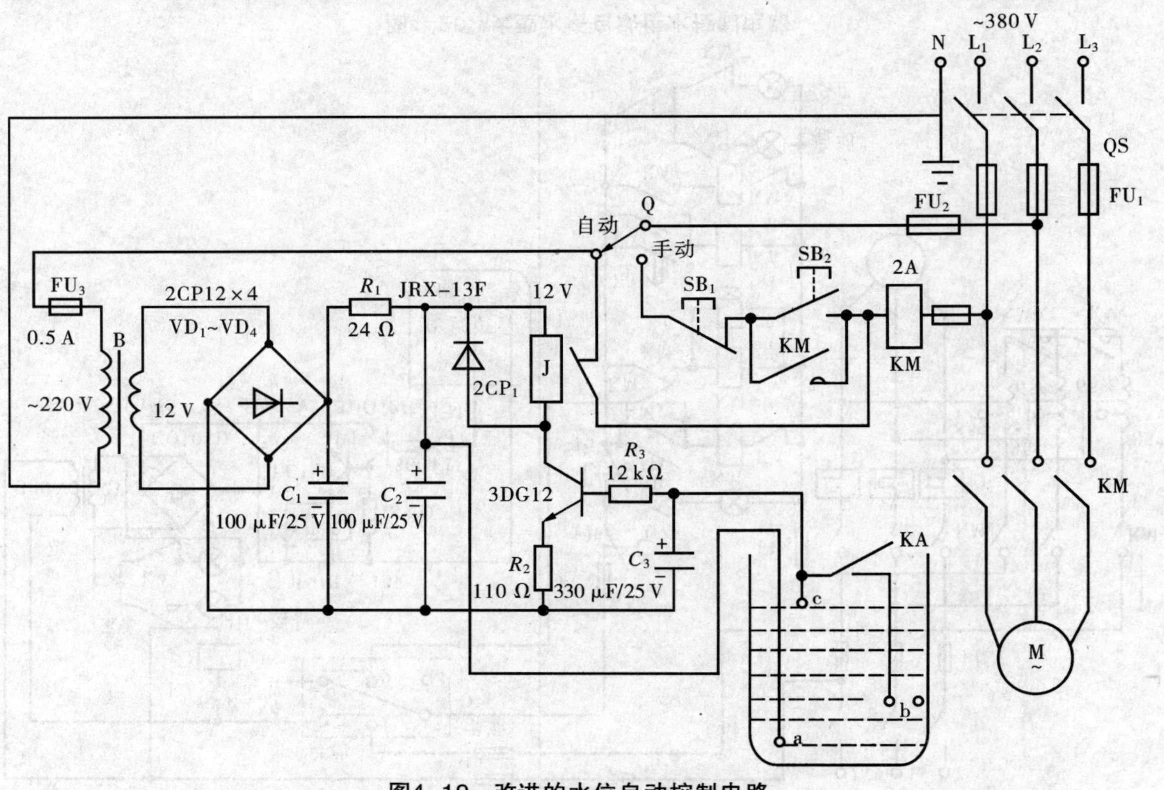

图4-19　改进的水位自动控制电路

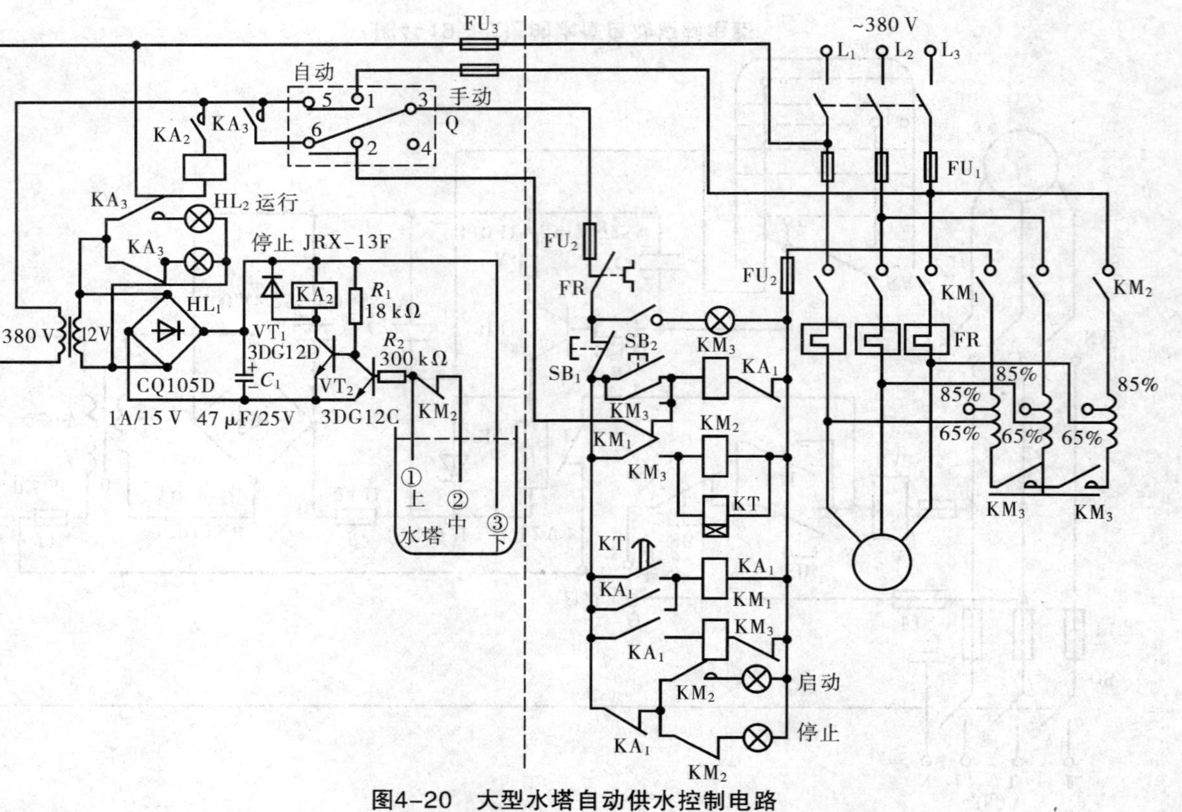

图4-20 大型水塔自动供水控制电路

到自动位置时，水位自动控制器得电工作，此时如水塔水箱水位下降到最低水位时，KA_3 截止，KA_1 导通，这样使得继电器 KA_2 闭合，中间继电器 KA_3 也得电吸合，KA_3 的常闭触点断开，而 KA_3 的常开触点闭合，接通配电降压启动柜控制线圈回路，使 KM_3 吸合，电动机进行降压启动。降压启动完毕后 KT 动作，接通 KA_1，其常闭触点断开，KA_3 失电，并使 KM_1 运行接触器得电吸合，电动机正常运行。待水箱里面的水满时，VT_2 导通，VT_1 截止，使 KA_2 释放，断开电动机配电柜控制电源回路，从而使电动机停止运行。当水位下降低于中位时，再度自动启动电机。

第五章 报警电路

1. 高灵敏声触发报警器电路

声触发式报警电路是利用物体的撞击声、行人的脚步声、人们的说话声等声信号作为报警电路的触发信号来实现报警的。这类报警电路一般采用压电陶瓷片或驻极体话筒作为声传感器，将声信号转换成电信号，再通过放大器将这种电信号加以放大去触发报警声发生电路，发出声、光报警信号。下面介绍一例由压电陶瓷片作为声传感器组成的高灵敏声触发报警器，其电路组成如图 5 -1 所示。

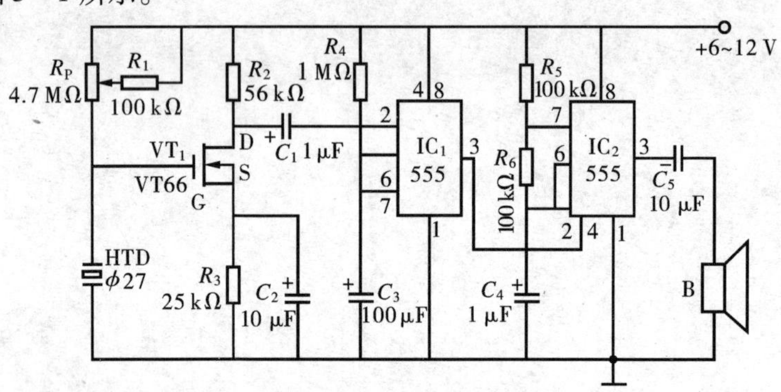

图 5 -1 高灵敏声触发报警器电路

电路组成与工作原理：本电路由声传感器与信号电压放大器、单稳态延时控制器、可控式音频振荡器和扬声器组成。压电陶瓷声传感器 HTD 与场效应管 VT_1 将接收到的声信号转换成电压信号，由于 HTD 输出的电压信号十分微弱，所以需通过一级场效应管放大器将其放大，使其有足够的电压幅度去触发后级电路。电路中，用微调电阻 R_P 来调整 VT_1 的工作点，使其有合适的工作点和足够的电路接收灵敏度。

IC_1 与 R_4、C_3 组成单稳态延时控制电路，这是一个脉冲启动型单稳态触发器，用来做延时控制。当电路被触发发出报警后，延迟一段时间使报警自动停止。单稳态触发器的延迟时间由 R_4 和 C_3 的数值决定，即 $T_d = 1.1R_4C_3$。按图中 R_4、C_3 的数值，本电路的延时间为 2 min，自报警电路被触发后经过 2 min 自动停止。

可控式音频振荡器是由 IC_2 与 R_5、R_6 和 C_4 组成的多谐振荡器。该振荡器以 555 电路的第 4 脚作为它的控制端，当单稳态延时电路被触发后输出高电平加至 4 脚时，多谐振荡器起振；当单稳态延时电路延时结束输出低电平时，多谐振荡器停振。

多谐振荡器的振荡频率由式 $f = 1.443/[(R_5 + 2R_6)C_4]$ 决定，按图中数值，本振荡器的振荡频率约 4.8 kHz。调整 R_5、R_6 与 C_4 的数值，可改变振荡器的振荡频率。

2. 超声波视力保护器电路

长期在近距离下看书写字会造成近视，眼睛近视对工作、学习和生活会造成很多不便。本例超声波视力保护器能在你看书距离过近时发出警告声，纠正看书姿势，从而起到保护视力的作用，电路组成如图 5-2 所示。

电路组成与工作原理：全电路由超声波发生器、超声波接收放大器、警示声发生电路和控制电路。包括两只六反相器 CD4069、一只四一二输入端与非门 CD4011 和一只双 D 触发器 CD4013 组成。其中一只二输入端与非门 D_{13} 和一只反相器 D_5 与 R_5、C_3 组成超声多谐振荡器，振荡频率为 40 kHz。产生的超声脉冲经 D_6 缓冲后，通过超声发射头 40T 向外发射。

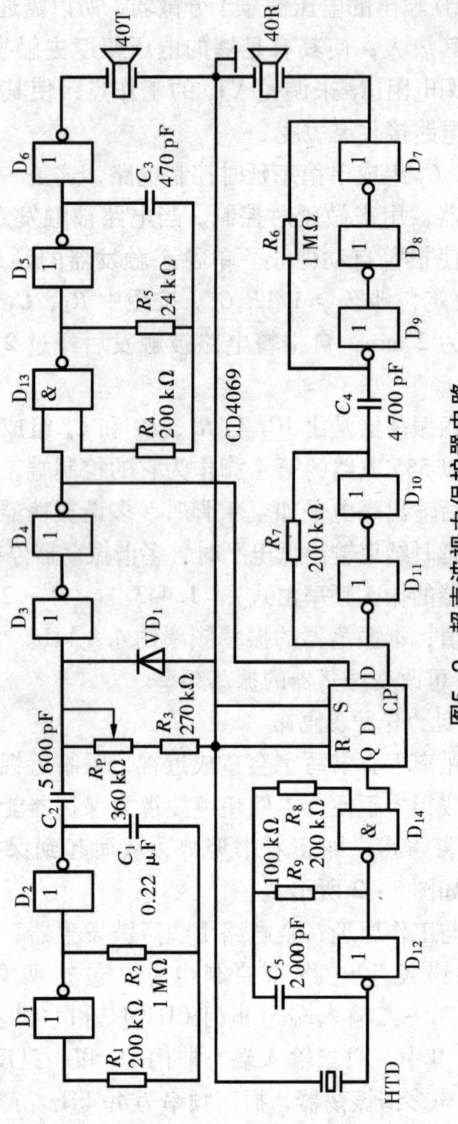

图5-2 超声波视力保护器电路

反相器 $D_7 \sim D_9$ 与偏置电阻 R_6 组成线性放大器，它将超声接收头 40R 接收并转换为电脉冲的信号加以放大，使它有足够的信号幅度去触发后级电路。反相器 D_{10}、D_{11} 与 R_7 组成施密特触发器，将信号放大器输出的脉冲信号进行整形，使其成为边沿整齐的脉冲信号，这一脉冲信号加至 D 触发器的 CP 端。D_{12}、D_{14} 与 R_2、C_5 组成一个频率为 2.2 kHz 的多谐振荡器，由它产生的脉冲信号通过压电陶瓷发声片 HTD 发出，作为距离过近时的警示信号。

作为整个视力保护器的控制电路，它由两个主要部分组成：一部分是由 D_1、D_2 与 R_2、C_1 组成的低频多谐振荡器，它的振荡频率为 2 Hz。由低频振荡器输出的脉冲通过由 C_2、$R_P + R_3$ 组成的微分电路的整形，使其有一定幅度的正向尖脉冲。再通过反相器 D_3、D_4 的两级整形，使其成为具有一定宽度的正向脉冲。R_P 的作用是调节脉冲的宽度，通过调节，可使由 D_4 输出脉冲的宽度在 1 ~ 2.4 ms。

由 D_4 输出的脉冲其作用有二：一是加至门 D_{13} 的控制端，对超声波振荡器进行调制；二是加至 D 触发器的数据端 D，通过它与加至 CP 端的触发信号的配合，使触发器翻转，控制警示声振荡器起振发出警示声。

作为警示振荡器控制电路的 D 触发器，只有当它的数据端 D 处于所加脉冲的上升沿时，如果恰好 CP 端有脉冲输入，则触发器翻转，Q 端输出高电平将警示振荡器启动，发出警示声。

由于加至数据端 D 的脉冲与加至超声振荡器的调制脉冲，为来自同一信号源的固定频率（2 Hz），加至 D 端的脉冲为直接加入，而作用于 CP 端的脉冲则是通过人体对超声波反射后加入的。当人体远离超声发射—接收头时，由于人体反射后的超声信号产生了较大的延迟，也使加至 CP 端的脉冲产生了一定的延迟，这就使它和 D 端所加的脉冲不同步，所以不会使 D 触发器翻转。

当人体与超声发射—接收头接近时，由于人体对超声信号反射的延迟减小，这就使加至D触发器CP端的触发脉冲与加至数据端D的脉冲接近同步，D触发器发生翻转。Q端输出高电平，使警示振荡器振荡，发出警示声。

根据上述工作原理的分析，对电路调整应当这样进行：首先限定人体接近距离，在人的头部最接近超声发射一接收头处，调节 R_P 使警示振荡器起振即可。

本电路应安装在台灯内，将超声发射一接收头安装在台灯座外正对人体的部位即可。

3. 超声波汽车倒车防撞报警器电路

利用超声波的反射特性，可以制作一台超声波汽车倒车防撞报警器，其电路组成如图5－3所示。

电路组成与工作原理：本例电路由超声波发射器、超声波接收与信号电压放大器、报警语音发生电路及语音功放电路组成。

超声波发射器包括超声波振荡器和超声波发射头两部分，晶体管 VT_1、VT_2 组成强反馈式超声振荡器，VT_2 集电极输出的微小变化，通过超声发射头反馈到 VT_1 的基极，通过 VT_1 放大后又直接加至 VT_2 的基极做进一步放大。如此循环下去，结果形成了电路的振荡。

电路中，超声发射头既是超声波发射元件，又是振荡电路的反馈元件和谐振元件。它一方面将 VT_2 的输出反馈到 VT_1 的基极；另一方面它还由自身的固有频率将振荡器的振荡频率稳定在这个频率上，作为振荡器的谐振稳频元件。

VT_3、VT_4 组成一级直接耦合式信号电压放大器。该电路通过接在 VT_4 的发射极与 VT_3 基极间的负反馈电路（由 R_6、C_3 及 R_3 组成），使其既实现了较高的放大倍数，又具有较高的工作稳定性。

VT_5 与 R_7 组成一级电压反馈式放大电路，该电路也具有较高的放大倍数。VT_6 组成语音发生电路的触发电路，由 VT_5 输出的脉冲信号，通过 R_P 的分压调节加至 VT_6 的基极，当脉冲信号的

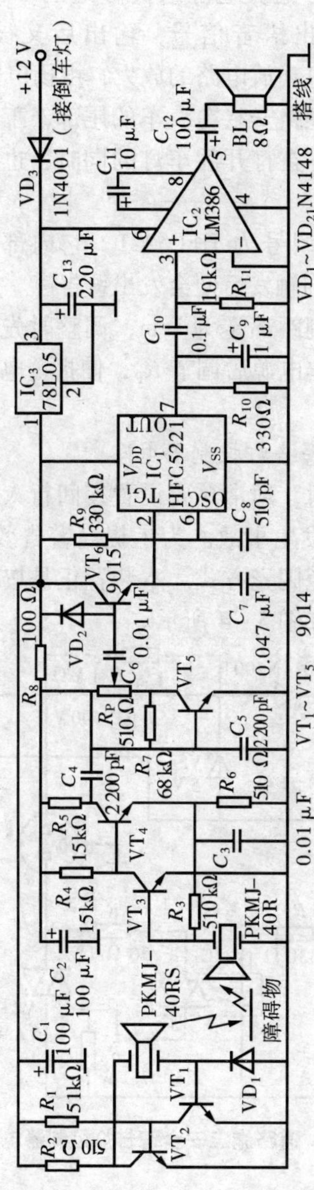

图5-3　超声波汽车倒车防撞报警器电路

幅度足够大时，VT_6 导通。电源通过导通的 VT_6 加至语音电路 IC_1 的触发端使其发出语音信号，输出后又被加至功放电路 LM386 的输入端。经过功放电路的放大，由扬声器发出。

该倒车防撞报警电路安装在汽车的尾部，工作电源与后车灯并联。当需要倒车时，在打开后车灯的同时，也接通了报警电路的工作电源。

语音发声电路的型号为 HFC5221，它内部贮存一句"嘀、嘀，注意!"，当它受到触发后便会发出警告声。

本电路的报警控制距离定为 2 m，调整时先在汽车后部 2 m 处放一挡板，接通工作电源后调节 R_P，使报警电路发出语音报警声即可。

4. 道路施工安全警告灯控制器电路

在城镇道路施工时，通常总要设置夜间行人、车辆安全警告灯，以防人员、车辆发生事故。为了提高警告效果和节约能源，警告灯一般都采用红色闪光方式。本装置正是按照这个要求设计制作的，其电路组成如图 5－4 所示。

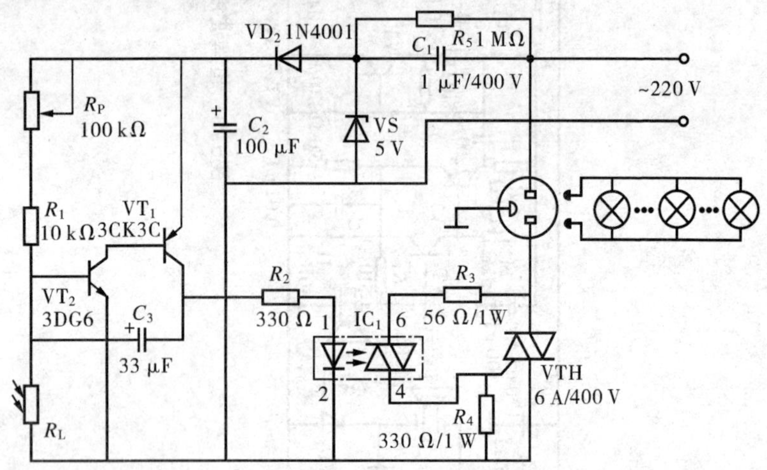

图 5－4　道路施工安全警告灯控制器电路

电路组成与工作原理：本电路由两只不同极性的三极管组成的光控电路，使警告灯只在夜间工作。用一只光耦合器将光控电路输出的控制信号去触发一只双向晶闸管，接通和控制警示灯的工作电源。光控电路输出的控制信号同时还具有灯光闪烁控制功能。

VT_1 和 VT_2 是两只极性不同的三极管，它和 C_3、R_1+R_P 及光敏电阻 R_L 组成一个互补晶体管低频振荡器，其振荡频率由 C_3 与 R_1+R_P 的值决定。本电路为超低频振荡器，所以 C_3 取较大的容量，并用 R_P 微调振荡频率。

光敏电阻 R_L 作为振荡电路的控制元件，白天由于光照较强，R_L 阻值变小，VT_2 基极电压很低，振荡器停振。夜晚，由于光照变弱使 R_L 阻值大增，VT_2 的基极电压升高，振荡器起振，输出控制信号。

光耦合器 IC_1 组成双向可控的触发与控制电路。由超低频振荡器输出的脉冲，加至光耦合器的发光二极管输入端，使发光二极管按照所加超低频脉冲发光，触发双向晶闸管 VTH 按照脉冲频率做间断式导通，使警告灯呈闪烁状态发光警告。

电路中，C_1、R_5、VS 和 VD_1 组成电源电路，直流供电电压为 5 V，C_2 为电源滤波电容。双向晶闸管 VTH 应根据所连接的负载大小来选择，但其耐压值不得小于 400 V。光敏电阻的亮阻应小于 10 kΩ，暗阻应大于 1 MΩ。

5. 三相四线供电电力线防盗报警器电路

农村供电由于面广、线长且线路穿山越岭，隔山跨河，给电力线的监控保护造成不便，线路被割被盗的现象经常发生，由于不能及时发现，会给生活和生产造成重大损失。下面一例防盗报警器可在线路被盗时及时发出报警，其电路组成如图 5－5 所示。

电路组成与工作原理：本电路采用一组（三只）测电笔用的氖管与一组光敏电阻组成光电检测电路，用光电检测电路输出的检测信号控制一只电子开关，再通过电子开关去触发和控制报警

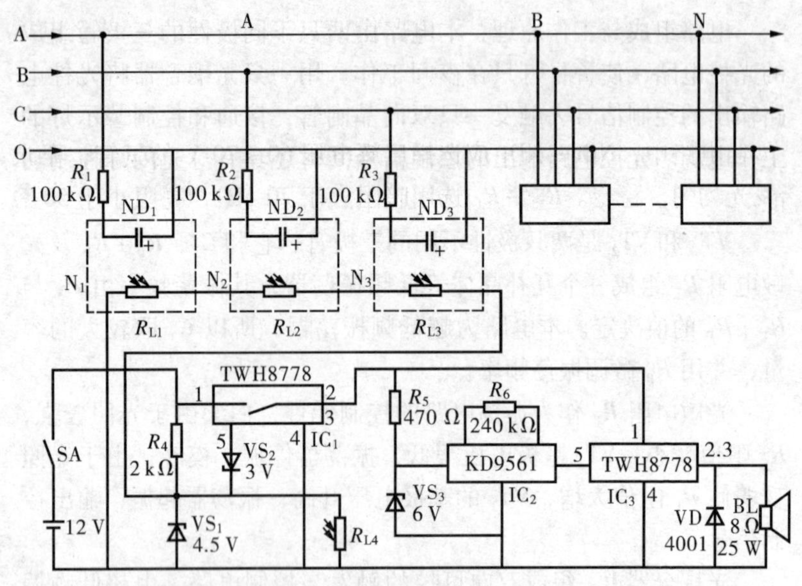

图5－5 三相四线供电电力线防盗报警器电路

发声电路，发出报警声。

氖管 ND_1、ND_2 和 ND_3 分别与降压电阻 R_1、R_2 和 R_3 串联后跨接至三相电源线与零线之间。在每一只氖管旁设置一只光敏电阻，组成一个光耦合器，三只光耦合器中的光敏电阻 R_{L1}、R_{L2} 和 R_{L3} 串联后，通过稳压管 VS_2 接至电子开关电路 TWH8778 的控制端5。为了使报警器仅在夜间报警，还设置了光敏电阻 R_{L4}。

在正常情况下，电力线中有电流通过，三只氖管正常发光，光耦合器中的三只光敏电阻的串联值很小（小于 100 Ω）如果是在白天，还因 R_{L4} 亮阻很小，它与 R_{L1} ~ R_{L3} 串联后的并联值更小于 50 Ω。这就使 VS_2 两端的电压小于 3 V，电子开关 TWH8778 处于断开状态。

若发生电力线被盗，即使是其中一相，三只光耦合器中的发光二极管至少有一只不发光，这就使光敏电阻的串联值大增，其阻值至少大于 20 MΩ。若在夜间，R_{L4} 的阻值也增大。这就使 VS_2

两端的电压达到4.5 V（VS_1 的稳压值），VS_2 被击穿，并将电压加至触发端5，TWH8778 内部接通，报警声发声电路 K39561 得到工作电源发出报警声并通过 IC_3 放大后，由扬声器放出。

电路中，ND_1 ~ ND_3 应选择启辉电压 60 ~ 70 V 的氖管，要求发光均匀、稳定。R_{L1} ~ R_{L4} 选用暗阻大于 20 MΩ，亮阻小于 50 Ω 的光敏电阻，其余元件无特殊要求。

6. 小区域红外防护报警器电路

小区域红外防护报警器由四组红外防护检测器组成，四组检测器从四面围成一个小的防护区，无论人从哪个方向进入，报警器均能进行检测并发出报警，电路组成如图 5－6 所示。

电路组成与工作原理：本电路由红外检测电路、检测信号输入控制门、报警触发电路、报警声发声电路和功放输出电路组成。红外检测电路由四组相同的电路组成，每一组检测电路均包括一个直流驱动式红外发射管和一只光敏晶体管，二者相对安装在人员通道的两侧，发射管对准光电管。正常情况下光敏晶体管 VTP_1 ~ VTP_4 均处于接收状态，它们的输出端均输出低电平。当有人从中间通过将发射光阻挡时，光电管输出高电平。

检测信号控制门由六反相器 CD4069 组成，其中 D_1 ~ D_4 为检测信号输入缓冲与整形电路，D_5 ~ D_8 以及 D_9 ~ D_{12} 为逻辑变换电路。它将 D_1 ~ D_4 输出的信号加以两级反相，使其输出信号的极性与光敏晶体管输出信号的极性一致，以便形成对下级电路的触发信号。此外，在 D_5 ~ D_8 的两端还各并联一只双色发光二极管 LED_4 ~ LED_7，在正常情况下，D_1 ~ D_4 输出高电平，双色发光管发绿光；当某一方向有人进入时，检测信号输入门输出低电平，对应的双色发光管发红光，以此来区别检测电路的工作状态。

二极管 VD_1 ~ VD_4 组成四输入端或门电路，正常情况下 D_9 ~ D_{12} 的输出端均为高电平，二极管 VD_1 ~ VD_4 均处于截止状态。当某一防护方向有人通过时，它对应的反相器（假定为 D_{11}）输出低电平，VD_3 导通，或门输出低电平。

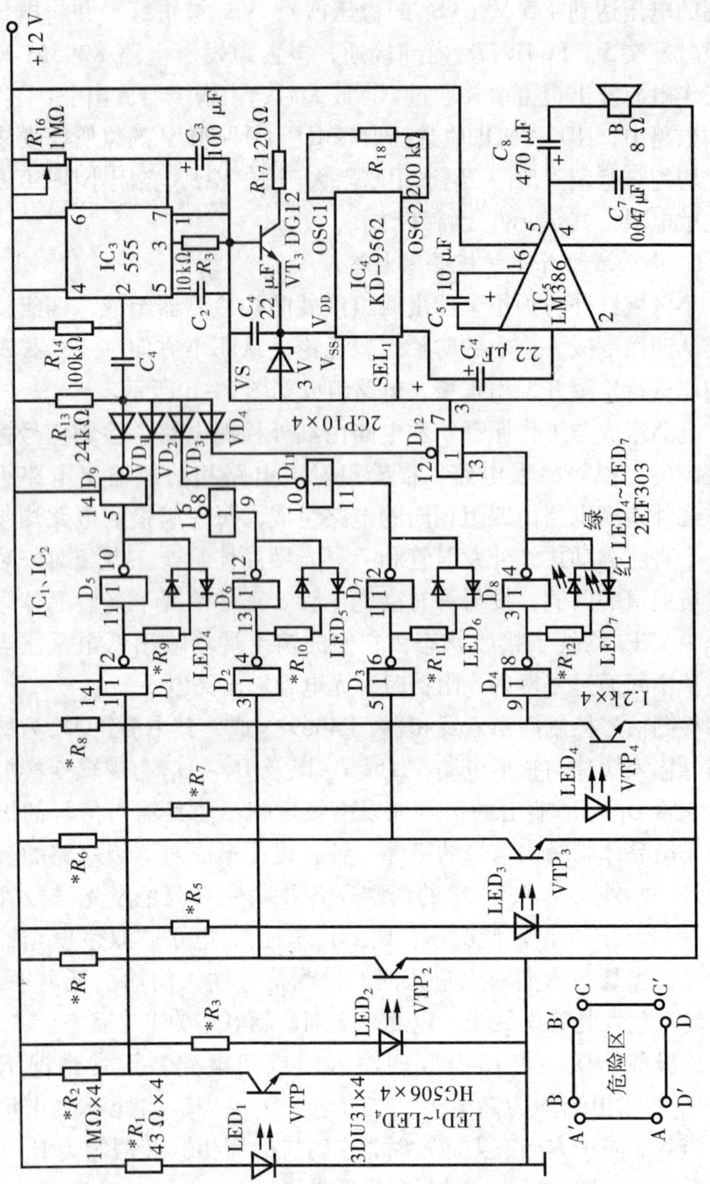

图5-6 小区域红外防护报警器电路

报警触发电路由 IC_3 组，它是由 555 电路组成的单稳态触发器。其暂稳态时间由 R_{16}、C_3 的值决定，触发信号由 2 脚输入，低电平有效。

正常情况下，IC_3 的 2 脚为高电平，它的输出端 3 输出低电平。当 2 脚受到负脉冲触发后，触发器翻转，3 脚输出高电平使 VT 导通，工作电源经 VT 加至发声电路 IC_4 的电源端。IC_4 获得工作电源后发出报警声信号，输出至 IC_5 经功放后由扬声器放出。

报警声发声电路由 KD9562 组成，它有八个触发端，可发出八种模拟报警声，使用中可根据需要选择所连接的触发端。

R_1、R_3、R_5、R_7 为红外发光管调整电阻，调整各电阻阻值应使红外发光管工作电流为 200 mA，R_2、R_4、R_6、R_8 为光敏晶体管调整电阻，调整各电阻阻值应使光敏晶体管输出低电平，被遮挡时输出高电平。

7. 看电视限距、限时警告器电路

本例警告电路专为儿童看电视而设，所设限距距离为 2 m，限时时间为 1.5 h，看电视时如果距离电视机屏幕小于 2 m 或者观看时间超过 1.5 h，警示器就会发出警告声，电路组成如图 5－7所示。

电路组成与工作原理：本电路利用红外线反射原理进行报警控制，电路组成包括红外线发射器、红外接收与信号处理器、定时器与警告发声电路。

电路中，四一二输入端与非门 CD4011 中的两个门 D_1、D_2 与 R_2、C_1，组成多谐振荡器，由它产生的 40 kHz 脉冲作为红外发射管的驱动脉冲。由带振荡器的十四位二进制串行计数/分频器 CD4060 组成定时器，同时还将其由 9 脚输出的 2 Hz 基准脉冲作为红外发射器的调制脉冲。40 kHz 的振荡脉冲和 2 Hz 的调制脉冲同时加至二输入端与非门 D_3 的输入端。反相后又经 R_1 加至发射驱动管 VT_1 的基极，经放大后驱动红外发射管向外发射。

CD4060 通过外接电阻 R_3、电容 C_2 和它内部的门电路组成

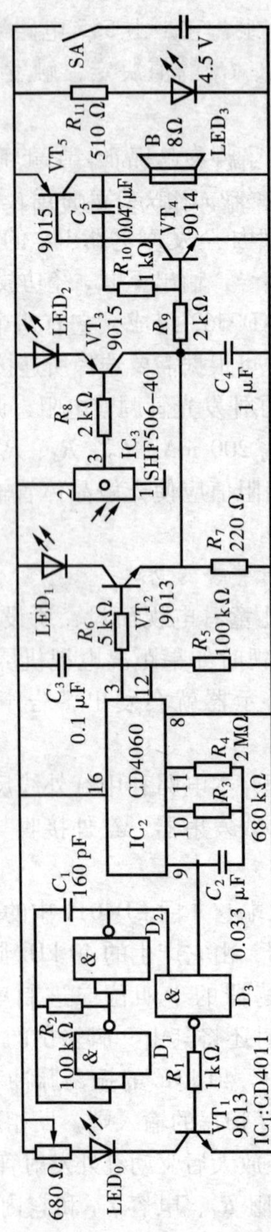

图5-7 看电视限距、限时警告器电路

2 Hz的基准脉冲振荡器，经过内部十四级分频后由3脚输出。由3脚输出的定时脉冲，其脉宽为90 min。将该脉冲通过 R_6 加至 VT_2 的基极，使 VT_2 导通，一方面控制着互补振荡器开始工作，发出“嘀、嘀、嘀、嘀、嘀……”的警告声，同时使 LED_1 发光指示。由9脚输出的2 Hz脉冲作为红外发射信号的调制脉冲。

红外接收与信号处理器由一只红外接收与信号处理专用电路SHF506组成。该电路将红外接收管与放大、解调电路组合在一起，成为一个接收组件。当它接收到调制的红外发射信号后，输出端输出的是解调后的2 Hz低频脉冲；当它接收到固定不变的红外信号后，输出的是低电平。

警告声发声电路是由P型的 VT_5、N型的 VT_4 与 R_{10}、C_5 组成的互补管多谐振荡器。该振荡器受 VT_2、VT_3 的控制，当 VT_2 或 VT_3 导通时，振荡器振荡，通过扬声器发出警告声信号。

该警告器安装在电视机前，当人体距电视机的距离小于2 m时，由红外发射器发射的脉冲信号通过人体反射后，会被接收器接收。通过接收解调后，由 IC_3 输出的是2 Hz的低频脉冲，这一低频脉冲通过 R_8 使 VT_3 做断续的导通，控制着互补振荡器断续工作，发出“嘀！——嘀！——……”的警告声。同时，距离指示灯 LED_2 也会发出闪光，指示此时距离已过近，请远离一点。

8. 断线自锁式防盗报警器电路

断线自锁式防盗报警器是当连接导线断开后，报警器被触发发出报警声，将报警声信号反馈到控制电路，使报警触发控制电路一直保持触发状态，报警声也一直不停，直到有人切断工作电源，电路组成如图5－8所示。

电路组成与工作原理：本电路由晶体管 VT_2、VT_3 组成开关控制电路，由 R_1、R_2 与连接导线组成断线信号输入与晶体管开关电路的分压输入偏置电路，由CW9561组成报警声发声电路，由 C_4、VD_1、C_2 及 VT_1 组成自锁电路。

在正常状态下，A、B端被连接导线短路，使 R_2 的下端接

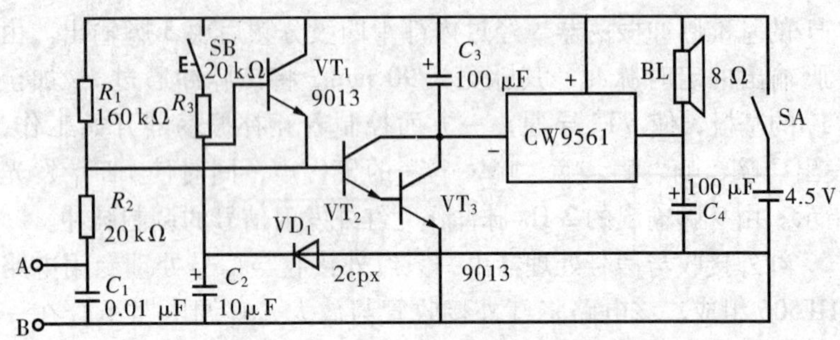

图 5－8　断线自锁式防盗报警器电路

地。这时 VT_2 的基极偏压由 R_1 与 R_2 通过对电源的分压决定，约等于 0.5 V，远小于复合管的导通电压，VT_2、VT_3 截止，报警电路处于待机状态。

当连接导线被断开后，VT_2 的基极偏压仅由 R_1 决定，这时就会高于导通电压，VT_2、VT_3 导通，将 CW9561 的接地端接通报警发声电路发出报警声信号并通过扬声器放出。与此同时，由 CW9561 发出的报警声信号，通过 C_4 的耦合、VD_1 的整流，C_2 的滤波，输出一直流电压并加至 VT_1 的基极，使 VT_1 导通。

VT_1 的导通也就维持了 VT_2、VT_3 的导通，也维持了报警发声电路的发声，形成自锁状态。

9. 八路自动扫描式大功率防盗报警器电路

扫描式防盗报警器主要是通过扫描控制电路，按一定时间间隔轮流地将各路报警监测电路与报警声发声器接通一次。如果各路报警监测电路所监测的处所无盗情，报警器不发声。如果有盗情发生，在扫描控制电路输出的扫描信号与报警监测电路输出的报警信号相遇时，则在报警监测电路与扫描电路输出信号的共同作用下，报警发声电路被触发，发出报警声。本例报警电路可设 8 个报警监测点，均采用断线监测方式，电路组成如图 5－9 所示。

电路组成与工作原理：本电路由断线式防盗监测电路、扫描

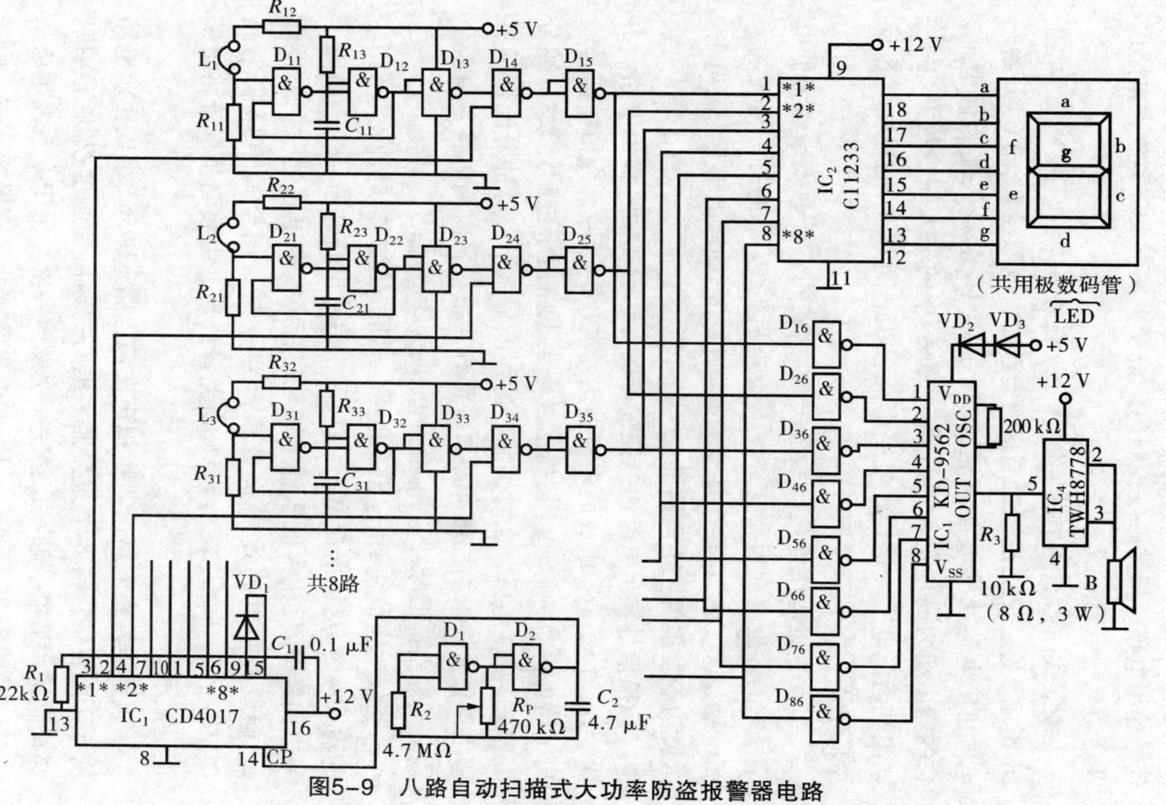

图5-9 八路自动扫描式大功率防盗报警器电路

信号输出电路、报警触发控制门、报警声发声及功率放大电路以及通道显示电路组成。

断线式防盗监测电路，以第一监测通道为例，由 D_{11}、D_{12}及D_{13}组成。在正常情况下，当接通电源时，电源经R_{13}向C_{11}开始充电。由于电容两端电压不能突变，这时D_{12}的输入端为低电平，它的输出端为高电平，通过反馈线使D_{11}的输入端也为高电平，输出端为低电平。这样，电路形成自锁，同时D_{13}的输出端也保持低电平。

当发生盗情使连接导线断开时，D_{11}的一个输入端变为低电平，它的输出端变为高电平，C_{11}充电后也使D_{12}的另一输入端为高电平，这就使D_{12}输出端变为低电平，D_{13}的输出端变为高电平。这就为触发报警发声电路准备了条件。

扫描信号输出电路包括扫描振荡器和扫描信号输出电路。由D_1、D_2与R_P、C_2组成的多谐振荡器产生的脉冲，为扫描信号输出电路提供时钟脉冲。扫描信号输出电路由十进制计数/脉冲分配器 CD4017 组成，在时钟脉冲的不断输入下，脉冲分配器的各输出端依次输出扫描脉冲。本电路有 8 个报警监测电路，由 8 个输出端输出扫描脉冲，扫描脉冲周期为 3 s，循环工作。

当发生盗情使D_{13}输出高电平，这时又遇扫描脉冲轮转到D_{14}的输入端时D_{14}输出低电平，D_{15}反相后输出高电平。这一高电平一方面经D_{16}反相为低压电平加至报警声发声电路的一个触发端1，触发报警电路发出报警声，另一方面加至通道译码电路 CH233 的一个输入端，经译码电路译码后，由数码显示管将报警通道显示。

报警声发声电路由八模拟声发声电路 KD9562 组成，该电路有 8 个触发端，与 8 个报警监测电路的输出端通过控制门连接。该电路采用低电平触发，触发一次发声一次。由于一旦发生盗情使连接导线断开后，D_{12}及D_{13}的输出状态会一直保持下去，由于扫描电路输出的脉冲不断循环，当第一个脉冲使发声电路发声一次后，第二个循环脉冲又会使报警电路发声一次。这样，只要不切断电源，这种循环会一直进行下去。

由报警声发声电路输出的报警声信号通过大功率开关集成电路的放大后，由扬声器放出。本电路所用的四一二输入端与非门为CD4011，所用的反相器为CD4069，所用电源电压为5 V和12 V两种。数码显示管为共阴型的。

10. 有线广播断线报警器电路

农村中的有线广播线，由于线长面广难于监视，被盗割或自然灾害造成的断线是不可避免的。本例断线报警器可以在广播线断线时发出报警，告知工作人员采取措施，查找并处理断线部位，保证广播线路的畅通。电路组成如图5－10所示。

电路组成与工作原理：本报警电路由两大部分组成，一个信号发送器，一个信号接收器。正常情况下，由信号发送器发送出的信号能被接收器接收到，报警器不报警。一旦线路断开，信号接收器接收不到由发送器发送的信号，报警器立即报警。

信号发送器由信号发生器、信号放大电路和信号变换与发送器组成，它安装在广播线路的终端。信号发生器由一只锁相环音频译码电路LM567组成。电路中，5、6脚间外接电阻$R_{P1}+R_1$与C_1决定着锁相环内压控振荡器的振荡频率。在本电路中，由上述R、C元件所决定的振荡频率约300 kHz。锁相环电路产生的振荡信号由5脚输出，经R_2加至第一级晶体管放大器VT_1的基极，经两级晶体管放大器的放大后，输入到选频变压器T_1，经选频及阻抗变换后输入到广播线路中。T_1为晶体管收音机中的中频变压器，其中谐振电容C_3、C_4是根据本电路所选频率选用的。

信号接收器包括接收选频变压器、信号电压放大器、接收信号译码器和报警信号发生器及输出电路。

中频变压器T_2、T_3为两级选频变压器，它将所接收的发射信号进行选频，将音频信号和混入的干扰信号衰减并经VT_3的放大，使接收信号获得最大增益。输入端的电容C_6、C_7为耦合与

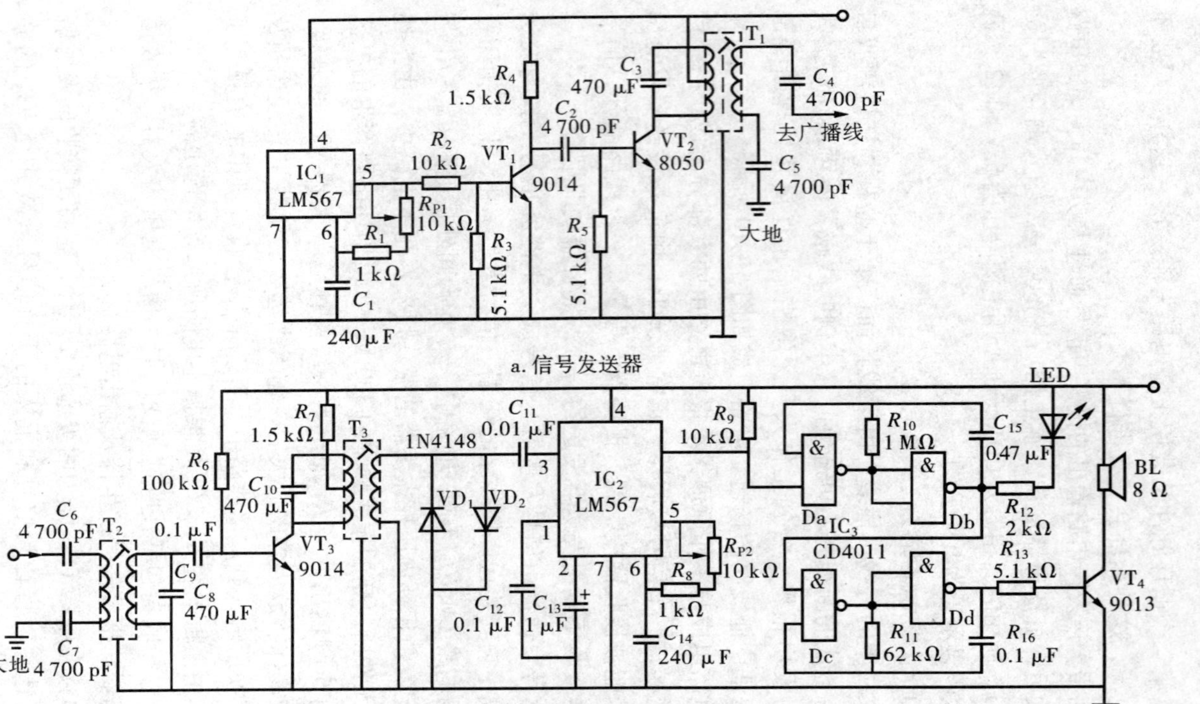

图5-10 有线广播断线报警器电路

隔离电容，它将发送的300 kHz的脉冲信号耦合到输入变压器 T_2 的初级，将线路中的直流和高压传输信号予以隔离。

由选频变压器 T_3 输出的选频信号，通过由 VD_1、VD_2 组成的限幅电路限幅后，由 C_{11} 耦合到译码电路 IC_2 的输入端3。译码电路的译码频率（即压控振荡器的振荡频率）由 $R_{P2}+R_8$ 及 C_{14} 的数值决定。由图可知，它们的数值和信号发射器中 $R_{P1}+R_1$ 与 C_1 的数值完全相同。由于接收机中译码电路的译码频率必需要和发射机中的发射频率完全相同，这就需要通过 R_{P1} 与 R_{P2} 的配合调整来达到。当两个频率调整一致时，IC_2 的输出端8输出低电平。

报警信号发生器由一片四一二输入端与非门CD4011组成，其中Da、Db与 R_{10}、C_{15} 组成一个振荡频率约1 Hz的低频振荡器。由Dc、Dd与 R_{11}、C_{16} 组成一个振荡频率约1 kHz的音频振荡器。由低频振荡器输出的低频信号对音频振荡信号进行调制后，发出一种“嘀、嘀……”的断续报警声信号，经过 VT_4 进行功放后，由扬声器放出。

在正常情况下，由信号发送器输出的信号通过广播线的传递，被接收器接收。接收器在接收到发送信号并通过译码器译码后，使 IC_2 的输出端8输出低电平，报警信号发生器在低电平的控制下不振荡。当广播线断开后，译码器的输出端8变为高电平，这一高电平加至振荡器的控制端使振荡器开始工作，发出报警声。

11. 三相四线供电系统断相报警器电路

在三相四线制供电系统中，如果发生断相断零线故障后，将使电源三相负载出现不平衡。如果不能及时发现进行处理，必将使故障进一步扩大，造成本供电系统内大范围用电器具被烧毁。本例要介绍的断相报警器，可在发生断相后，及时发出声光报警，提醒供电值班人员及时处理，其电路组成如图5-11所示。

电路组成与工作原理：本电路由断相检测与检测信号输入控制电路、报警声响发生电路、报警声放大与输出电路组成。

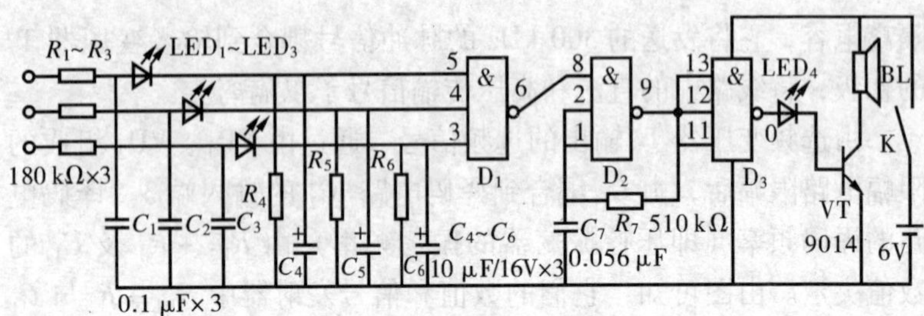

图 5-11 三相四线供电系统断相报警器电路

断相检测电路是由电阻 R_1 与 R_4、R_2 与 R_5、R_3 与 R_6 组成的三组分压电路、$LED_1 \sim LED_3$ 组成的交流电源整流兼发光指示电路和由 $C_4 \sim C_6$ 组成的直流滤波电路以及由 $C_1 \sim C_3$ 组成的抗干扰电路组成。

三一三输入端与非门 CD4023 的一个门 D_1 组成断相检测信号输入电路。断相检测电路中的分压电路，将输入的交流高压分压后，取得符合与门电路工作电压范围的电压。通过发光二极管整流，电容器的滤波，使其成为符合门电路电源要求的直流电源，直流电源加至控制门 D_1 的三个输入端。

正常情况下，直流电源加至与非门 D_1 的三个输入端，D_1 输出低电平。当发生断相时，三个输入端中必定有一个输入端为低电平，这时 D_1 必定输出高电平，这一高电平就是报警发生电路的触发信号。

三输入端与非门 D_2 与 R_7、C_7 组成一个多谐振荡器，其振荡频率由式：$f=1/0.7\ R_7C_7$ 决定。D_2 的一个输入端作为振荡电路的控制端，当控制端为高电平时，振荡器起振，发出报警声信号。

门 D_3 作为缓冲级，它将多谐振荡器输出的振荡脉冲通过缓冲后输出，经过发光二极管 LED_4 驱动放大管 VT 后，由扬声器发出。

电路中，$LED_1 \sim LED_3$ 除用作交流整流外，还用作工作指示，正常工作时，三只发光管均发光指示，某一相断相后，对应的发光管灭。无论哪相断相，LED_4 均发光指示。

12. 触摸式延时识别门锁报警器电路

本例防盗报警器专用于门锁报警，当开锁时间超过 30 s 时，报警电路自动启动发出报警声。它是基于这样的原理：主人开门总是使用钥匙，其开锁时间最多不超过 20 s。而对于盗窃者，即使是最熟练的高手，其开锁时间也会超过 30 s。这样就把主人与非主人开锁加以区别，根据判断结果决定是否发出报警，电路组成如图 5－12 所示。

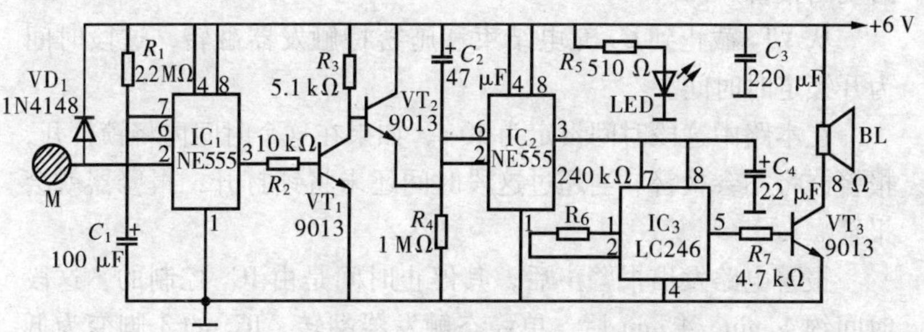

图 5－12　触摸式延时识别门锁报警器电路

电路组成与工作原理：本电路由触摸信号输入与定时控制电路、报警触发与开锁时间定时电路、报警声发声与输出电路组成。它包括两只 555 电路、IC_1、IC_2、报警声发声电路 LC246。

IC_1 和 R_1、C_1 组成单稳态触发器，它与触摸片 M 组成触摸信号输入与定时控制电路。正常情况下，单稳态触发器处于稳态，IC_1 输出低电平，VT_1 截止，VT_2 导通。当用手触摸膜片 M 时，人体感应信号使单稳态触发器翻转，IC_1 的 3 脚变为高电平，VT_1 导通，VT_2 截止。单稳态触发器翻转后，进入暂稳态，其暂稳态延迟时间由 R_1、C_1 的数值决定，按本电路数值，其暂稳态时间约 4 min。这一时间为报警电路自被触发后发出报警声，到自动停止报警的延续时间。

IC_2 和 R_4、C_2 组成一个延时翻转的施密特触发器，作为报警触发与开锁时间定时电路。在正常情况下，由于 VT_2 导通，C_2 两端为等电位而不能充电。这时，IC_2 的 2、6 脚为高电平，输出端 3 为低电平。当有触摸信号输入使 VT_2 变为截止时，电源会通过由 R_4 构成的回路向 C_2 充电，随着充电时间的延续，C_2 的正极电压逐渐升高，相对地它的负极（同时也是 IC_2 的2、6 脚）电压逐渐降低。当负极电压下降到 IC_2 的翻转电平时，施密特触发器翻转，3 脚变为高电平接通了报警声发声电路的工作电源，报警电路发出报警声。

从 VT_2 截止到 C_2 充电结束和施密特触发器翻转，这段时间为开锁定时时间。

在本路中这段时间设定为30 s，如果在这个时间内将锁打开，报警器将不会报警。当超过这段时间还未将锁打开，报警器就会报警。

报警电路发出报警声后，其停止时间是由 IC_1 控制的，这段时间约 4 min。4 min 后，单稳态触发器翻转，IC_1 的 3 脚变为低电平，VT_1 截止，VT_2 导通，电路恢复正常状态。

报警声发声电路 LC246 是一种报警专用电路，当它受到触发后会发出“呜呜”的报警声，本电路采用接通其工作电源的触发方式。

13. 电击式触摸门把报警器电路

本例触摸门把报警器将触摸片安装于金属门把上，当人手触摸门把超过一定的限时后，报警器就会被触发发出报警声。在发出报警声后，报警电路中的高压发生器工作，将高电压加至门把手，产生电击作用，电路组成如图 5－13 所示。

电路组成与工作原理：本电路由触摸信号输入电路、报警延时控制电路、报警声发声及输出电路、转换继电器及高电压发生器组成。

触摸信号输入电路由触摸片 M 与场效应管 VT_1 组成。当用手

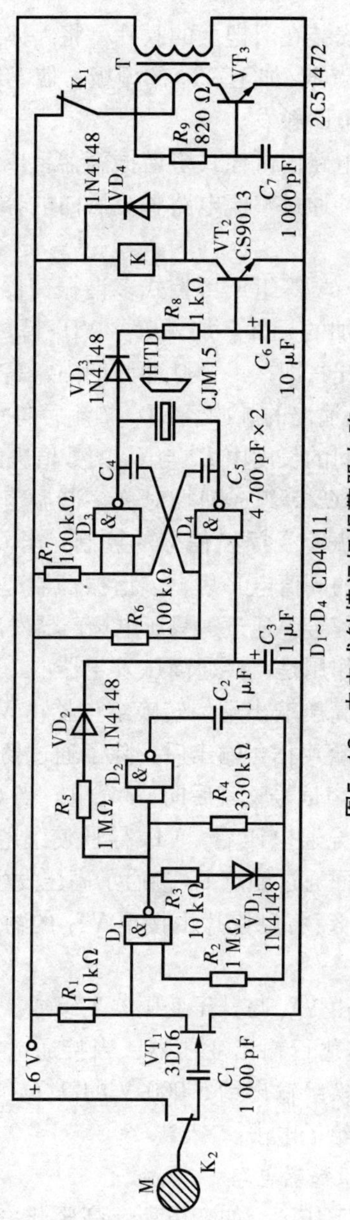

图5-13　电击式触摸门把报警器电路

触摸门把时，通过安装在门把上的膜片，将人体感应杂波信号通过继电器的常闭触点 K_2 加至 VT_1 的栅极，使 VT_1 漏极输出高电平将报警延时控制电路触发。

报警延时控制电路由可控式多谐振荡器组成，它的作用是产生脉冲，将输出脉冲通过整流电路整流后向电容充电，取得延迟时间。

D_1、D_2 和 R_4、C_2 等组成可控式多谐振荡器，R_3、VD_1 是为改变脉冲占空比所加的元件。加入 R_3、VD_1 后，可降低 D_1 输出的振荡脉冲的占空比，即在一个脉冲周期内，高电平所占的时间少于低电平。由 D_1 输出的脉冲经 VD_2 整流后向 C_3 充电，以取得延迟时间。这个时间的长度由 R_5 与 C_3 的数值决定，约 25 s。

D_3、D_4 与 C_4、C_5 等组成门控对称多谐振荡器，作为报警声信号发生器。它的振荡受门控信号的控制，当 C_3 充电使其正极电压上升到门电路的阀值电平后，多谐振荡器起振。由多谐振荡器输出的报警脉冲信号，通过一只压电扬声器发出报警声。

转换继电器的作用是：接通高压发生器的工作电源并将触摸片的输出端转接至高压输出端。转换继电器由 VT_2、VD_3 及继电器 K 等组成。当报警声信号输出后，除了通过扬声器发出报警声外，还通过 VD_3 将声信号整流后向 C_6 充电。当 C_6 充电使其上端电压升高到 VT_2 的导通电压后，VT_2 导通使继电器 K 通电吸合。继电器的接通一方面通过触点 K_1 接通了高压发生器的工作电源；另一方面通过触点 K_2 将触摸片由接至 VT_1 的输入端转换至高压输出端。

高电压发生器由 VT_3 与升压变压器 T 组成。变压器 T 采用黑白电视机中的一体化行输出变压器，当接通电源后，振荡器起振，升压变压器的次级输出约 5 000 V 的高压。这一高压被接至门把手，对偷盗者给予电击。

14. 新型高压报警器电路

在一些高电压工作区，如变电所、高压开关柜等有危及人身安全可能的处所，大都设有“高压危险，行人止步”之类的警告牌。但这种警告牌在夜间或行人未加注意时，就起不到应有的警告作用。采用语音自动警告装置就可避免这种情况的发生。下面介绍一例由热释电红外传感器做探测元件组成的自动语音报警电路，它能在 10 m 范围内向行人发出语音警告，电路组成如图 5－14所示。

电路组成与工作原理：本电路由热释电红外传感器、两级电压放大器、一级电压比较器、警告语音触发及语音发声电路和语音功放电路等组成。

在两级电压放大器中，第一级电压放大器由晶体管电压并联负反馈放大器组成，R_3 是它的反馈电阻。第二级放大器是由运放 μA741 组成的低频带通放大器。在本级电路中，一只负温度系数的热敏电阻 R_5 与 R_6 并联，起温度补偿作用，当环境温度变化时，使放大器的增益不因温度变化而变化，保持电路工作的稳定。两级放大器的总增益为 72. 5 dB。

IC_3 与 R_{10}、R_{11} 及 R_P 组成电压比较器，R_{10}、R_{11} 及 R_P 组成参考电压调节电路，参考电压加在电压比较器的反相输入端。在电路中，本级电源电压为 12 V，通过 R_P 调节的参考电压范围为 3. 4 ~ 8. 6 V。静态时，调节 R_P 使电压比较器 IC_3 的输出端为低电平。当有人靠近探头约 10 m 时，应使 IC_3 的输出端变为高电平，这时通过 VT_2 可将语音电路触发，发出警告语音。

IC_4 为告警语音发声电路 LH169，它内贮一句“有电危险，请勿靠近”的警告语。当 IC_3 输出高电平使 VT_2 导通时，VT_2 集电极输出的低电平将其触发，使语音电路发出警告语音信号，将其输入到语音功放电路 IC_5，进行功放后由扬声器放出。

R_{13}与 VS 组成语音电路的电源电路，由于它的工作电压为 3 V，所以通过 R_{13}限流，VS 稳压为 3 V 后向工作电路提供。

本电路的电源电路分为两部分：其中 IC_1 将电源稳压为 6 V，专供热释电红外传感器与晶体管放大电路使用。另一部分由 IC_6

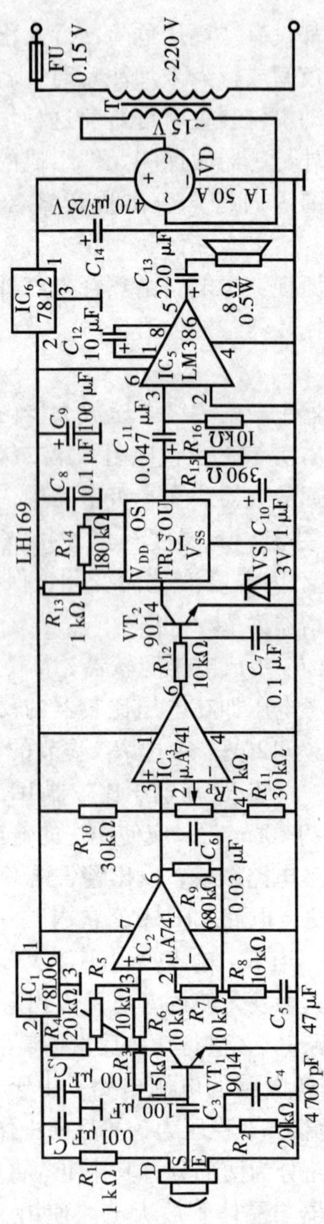

图5－14　新型高压报警器电路

将整流器输出的电源稳压为12 V，供电压比较器与功放输出电路使用，高的电源电压可增大输出功率，使警告电路取得较好的效果。

15. 热释电报警兼自动门控制电路

本电路为热释电探测报警兼自动门控制电路，白天可用作自动门控制电路，夜间可用作自动报警电路，充分利用了电路的功能，提高了电路的利用效率。本电路由三部分组成：热释电探测信号输出部分，自动门开、关控制转换部分和报警与自动门驱动部分。其中热释电探测信号输出部分的电路组成如图5－15a所示。

电路组成与工作原理：本电路由两级放大器和一级电压比较器组成，其中A_1与R_4、C_7及C_6、R_3组成第一级低频带通电压放大器；A_2与R_8、C_{12}及R_{15}、C_8组成第二级低频带通电压放大器。和前面几例电路不同的是，第二级放大器A_2中的同相输入端所加的、作为交流输出信号基准的参考电压，并非VDD/2，而是由R_6与R_7分压后的VDD/2.5，即$VDD \times R_7/(R_6+R_7)$。

A_3和A_4组成双限电压比较器，同样它的上、下限参考电压也是不对称的。该电压比较器的下限参考电压加至A_4的同相输入端，由$R_{11}/(R_9+R_{10}+R_{11})$决定。上限参考电压加至$A_3$反相输入端，由$(R_{10}+R_{11})/(R_9+R_{10}+R_{11})$决定。

电压比较器输出的比较信号为高电平有效，VD_1、VD_2为正向连接。电路中的自动门开、关控制及报警与自动门驱动部分如图5－15b和图5－15c。

本电路包括自动门开门延时控制、关闭延时控制和报警控制等电路。下面通过工作过程分别介绍。

当热释电探测电路输出探测信号后，通过插座CZ的2脚加至VT_1的基极，使VT_1导通，继电器K_1通电吸合，触点K_{1-1}闭合。

IC_3与R_3、C_1组成单稳态触发器，由2、6脚加低电平进行

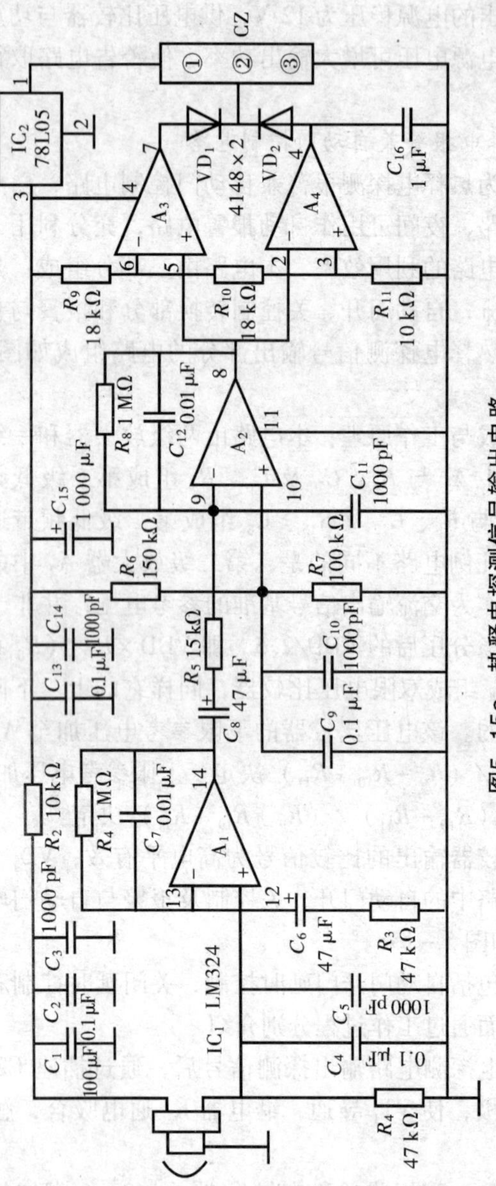

图5-15a 热释电探测信号输出电路

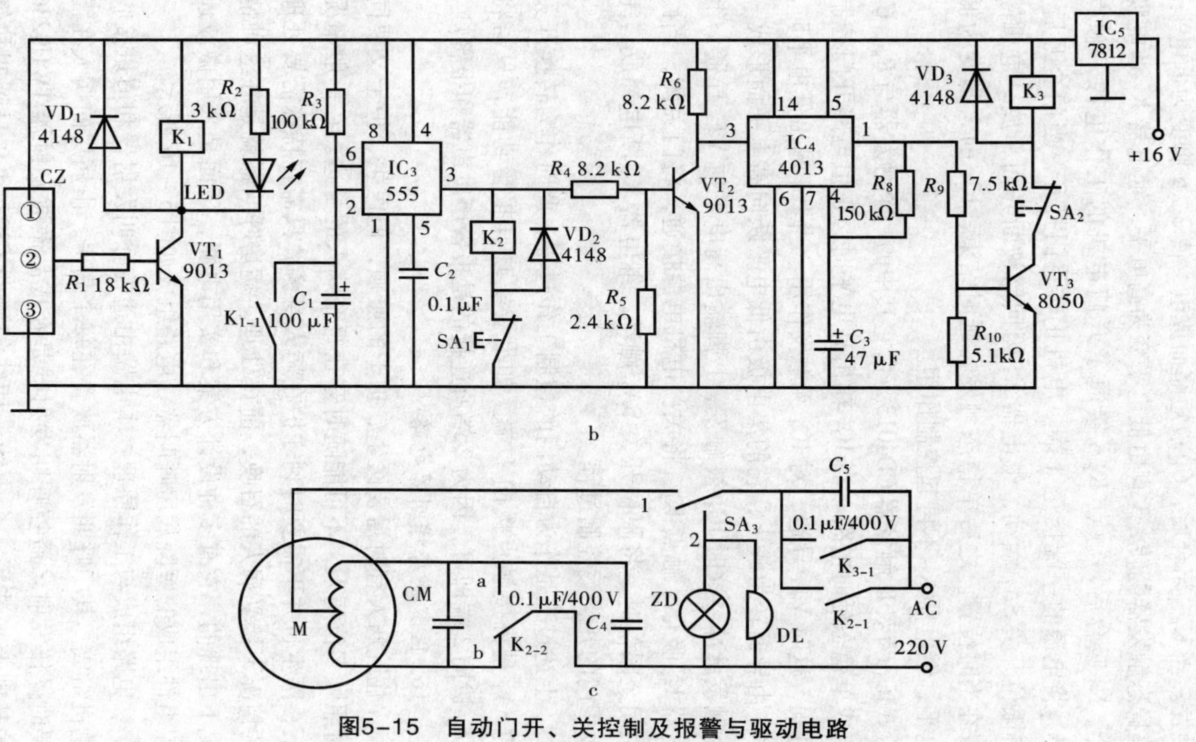

图5-15　自动门开、关控制及报警与驱动电路

触发。当K_{1-1}闭合后，C_1被短路而放电，使2、6脚变为低电平，单稳态触发器翻转，3脚由低电平变为高电平，继电器K_2通电吸合。K_2吸合后，触点K_{2-1}接通了开门电机的工作电源，触点K_{2-2}将电源的一端接至a端。电机正转将门打开，当门全开后，将限位开关SA_1触动，继电器K_2因回路被断开而释放，电机停留在当时位置。之后单稳态触发器延时结束，IC_3的3脚变为低电平，继电器K_2不再起控制作用。

IC_4为双D触发器CD4013，由它其中的一个触发器与R_8、C_3组成单稳态延时电路。当IC_3输出高电平时，正值电路开门控制过程，这时VT_3导通，对IC_4无触发作用。当IC_3输出低电平时，VT_2由导通转为截止，它的集电极由低电平跃向高电平而形成一个触发脉冲。这时IC_4被触发，1脚输出高电平使VT_3导通，继电器K_3吸合。触点K_{3-1}将关门电机电源接通，将门关闭，当门关闭至限位时，将限位开关SA_2触动，继电器K_3断电释放，完成了门的开、关控制过程。

上述过程是作为自动门的控制工作过程，此时作为转换开关的SA_3是将接触点拨向1端。如果要实现其报警功能，只需将SA_3拨向2端即可，因为2端所连接的是报警声发声器和报警灯。

16. 医院病房呼叫器电路

住院病人有时需要医生、护士的照顾，但医生、护士又要同时照顾多位病人，不可能随时守在每个病人的身边。在一般情况下，医生也并不需要时刻守护在病人身旁，只需在特殊需要处理的情况下接受病人的召唤，前往处理。病房呼叫器就是在这种情况下出现的，它有多种设计方案和实用电路，下面是采用微波遥控组件组成的医院病房呼叫器，电路组成如图5－16所示。

电路组成与工作原理：本电路由遥控呼叫发射器和值班接收总机组成。其中呼叫发射器放置在每个病房，由病房的病人在需要时操作发射。遥控呼叫发射器是在成品微波发射器TWH9236的基础上加装了1个十线—四线编码器C304和9只呼叫按键

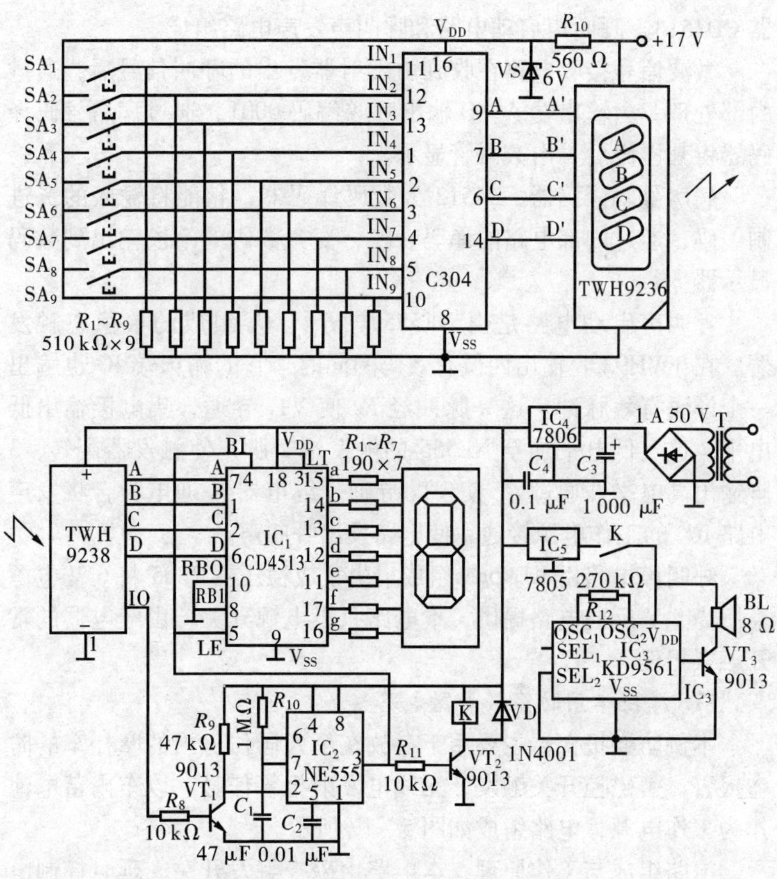

图 5-16 医院病房呼叫器电路

SA_1 ~ SA_9组成的。

平时，编码器 C304 的 9 个输入端 IN_1 ~ IN_9 被电阻 R_1 ~ R_9 钳位于低电平，它的输出端 A ~ D 均为低电平，即 0000。当按下某一呼叫按键时，例如 SA_1，它的输出端就会输出 0001 的编码，通过 TWH9236 的处理及向外发射，在接收端的病房号码显示器上就会显示号码“1”。

值班接收总机由微波信号接收电路 TWH9238、病房号码译码器 CD4513、呼叫声启动电路和呼叫声发声电路组成。

微波信号接收电路在收到由发射器发出的呼叫信号后，通过内部处理，由输出端 A ~ D 输出呼叫编码 0001，通过病房号码译码器将其译码后，由数码管显示。

病房号码译码器 CD4513 为数码译码器，它能将输入的二进制编码，通过内部电路的译码转换，变为数码的笔段输出到数码显示器。

呼叫声启动电路是由 NE555 与 R_{10}、C_1 组成的单稳态触发器。在 TWH9238 输出四位有效码的同时，它的输出端 IO 也输出一个译码有效脉冲。这一脉冲经 R_8 使 VT_1 导通，集电极输出低电平。这一低电平加至 NE555 的触发端 2 脚，使触发器翻转，3 脚输出高电平并通过 R_{11} 使 VT_2 导通，继电器 K 通电吸合将发声电路 IC_3 的工作电源接通，使电路发出呼叫声。

呼叫声电路由 KD9561 组成，由集成稳压器 7805 将 6 V 电源稳压为 5 V 后向电路提供，本电路只设电源开关，由继电器的常开触点担任。

17. 摩托车用防盗报警器电路

本例防盗报警器主要用于存放在个人居住房内的摩托车的防盗报警。由磁控开关触发，无线电发射报警信号，以车内蓄电池作为工作电源，电路组成如图 5 - 17 所示。

电路组成与工作原理：本电路由磁控触发开关、延时控制电路、调制信号振荡器和无线电发射电路组成。

磁控触发开关由一块永久磁铁和一只干簧管 G 组成，安装于房门的门与门框上。另加主人用操作开关 SA，与干簧管并联，平时操作开关处于断开状态。房门关闭时，永久磁铁与干簧管靠近，干簧管簧片闭合；当门打开时，永久磁铁远离干簧管，干簧管簧片分离。与非门 D_1、D_2 与 R_4、C_4 组成单稳态延时电路，当门关闭时，VT_1 导通，集电极输出低电平，D_1 输出高电平并通过 VD 向 C_1 快速充电，充电结束后 D_2 输出低电平。当门被打开时，

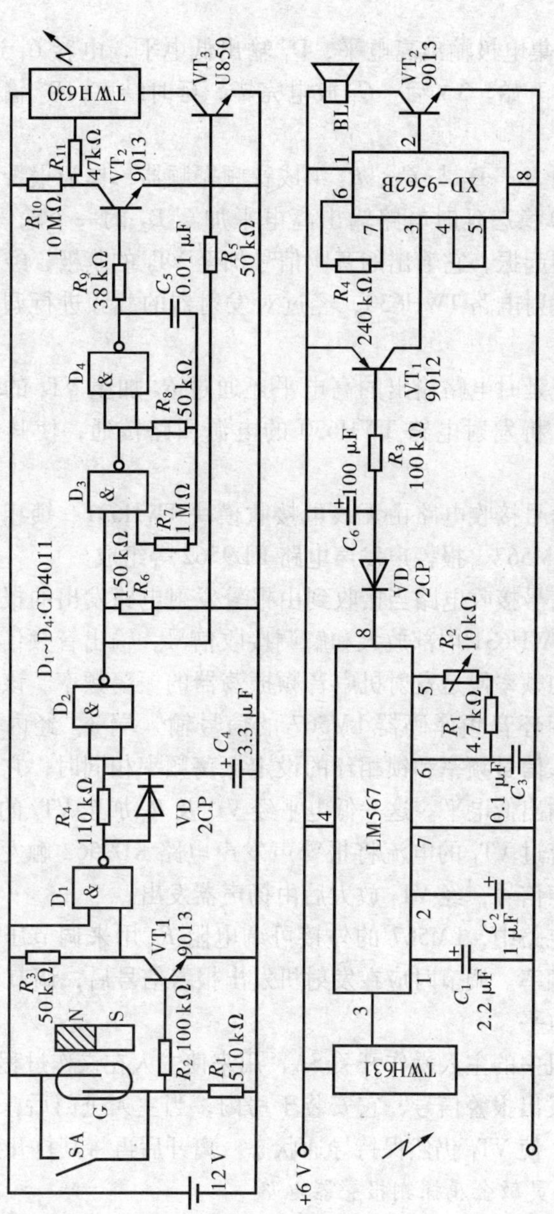

图5-17 摩托车用防盗报警器电路

VT_1 截止，集电极输出高电平，D_1 输出低电平，电容 C_1 通过 R_4 放电，延时开始。3 s 后，C_1 放电完毕，延时结束，D_2 输出高电平。

与非门 D_3、D_4 与 C_5、R_8 组成音频振频器，作为报警信号发生器。当单稳态延时电路输出高电平加至 D_3 的一个输入端时，音频振频器起振，它输出的音频信号加至 VT_2 的基极，经 VT_2 放大后输入发射电路 TWH630，经过对发射器的载频进行调制后向外发射。

单稳态延时电路输出的高电平还通过 R_5 加至 VT_3 的基极并使其导通，将发射电路 TWH630 的电源回路接通，使其开始工作。

报警信号接收电路由无线电接收模块 TWH631、锁相环音频译码电路 LM567、报警声发声电路 KD9562 等组成。

报警信号接收电路当接收到由报警发射电路发出的报警信号后，通过 TWH631 内部放大和解调接收信号，输出音频信号，该音频信号的频率便是发射机中音频振荡器的振荡频率。该信号频率加至锁相环音频译码器 LM567 的信号输入端 3，经内部译码后，当输入信号频率和锁相环的设定振荡频率相同时，它的译码输出端 8 输出低电平。这一低电平经 VD 及 R_3 加至 VT_1 的基极使其导通，流过 VT_1 的电流将报警声发声电路 KD9562 触发，使其发出报警声信号，经 VT_2 放大后由扬声器发出。

接收电路中，LM567 的外接可调电阻 R_2 用来调节压控振荡器的振荡频率。调节时应在发射机发出报警信号后，调节 R_2 使 8 脚输出低电平。

发射机中的主人操作开关 SA，用来使主人在操作过程中不使发射电路发出报警信号，它安装于房内，当主人进门后，迅速将开关闭合，使 VT_1 仍然保持导通状态。离开后再将其打开。

18. 高灵敏金属探测报警器电路

木材加工、食品加工及饲料加工中如果混入金属碎片、铁钉之类的金属物体，会对产品质量、人身安全及生产安全带来隐患，因此在生产过程中应及时发现并将其清除。下面要介绍的是一例能够探测到生产原料中金属物体的金属探测器，它结构简单、灵敏度高，很有实用价值，电路组成如图 5－18 所示。

电路组成与工作原理：本电路由探测振荡器、信号放大与检波器、两级低频带通放大器及报警声输出电路组成。

L_1 及 C_1、C_2、C_3 与 VT_1 等组成探测振荡器，振荡频率为 60 kHz，其中 L_1 作为探测线圈，它既是振荡回路的一部分，决定着振荡电路的振荡频率，又是探测信号频率的发射线圈。

L_2 为振荡器的耦合线圈，同时又是 VT_1 的集电极负载。VT_2 作为信号放大器兼作信号检波器。由振荡器输出的振荡信号，当探测到金属物时，振荡器的振荡频率就会发生变化。信号放大器是将这部分变化的信号加以放大，同时通过三极管检波，使其变为低频脉冲信号。

运算放大器 A_1、A_2 及其外围阻容元件组成两级低频带通放大器，将 VT_2 输出的低频脉冲信号放大 1000 倍，运算放大器 A3 组成电压跟随器，它将低频带通放大器输出的信号通过阻抗变换后由蜂鸣器输出。

本探测器的探头在接近金属物时，仅有毫伏级的电压变化，所以对两级电压放大器要求其噪声极小，否则将影响探测器的性能。同时对于电源的噪声也有相当的要求，为此在电源电路中设置了由 C_4、C_6、R_2、R_3 组成的电源退耦电路，滤除电源中混入的噪声干扰。

探头中的元件中，C_1、C_2 应选用高 Q 值的电容，VT_1 应选用低噪声晶体管，运算放大器 A_1 ~ A_3 应选用高增益低噪声和低功耗集成运放，电阻应选用金属膜电阻。

图 5－18b 为用示波器观察的 VT_1 的发射极波形，波形幅度约 0.5 V，调节 R_P 使波形幅度最大。这时若用金属物靠近探测线圈 L_1，蜂鸣器即鸣响。

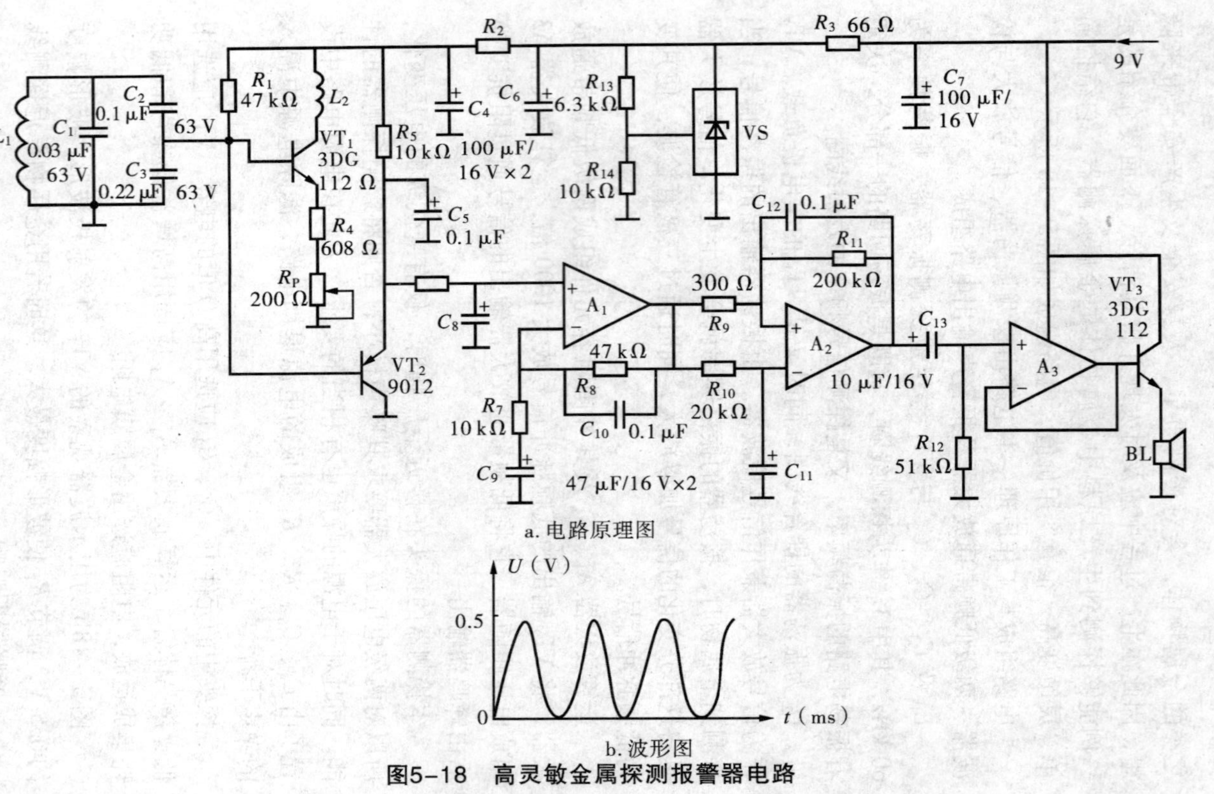

a. 电路原理图

b. 波形图

图5-18 高灵敏金属探测报警器电路

19. 婴儿尿湿无线电报警器电路

婴儿尿湿无线电报警器是利用婴儿尿湿后使传感器电阻阻值降低这一特点来启动无线电报警发射器，在接收端将发射信号接收后，通过放大解调后，用此信号去触发报警发声电路发出报警声，电路组成如图 5－19 所示。

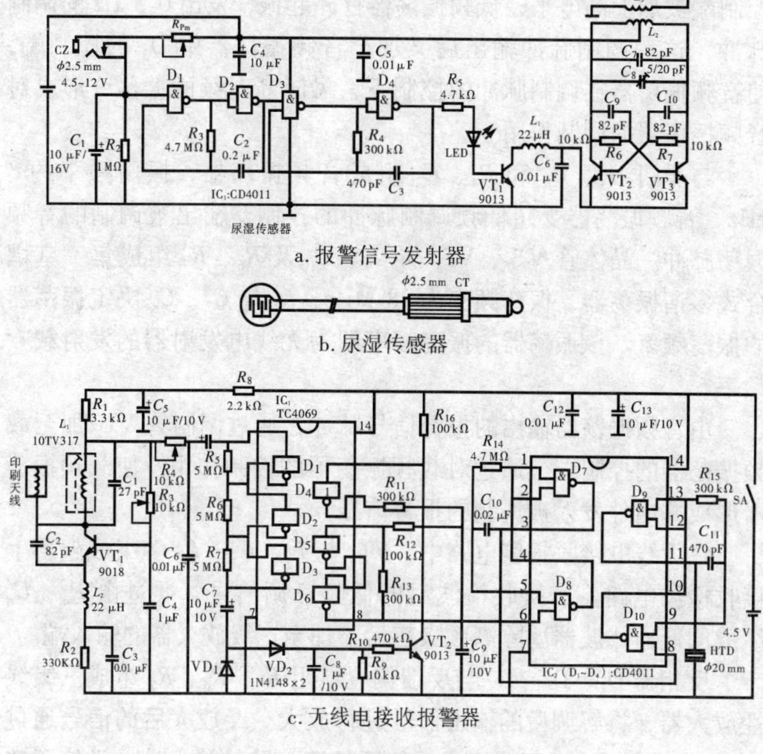

图 5－19　婴儿尿湿无线电报警器电路

电路组成与工作原理：本电路由无线电报警信号发射器和无线电接收报警器两大部分组成，其中无线电报警信号发射器包括婴儿尿湿传感器、报警信号音频振荡器与低频调制信号振荡器、载频振荡器与无线电发射器。无线电接收报警器包括超再生接收检波器、信号放大器与报警信号发生器。

婴儿尿湿传感器选用一块复铜线路板制作成两个齿形电极，用导线和插头与报警发射器连接。

在报警信号发射电路中，与非门 D_1、D_2 和 R_3、C_2 组成超低频调制振荡器，振荡频率约0.5 Hz。当传感器阻值变小时，D_1 的控制端被加上高电平，低频振荡器首先起振，发出0.5 Hz的调制脉冲，这一调制脉冲输出后又加至音频振荡器中 D_3 的控制端，使音频振荡器在调制脉冲的控制下，做时断时续的振荡，形成对音频振荡器的调制作用。

与非门 D_3、D_4 和 R_4、C_3 组成音频振荡器，振荡频率约3 kHz。音频振荡器受超低频调制脉冲的控制，输出被调制的音频振荡脉冲。晶体管 VT_2、VT_3 与 C_9、C_{10} 及 R_6、R_7 组成集一基耦合式多谐振荡器，振荡频率为28 MHz，L_2 与 C_7、C_8 决定振荡器的振荡频率。该振荡器的振荡频率即为无线电发射器的发射载频频率。

由音频振荡器输出的报警信号脉冲，通过调制管 VT_1 加至载频振荡器的控制端，通过对载频振荡器的控制作用，使载频振荡器形成并向外发射被调制的报警信号。

在无线电接收报警电路中，VT_1 与 L_1、C_1、C_2 等组成超再生接收检波电路。经接收检波后的低频解调信号，通过由 R_4、C_6 组成的低通滤波器滤除高频噪声后，加至三级放大器的输入端。

反相器 D_1、D_2、D_3 与反馈偏置电阻 R_5、R_6、R_7 组成三级线性放大器，将解调后的输出信号进行放大。经放大后的信号通过 C_7 耦合至由 VD_1、VD_2 组成的倍压整流电路的输入端，经倍压整流及 C_8 滤波变为直流电压后，加至 VT_2 的基极，使 VT_2 导通，它的集电极输出低电平，这一结果是当发射器发出报警信号并被接收电路接收后的状态。当发射器未发出报警信号时，VT_2 处于截止状态，它的集电极输出高电平。

在与非门 IC_2 中，D_7、D_8 和 R_{14}、C_{10} 组成低频调制振荡器，

D_9、D_{10}和R_{15}、C_{11}组成音频振荡器，受低频振荡器输出脉冲的调制，音频振荡器发出被调制的音频报警声信号，通过压电蜂鸣器向外发出。

低频振荡器的工作受接收信号的控制，当接收电路接收到发射器发送来的报警信号后，VT_2 导通，D_4 输出高电平，经过 R_{11}、C_4 的滤波处理，再通过由 D_5、D_6 及 R_{13}组成的施密特触发器的整形，加至报警声振荡器中 D_8 的控制端，使振荡器起振。

电路中，发射器中的 L_2 用直径 1.6 mm 的漆包线缠绕 8 圈，内径 10 mm，拉长至 17 mm，并从中心再引出一个抽头。L_3 用直径 0.5 mm 漆包线缠绕 3 圈，内径 10 mm，嵌于 L_2 中。在 L_3 上接一段 30 cm 的天线，发射距离可达 60 m。

接收器中的印刷天线，用复铜电路板制作。L_1 采用黑白电视机用中周 10TV317，只用初级线圈，将次级闲置。若购不到 22 μH的电感，也可自制，用直径 0.1 mm 的漆包线在功率为 1/8W电阻上乱绕 80 匝，将线端焊在电阻的引线上。

20. 门窗监控无线电报警器电路

在防盗报警领域中，采用门窗传感器作为报警触发器的报警系统，具有结构简单和工作稳定可靠的特点。这是由于发生盗窃时，门窗是必经之处，只要电路不出现故障，就不会有漏报或误报的现象发生。下面一例报警电路采用由门窗传感器组成的无线电报警系统，电路组成如图 5－20 所示。

电路组成与工作原理：本报警系统由报警监控与无线电发射电路、无线电接收与报警电路组成。无线电报警发射电路包括报警地址数字编码电路、门窗传感开关、无线电发射电路和发射控制电路。无线电接收与报警电路包括无线电接收与解调电路、地址码译码电路、报警声响发生与输出电路和报警地址数码显示电路。

无线电报警发射电路中的数字编码电路由 PT2262 组成，该电路的 1～8 脚为数字编码输入端，可通过接高电平、低电平和

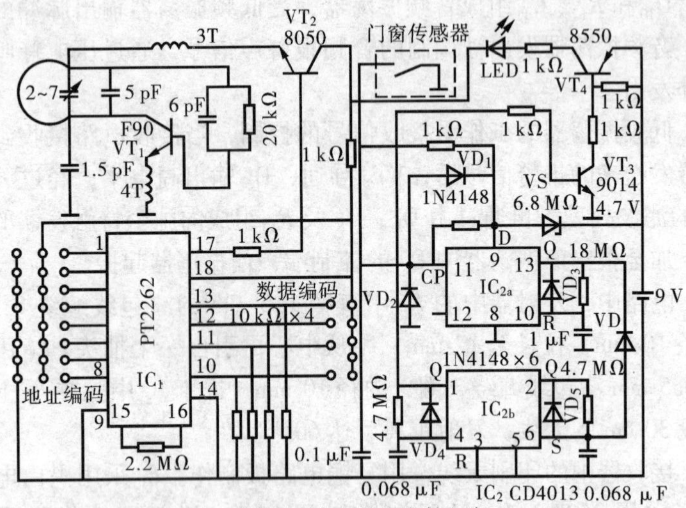

a. 报警监控与无线电发射电路

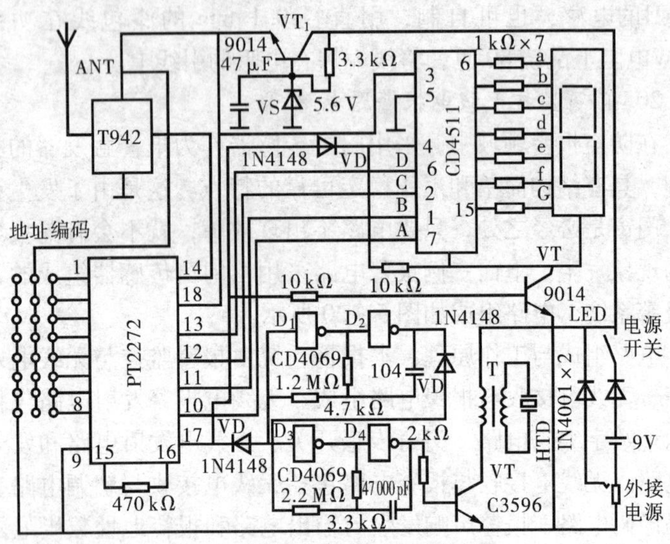

b. 报警信号接收解码与报警电路

图 5－20　门窗监控无线电报警器电路

悬空，将其编码为“1”“0”和“悬空”。10 ~ 13 脚为数据码输入端，编码方式为“1”或“0”。10 脚为编码发射控制端，低电平时发送编码。6 脚为编码（包括地址码与数据码）输出端，以串行方式输出。10 脚为电源正端，9 脚为电源负端。当将编码电路的地址与数据编码设定后，接通电源就会由 6 脚输出编码。

门窗传感器采用干簧管，用一块磁铁来控制其闭合与断开，门关闭时磁铁将开关吸合，使 IC_{2a} 的 9 脚接地；门被打开后，因磁铁远离而使干簧管断开，10 脚接电源变为高电平。

IC_2 为双 D 触发器 CD4013，用其中的一个触发器 IC_{2b} 组成超低频多谐振荡器，振荡周期为 1s，由 1 脚输出的脉冲加至 VT_3 的基极，使 VT_3 每隔 1 s 导通一次。VT_3 的集电极接至 VT_4 的基极，使 VT_4 随着 VT_3 的导通而导通，随着 VT_3 的截止而截止，而 VT_4 是作为通向发射电路的电源开关，控制着发射电路的工作。

IC_{2a} 组成单稳态触发器，当门窗传感器断开将高电平加至它的 10（CP）脚后，它的 9（D）脚也同时被加上高电平，它的 10（Q）脚输出高电平，这一高电平使 VD_3 进入截止状态，多谐振荡器起振，输出控制脉冲。当单稳延时结束时，10 脚恢复低电平，VD_3 导通，多谐振荡器停振，发射电路工作电源被断开，停止发送信号。

VT_1 等组成高频发射电路，发射频率为 270 MHz，VT_2 为编码调制管。由编码电路输出的编码信号加至 VT_2 的基极，通过对 VT_2 的编码调制，由发射电路向外发射。本电路在开阔地段发射距离可达 100 m。

在无线电接收报警电路中，无线电接收模块 T942 组成无线电接收解调电路，经接收解调后的输出信号，已去除载频，输出的只是代表报警处所的地址码信号。这一信号输出后从 10 脚输入到数码译码电路进行译码。

数码译码电路 PT2272 是与 PT2262 配套使用的译码电路，它有八个地址码编码输入端 1 ~ 8 脚，四个数据码输出端 10 ~ 13 脚，一个译码有效输出端10，一个译码信号输入端10。译码电路的编码应与编码电路的编码一致，当译码电路输入的编码信号与译码电路所设的编码一致时，译码成功，它的6脚输出译码有效信号为高电平。

数码译码器CD4511与数码管组成译码显示电路，所显示的数码即为报警发射电路所处地的地址码。数码译码器的四个数据码输入端A、B、C、D与地址译码输出端10~13脚对应连接。

六反相器CD4069中的四个门与阻容元件组成一个低频调制振荡器和一个音频振荡器，作为报警信号发生器。当PT2272的6脚输出译码有效高电平时，二极管VD截止，超低频振荡器起振，接着是音频振荡器起振，输出的被调制音频信号经VT放大和变压器T升压后使压电蜂鸣器发出报警声。

21. 有电击功能的车辆防盗报警器电路

本例车辆防盗报警器在发生盗情时，一方面通过无线电发送电路通知车主，另一方面启动车内的高电压发生器使其产生高电压，这一高电压连接到车辆内的各操作部位，使偷盗者在进行盗车操作时发生电击而不能得手，电路组成如图5-21所示。

电路组成与工作原理：本电路由两大部分组成，分别为报警监测触发与报警信号发射部分和报警信号接收部分。

报警监测触发与报警信号发射部分包括报警监测触发电路、报警信号发生电路、报警信号无线电发射电路和电击高电压发生电路。

报警监测与触发电路又分两部分，一部分是车辆的电源开关KS，这部分是需用钥匙来打开的。由于车辆发生被盗时，必须要将电源开关接通，否则车辆不能启动，盗车不成。当电源一旦被接通，报警电路也就有了工作电源，立即投入工作。

报警触发电路的另一部分是由场效应管VT_1组成的人体感应电路。当电源被接通后，人体感应电路进入工作状态，在人体感应作用下，VT_1的漏-源极间电阻增大，漏极输出高电平，这一

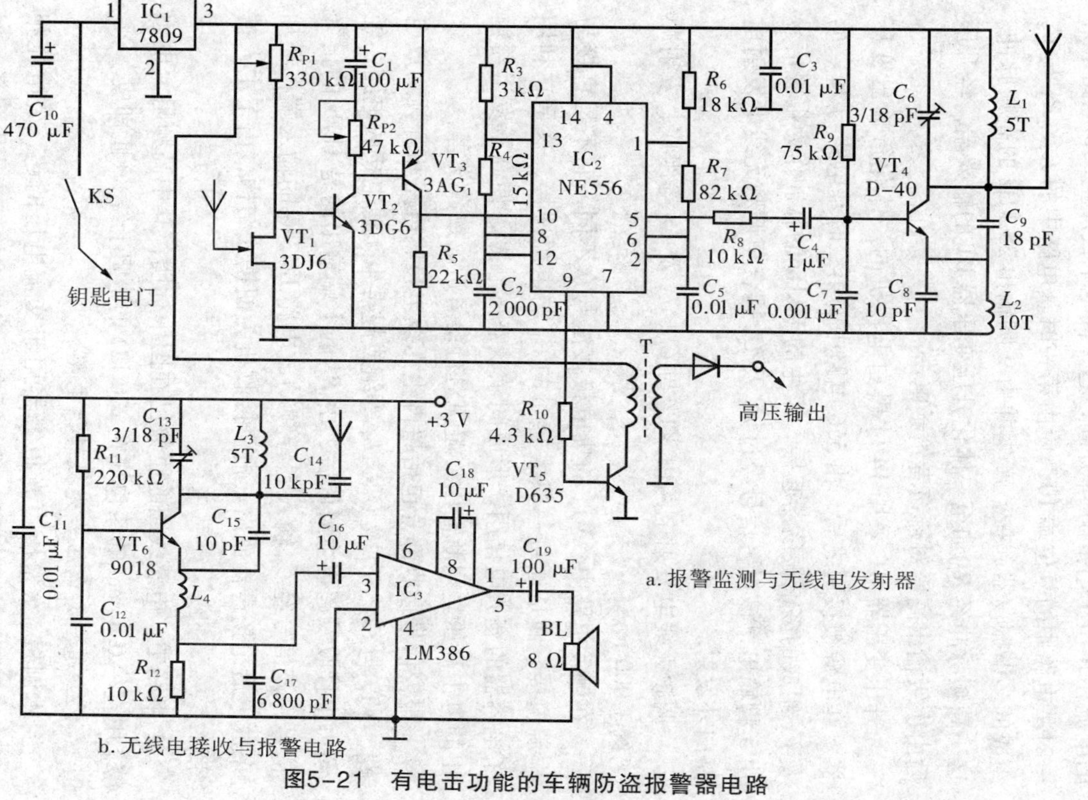

a. 报警监测与无线电发射器

b. 无线电接收与报警电路

图5-21　有电击功能的车辆防盗报警器电路

高电平使 VT_2 导通，接着是 VT_3 导通。VT_3 导通后，流过导通管的电流在 R_5 上产生的压降升高，这一高电平被加至556 电路中第一时基电路中的复位端10，使由第一时基电路中的 R_3、R_4 与 C_2 组成的多谐振荡器起振，产生并由 9 脚输出 25 kHz 的高频脉冲。这一高频脉冲经 R_{10}加至一体化升压变压器 BT 的输入端，经升压后由次级输出高压对行窃者给予电击。

升压变压器 BT 采用 14 寸黑白电视机的一体化行输出变压器。在电源被接通之后，由 556 电路中的第二时基电路与 R_6、R_7 及 C_5 组成的多谐振荡器起振，产生的 1 kHz 的脉冲作为报警信号由 5 脚输出，该报警信号经过 R_8 及 C_4 耦合至调频无线电发射电路向外发射。

调频无线电发射电路由 VT_4 与 C_6、L_1 及 C_9 等组成，发射距离约 1 000 m。

在触发电路中，VT_2 的集电极接法与众不同，它不是直接与电源连接，而是通过一只大容量的 C_1 与电源连接，这是它利用了电容器的充放电作用，形成间歇状态的触发，使高压发生器输出的电击高压呈间断输出，避免对行窃者造成致命伤害。

报警信号接收部分包括超再生无线电接收电路和音频功放电路。VT_6 与 C_{13}、L_2 及 C_{15}、L_3 等组成超再生无线电接收电路，经超再生接收及超再生解调后，由 R_{12}的上端输出的是 1kHz 的报警信号，该信号经 C_{16}输入到音频功放电路 LM386 的输入端，经功率放大后由扬声器放出。报警接收机为便携式结构，由车主人携带。

电路中，电感线圈的匝数已在图中标明，其中高频阻流电感 L_4 用直径 0. 1 mm 的漆包线在 220 kΩ 的电阻上绕 80 匝即成。

22. 超、欠电压声光报警器电路

本例超、欠电压声光报警器用于交流电压的超、欠电压报警，适用于许多对交流电源电压有一定要求的交流用电设备。对于一般交流用电设备，不论工业用还是民用，它们的工作电压范围通常规定为 180～240 V，这可以在用电设备的铭牌上见到。如果超过这个范围就可能造成用电设备的损坏，为防止此类事故发生，在某些电压经常发生超限的供电区域内，应加设超、欠压报警设备，以保证用电设备的安全运行。下面介绍一例超、欠电压声光报警器，其电路组成如图 5－22 所示。

电路组成与工作原理：本电路由交流电源电压取样电路、取样电压峰值滤波保持电路，超、欠电压比较及信号输出电路和报警信号输出电路组成。

交流电源经变压器 T 降压后，一路经 VD_1、VD_2 全波整流，C_1、C_2 滤波后作为整个电路的工作电源。另一路经 VD_3、VD_4 全波整流，R_1、R_2 分压后作为电源电压变化的取样电压。

运算放大器 A_1 和 R_3、R_4 及 C_3、C_4 组成取样电压峰值滤波保持电路，该电路的输出端 A 的电压能随交流电压的瞬时变化而变化，准确及时反映交流电压的变化。运算放大器 A_2 与 R_{P1}、R_5、稳压管 VS_1 及 VD_5 组成超电压比较及信号输出电路，由 VS_1 组成的参考电压电路将参考电压设定为 4.7 V 并加至 A_2 的反相输入端。通过 R_{P1} 来调节超压电压设定值，在电压正常情况下，A_2 输出低电平。当电源电压超过设定的最高限定值时，A_2 输出高电平，这一高电平经 VD_5、R_9 加至 VT_1 的基极并使其导通，蜂鸣器发出超压报警声。运算放大器 A_3 和 R_{P2}、R_6、稳压管 VS_2 及 VD_6 组成欠电压比较及信号输出电路，由 VS_2 组成的参考电压电路将参考电压设定为 3.6 V 并加至 A_3 的同相输入端。通过 R_{P2} 来调节欠压设定值，在电压正常情况下，A_3 输出低电平。当电源电压低于设定的最低限压值时，A_3 输出高电平，VT_1 导通使蜂鸣器发出报警声。

LED_1、LED_2 组成发光报警指示电路。当超电压时在发出报警声的同时，LED_1 发光指示；当欠电压时在发出报警声的同时，LED_2 发光指示。

23. 电网电压全自动监控电路

本例要介绍的电网电压全自动监控电路，当电网电压在允许

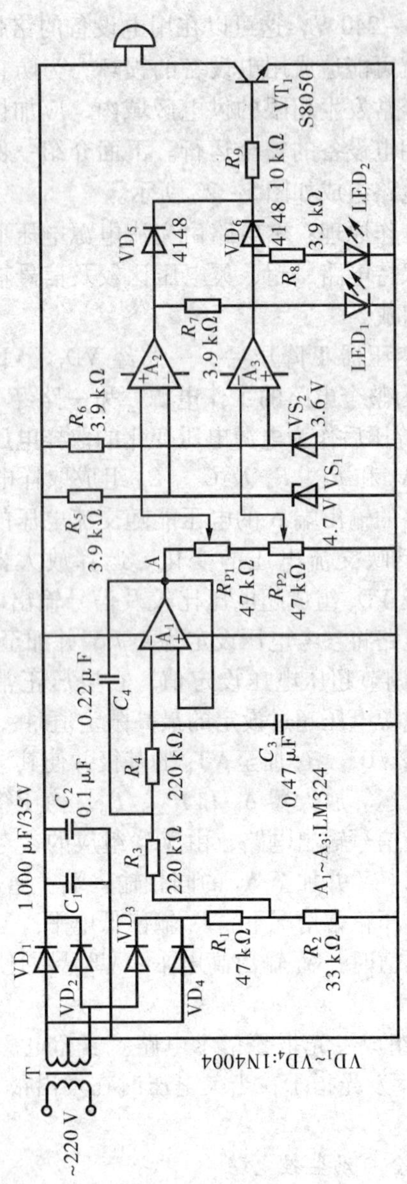

图5-22 超、欠电压声光报警器电路

范围内时，监视器显示“O”，变色 LED 显示“绿色”，表示电压正常。当电网电压超过 250 V 时，监视器显示“H”，LED 显示器以 1 s 的周期红、绿相间交替闪烁，提示用户注意。当电网电压低于 170 V 时，监视器显示“L”，LED 显示器显示“红色”，指示电源欠电压。同时，当出现超、欠电压状态时，控制电路还能通过继电器自动切断电源，以保护用电设备的安全。本电路组成如图 5－23 所示。

电路组成与工作原理：本电路由电网电压取样电路、逻辑变换及监视电路、LED 指示及闪烁信号振荡器以及控制继电器组成。

电网电压取样电路包括电源变压器 T 和由 R_1、C_3、C_4 与 R_{P1}、R_{P2}组成的取样调节电路以及由 D_1、D_2 组成的控制门。其中 R_{P1}为超电压取样调节电位器，当电网电压为 250 V 时，调节 R_{P1}应使 D_1 输出低电平。R_{P2}为欠电压取样调节电位器，当电网电压为 170 V 时，调节 R_{P2}应使 D_2 输出高电平。D_3 ~ D_6 及 LED 数码显示管组成逻辑变换及监视电路。其作用是当电网处于正常、超电压或欠电压时，使监视器分别显示“O”“H”或“L”的字样。

当电网电压在正常范围内时，D_1 输出高电平，D_5 输出低电平，二极管 VD_4 ~ VD_6 截止。这时 D_2 输出低电平，D_3 输出高电平，由于这时 D_1 输出高电平，所以 D_4 输出低电平，D_6 输出高电平，二极管 VD_7 ~ VD_{10}导通，经过接线端子使数码管笔段 a、b、c、d 发光。数码管中笔段 e、f 为固定接电源，处于连续发光状态。这样，在数码管中除笔段 g 外全部发光，显示管显示“O”，表示电网电压在正常电压范围内。

当电网电压达到和高于 250 V 时，D_1 输出低电平，D_5 输出高电平，VD_4 ~ VD_6 导通，经接线端子使数码管中的笔段 b、c、g 发光，加上连续发光的笔段 e、f，显示管显示“H”，表示电网处于超电压状态。

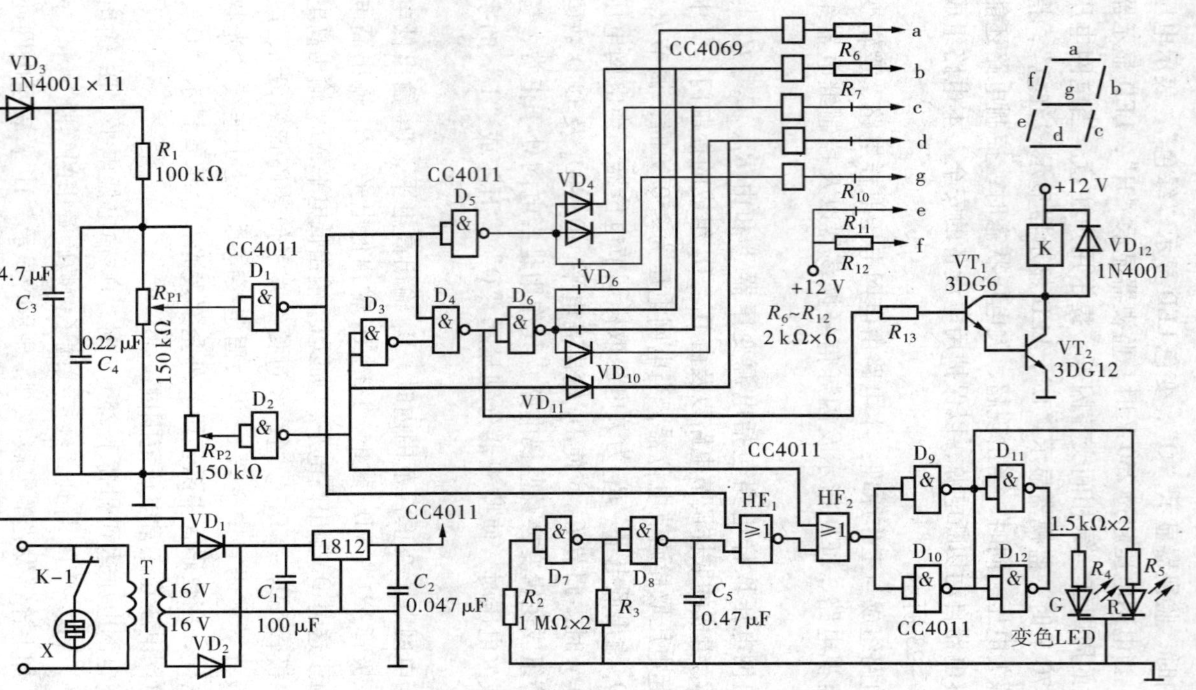

图5-23 电网电压全自动监控电路

当电网电压下降到 170 V 时，D_2 输出高电平，这一高电平经 VD_{11} 及接线端子使数码管中的笔段 d 发光，加上连续发光的 e、f 笔段，使显示管显示“L”，表示电网电压处于欠电压状态。而这时由于 D_1 输出的高电平和 D_3 输出的低电平同时加至 D_4 的输入端，使 D_4 的输出状态不变。

当电网电压在 170～250 V 范围内时，D_1 输出高电平，D_2 输出低电平。这时 HF_2 的输出始终为高电平，经过并联的 D_9、D_{10} 与 D_{11}、D_{12} 两级反相放大后，驱动变色发光管中的绿色发光管发光，指示电网电压处于正常工作状态。

D_7、D_8 和 R_3、C_5 等组成振荡频率为 1 Hz 的多谐振荡器，为超电压工作状态指示灯提供闪光驱动脉冲。当电网电压超过最高设定电压值 250 V 时，D_1、D_2 同时输出低电平，这时振荡器输出的 1 Hz 脉冲通过 HF_1、HF_2 并经两级并联的反相器，轮流驱动变色发光管中的红、绿发光管发出红、绿交替的闪光，指示电网处于超电压状态。

当电网电压低于设定的最低值 170 V 时，D_1、D_2 必定同时输出高电平，HF_2 输出稳定的低电平，经并联的 D_9、D_{10} 反相为高电平，驱动变色发光管中的红色发光管发光，指出电网处于欠电压状态。

24. 停电、来电自动报警器电路

本例的停电、来电报警器仍由 555 电路组成，但它既不需另加工作电源，也不需人工手动操作，它是一种无源型全自动停电、来电报警器，电路组成如图 5－24 所示。

电路组成与工作原理：在本例电路中，555 电路与 R_4、R_5 及 C_4 组成多谐振荡器，作为报警声发生电路，当停电或来电后，在控制电路的控制下发出报警信号并通过压电蜂鸣器 HTD 发出报警声。该报警电路在停电和来电时，通过一只由晶体管组成的报警触发电路来控制多谐振荡器的起振。

在交流电源正常供电时，电源通过降压电容 C_1 的降压，整

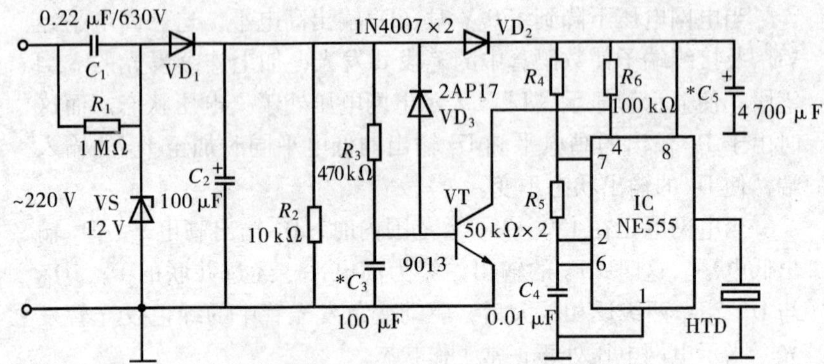

图 5－24 停电、来电自动报警器电路

流管 VD_1 的整流，C_2 的滤波，生成低压直流电源后，一方面通过隔离二极管 VD_2 向贮能电容 C_5 充电，另一方面通过 R_3 向 C_3 充电，当 C_3 充电电压上升到一定程度时，VT 导通，集电极输出低电平。该低电平直接加至 555 电路的复位端 4，使 555 电路保持复位状态，多谐振荡器不起振。

当交流电源停电时，C_3 经 VD_3、R_2 放电后使 VT 由导通变为截止，使 555 电路的 4 脚被解除复位状态，多谐振荡器在贮能电容提供的工作电源下工作，产生振荡脉冲并通过 HTD 发出停电报警声。

当停电后再次来电时，交流电源经降压整流后输出的直流电源，一方面经 VD_2 向 C_5 充电并同时为振荡电路提供工作电源，另一方面通过 R_3 向 C_3 充电。在充电初期因 C_3 正端电压不能立即上升，使 VT 仍保持截止状态，555 电路的复位端 4 仍保持解除状态。多谐振荡器因获得工作电源而起振，输出的振荡脉冲通过 HTD 发出来电报警声。

报警声电路输出报警声时间的长短与电容 C_3、C_5 的容量有关。

25. 声光警告温度异常报警器电路

本例温度异常报警器在温度出现异常变化时，一方面通过声响电路发出报警声，另一方面通过发光二极管发光报警，电路组成如图 5－25 所示。

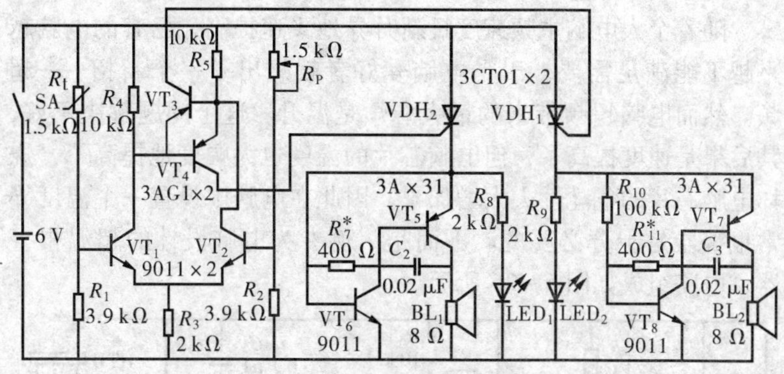

图 5－25　声光警告温度异常报警器电路

电路组成与工作原理：本电路由热敏电阻组成的测温电桥、晶体管组成的测温信号放大电路、单向晶闸管组成的报警声光触发电路和报警声光发生电路组成。

电路中，热敏电阻 R_t、R_1、R_2 和 R_P 组成四臂测温电桥，晶体管 VT_1 ~ VT_4 组成测温信号放大及输出电路。单向晶闸管 VDH_1、VDH_2 组成报警触发电路，当环境温度下降时，热敏电阻 R_t 的阻值变化使电桥失去平衡，输出端产生电位差，由 VT_1、VT_2 组成的差分放大器放大后，使 VT_4 导通，触发单向晶闸管 VDH_1 导通，降温报警电路获得工作电源后工作，发出降温报警声光信号。

当环境温度上升时，VT_3 导通，触发单向晶闸管 VDH_2 导通，升温报警电路获得工作电源后工作，发出升温报警声光信号。

晶体管 VT_5、VT_6 及 VT_7、VT_8 分别组成两个互补晶体管式多谐振荡器，由它们产生的脉冲信号输出后驱动扬声器发出报警声。与此同时，还通过发光二极管 LED_1、LED_2 发出光报警信号。

电路中，测温用的热敏电阻采用负温度系数的热敏电阻 MF_{11}，差分对管 VT_1、VT_2 应选用参数一致的晶体管，单向晶闸

管 VDH_1、VDH_2 选用3CT01等小功率单向晶闸管。

26. 电脑温度异常报警器电路

随着个人电脑主频速度日新月异地飞速提高，已有的电脑越来越不能满足需要，于是电脑爱好者就想出了一个新招——超频。然而电脑超频带来的最大麻烦是温升，这个问题解决不好，其后果是速度提高了，但电脑芯片的温度也大幅度地提高了，烧坏电脑芯片的危险性大大增加了。因此在电脑中设置一个温度异常报警器是十分必要的。下面是一例专为电脑设计的超温报警器，电路组成如图5-26所示。

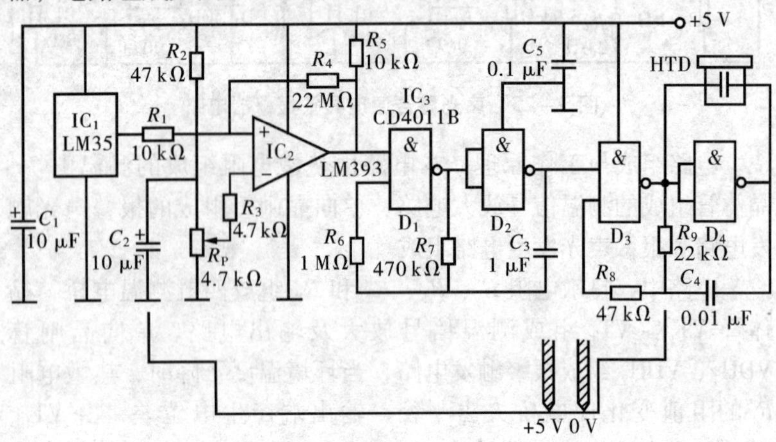

图5-26　电脑温度异常报警器电路

电路组成与工作原理：本电路由温度检测电路、阀电压比较电路和报警声发生电路组成。本电路所用的温度检测电路采用了一支高性能的集成温度传感器电路，型号是LM35。该电路将温度传感器与信号电压放大器集成在一起，输出信号电压与温度变化具有很好的线性关系，测温灵敏度很高，达10 mV/℃，输出电压范围0~1 V。电路工作电压范围4~20 V，电流消耗小于60 μA，其输出端应接有5 kΩ以上的负载。

IC_2 为电压比较器电路LM393，其反相输入端作为参考电压输入端，其参考电压通过 R_P 的分压调节来设定并经 R_3 加至反相端。测温输出电压经 R_1 加至同相输入端。将 LM35 置于最高限制温度下，待稳定后调节 R_P 使电压比较器输出高电平。

四一二输入端与非门 CD4011 中的两个门 D_1、D_2 与 R_7、C_3 组成振荡频率为 1 Hz 的低频器，作为调制振荡器。它所输出的 1 Hz信号作为音频振荡器的调制信号。D_3、D_4 与 R_9、C_4 组成音频振荡器，输出 1.8 kHz 的音频信号。在低频调制信号的调制下发出调制型的报警声响。

报警声振荡器的工作受电压比较器输出电压的控制，当电脑芯片超过最高限制温度时，电压比较器输出高电平，报警振荡器工作，发出报警声。

27. 家用煤气泄漏报警器电路

煤气在家庭生活中的广泛使用，给人们的生活带来了极大的方便，然而煤气的泄漏也会给人们带来灾难。在利用它给人们带来方便的同时，又必须防备它给人们造成不必要的损失。据有关资料表明，当空气中一氧化碳浓度达到 0.02% 经 2 ~ 3 h，或浓度达到 0.04% 经 1.5 ~ 2.5 h 后，即会使人感到轻度头痛；当空气中一氧化碳浓度达到 0.08% 经 2 h，即可使人晕倒；浓度达到 0.16% ~ 0.32% 经过 30 min，即可致人死亡；浓度达到 0.64% 经 10 ~ 15 min，便会致人死亡。因此，在家庭中安装一台煤气泄漏报警器是很有必要的。下面是一例由数字门电路组成的煤气泄漏报警器，电路组成如图 5 - 27 所示。

电路组成与工作原理：本报警电路由气敏传感器、开机延时电路、报警触发电路、报警声发声与输出电路组成。

气敏传感器由 QM - N10 型气敏传感元件组成，该元件当可燃气体（煤气、天然气、液化石油气）在空气中的浓度逐渐增加时，其阻抗随着气体浓度的增大而降低。利用该元件的这一特性，组成可燃气体泄漏报警器，当可燃气体在空气中的含量增大到一定浓度时，气敏传感器输出检测信号，触发报警器发出报警

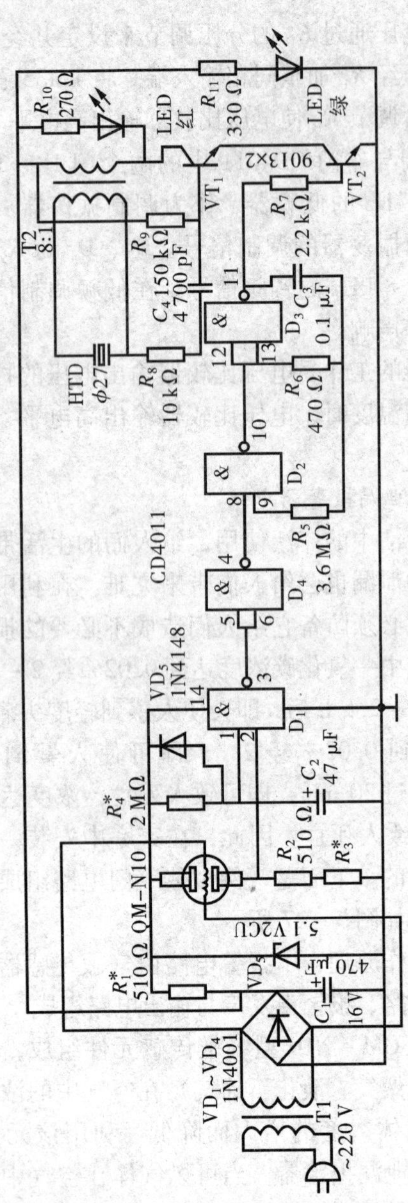

图5-27 家用煤气泄漏报警器电路

声。

QM－N10型气敏传感器是众多气敏传感器中的一个型号，它有以下工作特性：灵敏度 $S=R_0/R_x>8$（R_0 为该元件在空气中的阻抗，R_x 为元件在丁烷浓度为0.30%时的阻抗）；元件的响应时间 $t_s<10$ s，恢复时间 $t_c<60$ s，加热电压 $V_f=5$ V ±0.5 V，加热功率<0.5 W（加热丝冷阻 $R_f=5\Omega\pm2\ \Omega$）；元件在丁烷浓度小于0.5%时，其阻抗与丁烷浓度按反比急速下降，在洁净空气中，R_0 约为几十千欧。此外，QM－N10的阻抗值与通电时间有关，在通电之初，其阻值随时间急剧下降至数百欧，然后再缓慢上升并逐渐趋于稳定，通电60 s后，其阻值达到40 kΩ左右。因此在应用电路中，必须设置开机延时电路，以免引起开机初期发生误报。

在本电路中，与非门 D_1、C_2 与 R_4 及 VD_5 组成开机延时电路，在开机通电之初，因气敏元件的阻抗急剧下降，流过气敏元件的电流在其内部的压降很小。这就使 D_1 的输入端2形成高电平，而在此时由于 C_2 刚进入充电状态，使1脚仍处于低电平。其结果使输出端3输出高电平，经 D_4 反相后输出低电平，该低电平加至多谐振荡器的控制端8，使振荡器不起振。

当 C_2 充电使正极电压升高，将 D_1 的输入端1脚置于高电平时，气敏元件已进入稳定状态，内部阻抗上升至稳定值，压降增大。这就又使2脚变为低电平，其结果仍然是 D_1 输出高电平，D_4 输出低电平，振荡器不起振，起到了延时控制的作用。

与非门 D_2、D_3 与 R_6、C_3 组成报警振荡器，产生报警声响信号。由振荡器输出的报警声信号经 VT_1、VT_2 放大后输出，通过压电蜂鸣器发出报警声响。

多谐振荡器的起振受 D_2 的输入端8的控制，当8脚加高电平时，多谐振荡器起振。由于报警电路在正常情况下，D_1 的1脚为高电平，2脚为低电平，输出端3为高电平，D_4 输出低电平，振荡器不起振。当出现煤气浓度超限时，D_1 的1、2脚同时变为高电平，经两级反相后，由 D_4 输出高电平，这一高电平加至多谐振荡器的控制端 8，使多谐振荡器起振，发出报警声。

28. 多功能厨房专用报警控制器电路

多功能厨房专用报警控制器包括煤气泄漏报警、超温报警、定时控制等控制功能，它具有在报警的同时切断工作电源的功能，有一定的实用价值，电路组成如图 5－28 所示。

电路组成与工作原理：本例报警电路由煤气泄漏监测电路、超温监测电路、定时电路、报警控制电路和报警声信号发声与输出电路以及电源开关控制电路组成。

煤气泄漏监测电路由 MQS2B 型气敏传感器及 R_{P1}、R_{P2}、C_1 等组成，设定报警灵敏度为 0.2%，由 R_{P2} 调定。通过 R_{P1} 调整加热丝工作电压。

超温监测电路由集成温度传感器 SL616、IC_3 组成的电压比较器、R_{P3} 组成的温度设定电位器和 VT_1 与 LED_2 组成的超温指示电路组成。

四一二输入端与非门 CD4001 中的四个门 D_1 ~ D_4 组成煤气泄漏和超温监测输出信号的电平变换与输出控制电路。在正常情况下，气敏传感器输出低电平，这一低电平经 R_1、R_2 加至 D_1 与 D_3 的输入端，经 D_1、D_2 两级反相后仍为低电平，LED_1 不发光。加至 D_3 的低电平使 D_3 输出高电平，D_4 输出低电平。在超温监测电路中，集成温度传感器 SL616 输出低电平，这一低电平加至电压比较器 IC_3 的同相输入端，由于它低于反相输入端设定的参考电压，所以 IC_3 输出低电平，这一低电平一方面加至 D_3 的一个输入端，与煤气泄漏监测电路输出的控制信号共同使 D_3 输出高电平。另一方面使 VT_1 截止，LED_2 不发光。

IC_5 与 R_7、R_8 及 C_4 组成振荡频率为 1.5 kHz 的多谐振荡器，作为报警声源信号。多谐振荡器的起振与停止受加在 555 电路 4 脚电平的控制，只有加上高电平后，电路才起振。IC_5 还与 R_{P4}、C_3 组成单稳态触发器，作为定时电路。两电路之间由 VD_1 隔离，

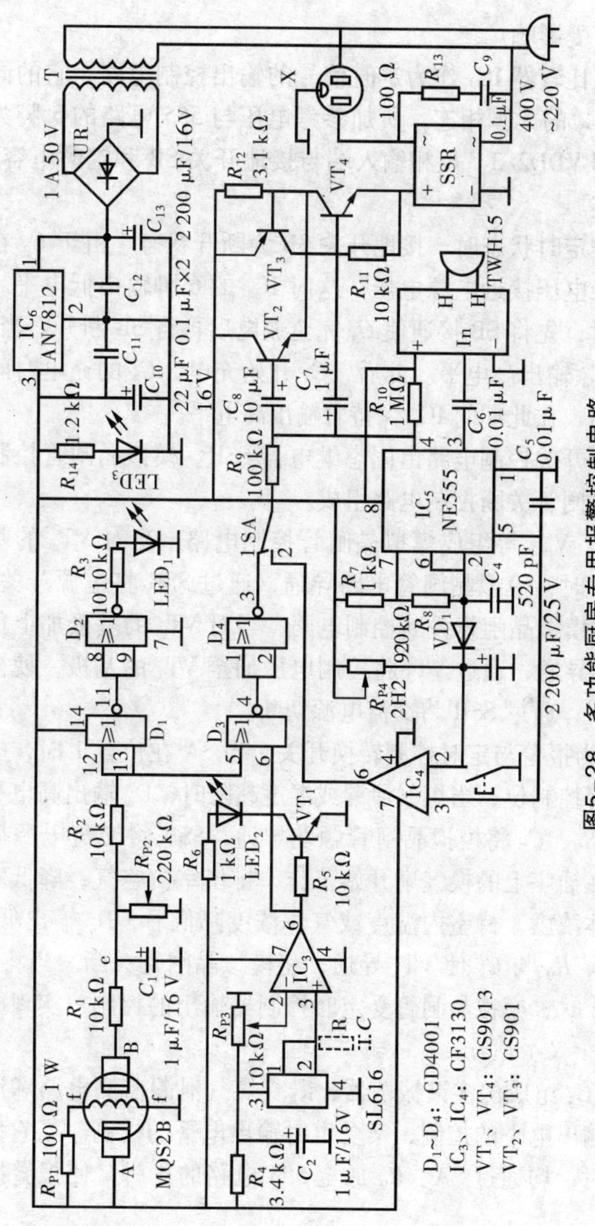

图5-28　多功能厨房专用报警控制电路

其功能不受影响。

电压比较器 IC_4 作为定时信号的输出控制电路，它的同相输入端和 IC_5 的 5 脚相连，所加参考电压与 555 电路的 5 脚为同一电平，即 VDD2/3。反相输入端与接地开关 SB 和定时电容 C_3 的正极相连。

在非定时状态时，接地开关 SB 为断开状态。由于 C_3 在充电后其正极电压接近电源电压，这时 IC_4 的 6 脚输出低电平。当需要定时时，先将 SB 接通使 C_3 完全放电后再将 SB 断开。当 C_3 放电后，IC_4 输出高电平。此后，C_3 开始充电，C_3 的充电时间即是定时时间，在此期间 IC_4 保持着输出高电平。

电源开关控制电路由固态继电器 SSR、模拟晶闸管控制电路和模拟晶闸管关断控制电路组成。

VT_3、VT_4 等组成模拟晶闸管控制电路，当对 VT_4 的基极加上正脉冲时，模拟晶闸管电路导通，通过 SSR 将电源开关接通。VT_2 组成模拟晶闸管关断控制电路，当对 VT_2 的基极加上负脉冲时，VT_2 导通，通过 VT_2 将控制电压加至 VT_3 的基极，使模拟晶闸管关断，通过 SSR 将交流电源切断。

SA 为报警与定时控制转换开关，当 SA 在位置 1 时，电路被置于报警控制位，当煤气泄漏或温度超限时，D_4 输出高电平。通过 SA、R_9、C_7 将模拟晶闸管触发导通，SSR 将交流电源插座接通，插在插座上的换气扇开始工作，排出室内空气，降低室内温度与气体浓度。待室内温度或气体浓度降低后，D_4 输出低电平，通过 SA、R_9 与 C_8 使 VT_2 导通，将模拟晶闸管关断。当将 SA 置于位置 2 时，模拟晶闸管受定时控制器输出的控制，实现电源的开关。

由 IC_5 组成的多谐振荡器，既受煤气泄漏监测电路和温度监测电路输出电平的控制，又受定时输出电平的控制。当它们输出高电平时，均通过 SA、R_9 加至 555 电路的 4 脚，使报警振荡器起振。

报警振荡器与定时器虽然共用一只555电路，但它们之间不仅互不干扰，而且相互配合。当需要输出定时报警信号时，C_3 进入充电过程，随着 C_3 充电压的上升，VD_1 从导通转为截止并一直保持到电压比较器 IC_4 输出低电平，在这一期间多谐振荡器起振，输出报警信号。当 C_3 充电结束，通过 IC_4 输出低电平并加至555电路的4脚时，多谐振荡器停振，报警结束。

当煤气泄漏监测电路或超温监测电路使 D_4 输出高电平要使多谐振荡器起振时，C_3 处于充电结束状态，VD_1 为截止状态，保证了多谐振荡器起振的条件。

报警发声电路由报警信号升压电路TWH68和高响度报警发声电路TWH15组成，报警响度达120 dB。

29. 离子感烟火灾报警器电路

火灾是一种最常见的危害人类生命财产的灾害。为了预防火灾的发生，人们研制生产了各种防火、灭火系统。随着近代电子技术和各种新材料的发现，各种新型防火监测器件也不断出现，除了各种气敏传感器外，目前在火灾监测系统中应用最多的是UD－02型“离子感烟传感器”，下面是用UD－02传感器和与它配套的专用集成电路C14467组成的火灾监测报警器，电路组成如图5－29所示。

电路组成与工作原理：本电路由火灾检测电路UD－02型离子感烟传感器、专用烟雾信号处理电路C14467和压电蜂鸣器组成。

UD－02型离子感烟传感器是通过烟雾来检测火灾的发生的。这是因为发生火灾时必然伴随着烟雾的产生，有的甚至是先有烟后发火，因此通过检测烟雾可以来检测火情。UD－02型离子感烟传感器由内外两个电离室组成，内电离室密闭，与外界不通，外电离室开放，与外界相通。内、外电离室内各装有一对电极和一个放射性同位素^{241}Am的 α 放射源，这个放射源能连续不断地放出 α 射线，使极间电离而产生正、负离子，这就使两极间具有

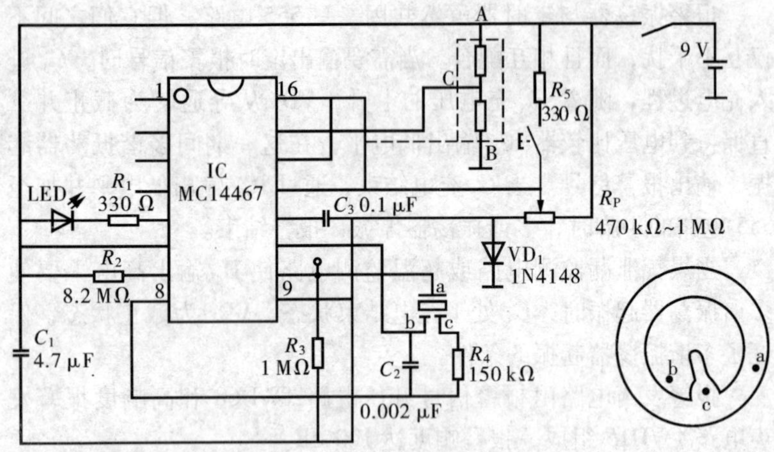

图5－29　离子感烟火灾报警器电路

导电性。当对这对电极加上电压时，极间就会形成电流，且电流的大小与所加电压的大小有关。当电压大到一定值时，极间电流呈饱和状态并能保持下去。

当有烟雾进入外电离室时，极间离子由于受烟尘吸附，移动速度减慢，同时在移动过程中还会发生正、负离子中和现象，这又会使极间电流逐渐减小，相当于极间电阻增大。而内电离室则由于密闭而令烟雾不能进入，因此仍保持原状态，导电电流和等效内阻均不变。由于内外电离室中的两对电极是串联的，其结果是内外电离室的导电状态失去平衡，输出电压就会发生变化。这样，就使UD－02在洁净的空气中时，C极输出电压为5～5.6 V；在烟雾的环境中，C极输出电压下降至1.1～1.2 V。

C14467是一片专门用于对烟雾传感信号进行处理的集成电路，为十六脚扁平封装。它的内部主要电路是一个检测输入信号电压的电压比较器，当无烟雾输入时，传感器的平衡电压约为5.3 V，大于内部设置的阈值电压4.7 V，比较器输出低电平；当有烟雾传感信号输入时，传感器的输入信号电压小于内部设置的阈值电压，比较器输出高电平，同时发出报警信号。阈值电压值还可通过13脚外接电阻的不同来调节。

为了使电路适应电池供电时电源电压的变化，电路内还设有电池电压检测比较器，当电池电压低于7.2~7.8 V时，会发出报警信号。此外电路内还设有定时振荡器、锁存器和报警信号发生器。

电路中，UD-02的输出端C与C14467的信号输入端15相连，C14467的12脚外接电容C_3为内部振荡器的外接电容；7脚外接电阻R_2为定时电阻；14脚、16脚与传感器的B脚共同接地，做输入保护；5脚外接LED用来检测电池电压；10、11脚为报警信号输出端，接压电蜂鸣器。

在电路工作正常时，电路会发出电路工作正常信号，LED每隔40 s闪亮一次；当电源电压不足时，每40 s会发出“嘀”声警示信号，但仍可正常工作；若电源电压低于6 V时，则会发出“嘀、嘀”声，此时应立即更换电池。

本电路在正常使用时，9 V叠层电池可使用一年，输出报警声响大于70 dB，烟雾报警浓度为2%，工作温度范围0~50 ℃，相对湿度小于90%。

30. 触摸式门把防盗报警器电路

当发生入室盗窃时，门和窗户是必经之路，因此做好门窗防护是防盗的重要措施。在门窗的防盗装置中，触摸式和感应式是常用的方式，其中又以触摸式防盗装置的电路较为简单、可靠，下面是一例触摸式门把防盗报警器，电路组成如图5-30所示。

电路组成与工作原理：本电路由触摸式电子开关、闪光报警电路和音响报警电路三部分组成。IC_{1a}、IC_{1b}、VT_1与单向晶闸管VDH组成触摸式电子开关，用来控制声、光报警电路的工作电源，一旦电子开关接通，声、光报警电路立即工作，输出报警声响和报警闪光。

电路中，IC_{1a}、IC_{1b}是一只双单稳态触发器电路CD4528，一片电路内包含两个结构相同的单稳态触发器。在本电路中，由

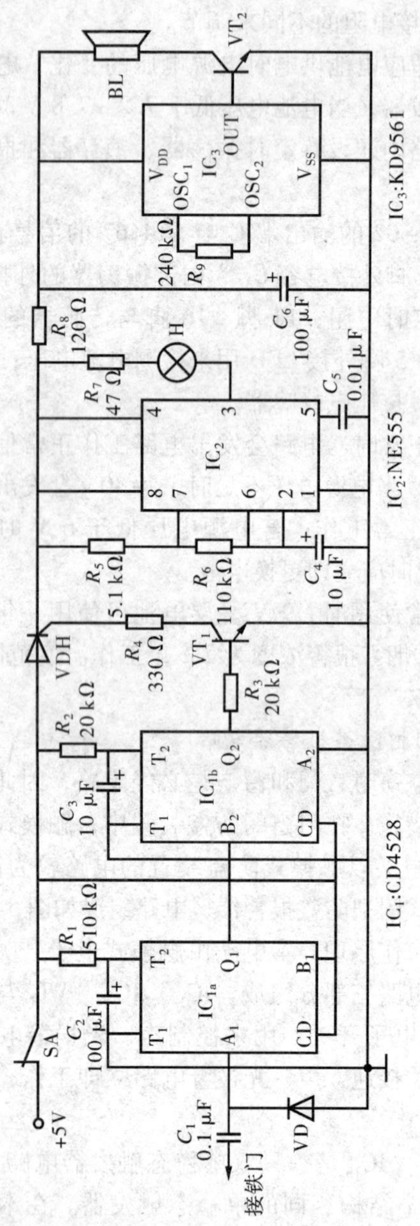

图5-30　触摸式门把防盗报警器电路

IC_{1a}组成上升沿触发的单稳态触发器，触发脉冲由上升沿触发端 A_1 输入，静态时，输出端 Q_1 输出高电平，当它受触发而翻转后输出低电平。在组成上升沿触发的单稳态触发器中，需将下降沿触发端 B_1 接高电平。C_2、R_1 决定单稳态电路的暂稳态时间。

IC_{1b}组成下降沿触发的单稳态触发器，触发脉冲由下降沿触发端 B_2 输入，静态时，输出端 Q_2 输出低电平，当它受到触发而翻转后输出高电平。在组成下降沿触发的单稳态触发器中，需将上升沿触发端 A_2 接低电平。R_2、C_3 决定着单稳态触发器的暂稳态时间。

IC_2 与 R_5、R_6 及 C_4 组成低频多谐振荡器，用来产生闪光报警脉冲，由 3 脚输出的低频脉冲，驱动报警灯 H 做闪烁状态发光。

IC_3 是一片报警声响电路 KD9561，当它接通电源后便会发出报警声信号，经 VT_2 放大后由扬声器放出。

由 IC_{1a}组成的单稳态触发器，它的触发端 A_1 通过 C_1 与触摸端连接，该触摸端又与门的把手相连。当有人用手触摸门的把手时，人体感应产生的杂波经 C_1 耦合，加到 IC_{1a}的触发端 A_1，使 Q_1 输出端由高电平变为低电平，形成的脉冲下降沿加至 IC_2 的触发端 B_2，使 Q_2 输出端由低变高。这一高电平使 VT_1 导通，流过 VT_1 的电流将 VDH 触发使其导通。由于 VDH 的导通，声、光报警电路获得工作电源后开始工作，发出声光报警信号。

31. 多功能电话线路防盗器电路

本例电话防盗器有下列功能：当发生电话被盗打情况时，立即发出干扰信号，使盗打无法实施，同时向主人发出声光报警。可同时安装三部分机，互不干扰，先摘机者先通话。能自动检测线路与电话机故障以及挂机是否良好。电路组成如图 5－31 所示。

电路组成与工作原理：本电路由三路分机连接电路、盗打检测电路、声光报警电路和电源电路四部分组成。电路中，可控硅

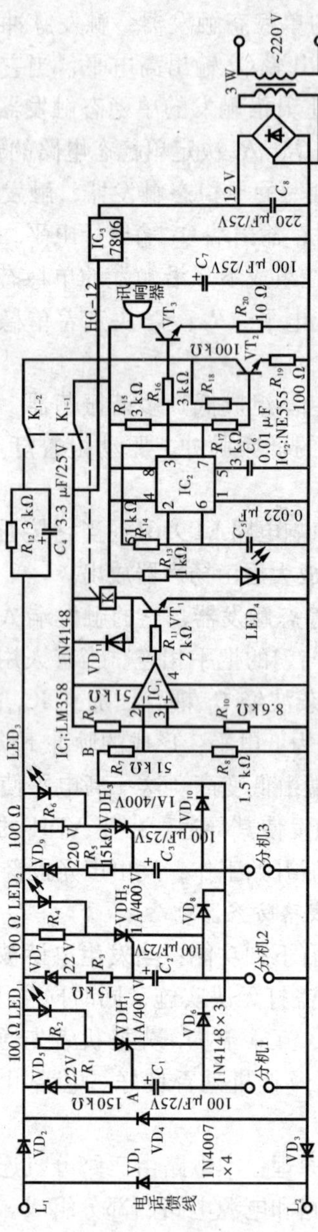

图5-31 多功能电话线路防盗器电路

电路 VDH_1 ~ VDH_3 及外围电路组成三分机连接电路。当三路分机均在挂断状态时，外线电压为 48 V 或 60 V，经极性保护电路 VD_1 ~ VD_4 整流后，得到上正下负的馈电电压加在三路分机的输入端。因话机在挂机时其两端阻值在几百千欧，可视为开路。馈电电压加在 A 点上的电压为 25 ~ 30 V，但因话机挂断，SCR_1 因无维持电流而不能导通。

当分机 1 摘机时，由于 C_1 的作用，VDH_1 被瞬间导通，馈电电压降为 6 ~ 10 V，经 R_2、VDH_1 加至话机 1，提供了话机的通话电源，此后 VDH_1 全导通，话机 1 开始通话。

此后，若话机 2 或 3 再被拿起，则因馈电电压已降为 6 ~ 12 V，无法将 VD_7 或 VD_9 击穿，可控硅 VDH_2 或 VDH_3 因无触发电流而不能导通，两话机无法得到工作电压而不能通话。

盗打检测电路与报警电路主要由电压比较器 IC_1、继电器 K 与报警声发生电路 IC_2 等组成。

当三个分机均挂机时，B 点电压约 30 V，经 R_7、R_8 分压后，加至 IC_1 的 2 脚电压约 6 V。而经 R_9、R_{10}分压加在 3 脚的电压为 0.9 V，因此 IC_1 输出低电平，VT_1 截止，报警电路处于待机状态。

当三个分机中有一个摘机时，因 VD_6、VD_8、VD_{10}的隔离作用，使 B 点电压等于通话电压，约 6 V，经 R_7、R_8 分压后约 1.2 V 或 2.1 V，而 3 脚电压仍保持 0.9 V 不变，IC_1 仍输出低电平。

但当有人在线路上并接分机进行盗打时，B 点电压接近 0 V，这时 IC_1 输出高电平，VT_1 导通，继电器 K 通电吸合，K_{1-1} 接通了报警电路的工作电源，使其发出报警声。另一触点 K_{1-2} 接通了干扰信号输出电路，将干扰声传到通话线路，使盗打电话受到干扰而不能实现。

IC_2 与 R_{14}、C_5 组成报警声振荡器，当 K_{1-1} 将工作电源接通后，振荡器起振。振荡信号一路由 3 脚输出，通过 VT_3 使讯响器发出报警声。另一路由 7 脚输出，经 K_{1-2}加至外线，对盗打者进行通话干扰。

32. 家用漏电保安器电路

本电路由四个运算放大器电路 LM324 组成，当家用电器发生漏电时，保安器能自动切断电源，保证家庭用电安全，电路组成如图 5－32 所示。

电路组成与工作原理：本电路由交流电流互感器、漏电信号处理电路和控制继电器等组成。交流电流互感器用来检测流过电源进线的电流，当家用电器在开机使用时，流过电源线的电流也通过互感器的转化，变为漏电保安器的控制信号，将这一漏电信号送入漏电信号处理电路，通过放大驱动控制电路来切断电源，保证了家庭用电的安全。电流互感器采用铁氧体磁芯绕制，初级为电源端，将电源线在磁芯上绕 2 ~ 3 匝，次级作为检测信号输出端，用 0. 12 mm 的漆包线在磁芯上绕 1 600 ~ 1 800 匝。

漏电信号处理电路由 LM324 中的四个运算放大器组成四个电压比较器，用来和正常情况下的电压进行比较。在正常用电情况下，电压比较器处于平衡状态，电路不动作。当漏电时会引起电流互感器输出电流的增大，将这一变化通过漏电信号处理电路处理后，输出控制信号，通过继电器将电源切断。

由 LM324 中的四个运算放大器组成四个互相关联的电压比较器。其中 IC_1 用来与电流互感器输出的漏电检测信号相比较，比较结果加到 IC_2 的同相输入端。IC_2 输出的比较结果又加到 IC_3 的同相输入端。IC_3 输出的比较结果又加到 IC_4 的同相输入端，同时又通过 VD_5 反馈到 IC_2 的同相输入端。IC_4 的输出用来控制继电器 K 的接通与断开。

四个电压比较器中，IC_1 的参考电压由电源通过 R_4 与可调电阻 R_5 分压取得，在正常状态下调节 R_5 使 IC_1 输出低电平。当发生漏电时，漏电检测信号电压升高，输入 IC_1 的 3 脚电压高于 2 脚参考电压，IC_1 输出高电平。

电压比较器 IC_2、IC_3、IC_4 的参考电压取自电源电压，经稳

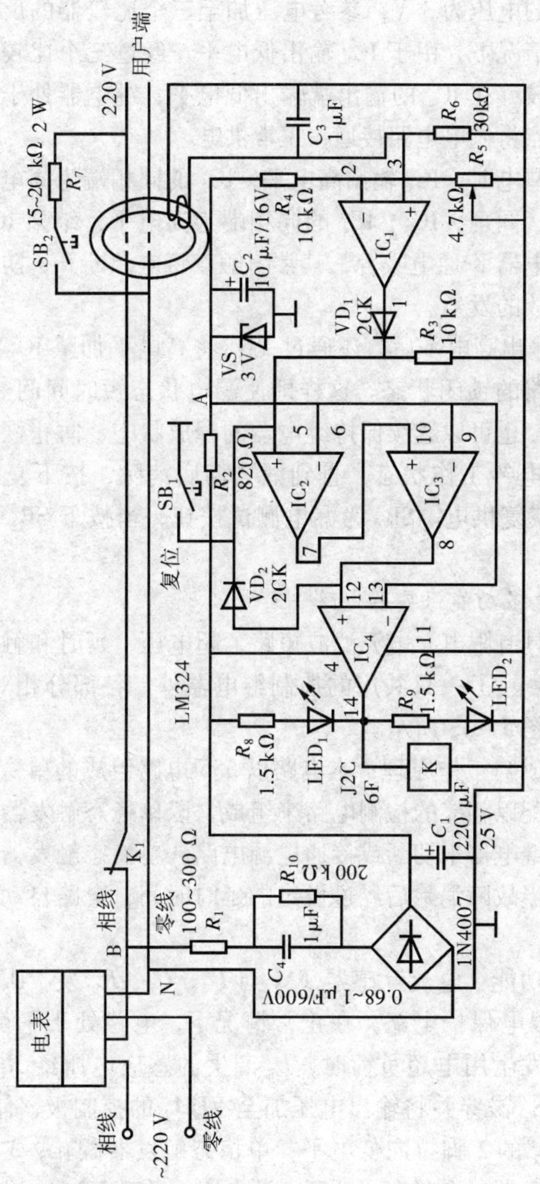

图5-32　家用漏电保安器电路

压管稳压后的电压为 3 V，参考电压加至三个比较器的反相输入端。在正常情况下，由于 IC_1 输出低电平，经过三个比较器与参考电压的比较，在 IC_4 的输出端输出低电平，继电器处于释放状态，常闭触点将供电电路接通，正常供电。

当发生漏电时，IC_1 输出高电平，IC_2 的同相端为高电平，输出为高电平。同理，IC_3、IC_4 的同相端为高电平，结果 IC_4 输出高电平，继电器 K 通电吸合，其常闭触点将电源断开，防止和消除了触电事故的发生。

在 IC_3 输出高电平后，还通过 VD_2 将高电平加至 IC_2 的同相端，形成电路的锁闭状态。这样即使漏电状态短时间间断使 IC_1 输出低电平，也可以继续保持继电器的释放状态，防止恢复供电形成电路的电铃工作状态，直到漏电彻底消除，按下复位开关 SB_1 使电路恢复供电。SB_2 为漏电测试按钮，当按下 SB_2 后电源电路被断开。

33. 家电多功能保安器电路

本电路具有限电，电源滤波短路、超电压、延时和触电与漏电保护功能。除了一只共用的控制继电器外，各部分相对独立，电路组成如图 5－33 所示。

电路组成与工作原理：本电路以 555 电路组成的单稳态触发器为核心，配以相应的检测电路来组成，以单稳态触发器输出的信号去控制继电器来切断或接通电源电路。单稳态触发器又作为延时电路，当故障消除后经过设定的延时时间，电路自动接通恢复供电。

①限电功能：电流互感器 TA_2 与 R_7、C_7、R_{P1} 及 VD_5、VS_2、VDH_2 组成限电保护电路。在正常情况下，电路处于平衡状态，无输出。当发生用电超负荷时，L_5 产生的感应电压经 R_{P1} 调节，将稳压管 VS_2 击穿并将输出电压加至 VDH_2 的控制极，使 VDH_2 导通，将 IC_2 的 2 脚拉向低电平，单稳态触发器翻转，3 脚输出高电平使继电器通电吸合，断开电源电路。延时 3 ~ 5 min 后自动

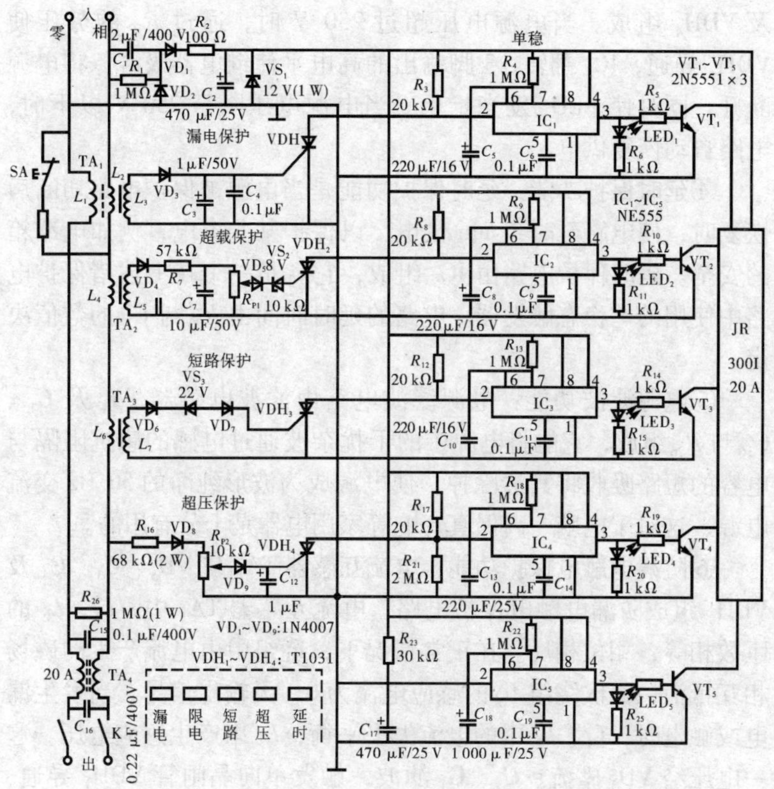

图5－33　家用多功能保安器电路

恢复，若过载仍未消除，电路继续动作。在继电器断开电源的同时，LED_2 发光指示。

②短路保护功能：电流互感器 TA_3 与 VD_6、VS_3、VD_7 及 VDH_3 组成短路保护电路。在正常情况下，L_7 无感应电流，电路正常工作。当发生短路时，L_7 输出感应电压，经 VDH_3 的导通使 IC_3 翻转，输出的高电平使继电器吸合，将电源断开，同时 LED_3 发光指示。短路保护的延时设计为 10～20 min 为好。

③超电压保护功能：超电压保护电路由 R_{16}、VD_8、R_{P2}、VD_9

及 VDH_4 组成。当电源电压超过 250 V 时，通过 R_{P2} 的分压使 VDH_4 导通，IC_4 翻转，3 脚输出的高电平使继电器吸合，将电源断开，同时使 LED_4 发光指示。当电源电压降至 250 V 以下时，电路自动恢复供电。

④延时保护功能：延时保护功能是当电源被保护电路切断后恢复时，使电路延时 3 min 供电，以保护某些家电，例如电冰箱的安全。延时保护电路由 IC_5 组成，它就是一个在上述诸保护电路中使用的单稳态触发器。电路的延时时间由 R_{23} 与 C_{17} 的数值决定。

⑤电源滤波功能：电源滤波电路由滤波电感器 TA_4 及 C_{15}、C_{16} 与 R_{26} 组成，它能将电源中的干扰杂波通过电感的感抗阻隔与电容的短路吸收将其清除掉，使电源成为波形纯净的 50 Hz 交流电源，这对于电脑、高保真音响等家用电器是十分有用的。

⑥防漏电触电保护功能：电流互感器 TA_1 与 VD_3、C_3、C_4 及 VDH_1 组成防漏电触电保护电路。电流互感器 TA_1 中，L_1、L_2 的匝数相等，相位相反。在正常情况下，绕组中由电流产生的磁场相互抵消，二次绕组 L_3 的感应电流为 0，无输出信号。当发生漏电或触电时，L_1、L_2 中的电流失去平衡，L_3 中产生感应电压。这一电压经 VD_3 整流、C_3、C_4 滤波，触发单向晶闸管 VDH_1 导通，将 IC_1 的 2 脚拉向低电平，由 IC_1 组成的单稳态触发器翻转，3 脚输出高电平，VT_1 导通，继电器通电吸合将电源断开，起到保护作用。同时，LED_1 发光指示。继电器吸合经 3 ~ 5 min 延时后自动恢复。

第六章　常用小家电电路

1. 机械控制式电饭锅

图 6 – 1 是机械控制式电饭锅结构图，主要由锅体、内锅、磁钢总成（磁体、芯）、磁控开关、温控器、指示灯、功能选择开关等组成。

（1）磁钢总成。如图 6 – 2 所示，磁钢总成又称磁钢限温器，简称限温器，用于确定煮饭停机温度。磁钢总成是由两块磁体及两条动作弹簧装在圆柱形铁壳内构成的感温元件。两块磁铁中，一块为硬磁体（永久磁钢），镶在限温器的检测温度面的侧面上；另一块为软磁体（感温磁钢），安装在柱形铁壳里，受弹簧的作用可以上下摆动。煮饭时，按下操作键，动作弹簧即被压缩，硬磁体便吸住软磁体。这时即使放开操作按键，操作杠杆仍保持向上位置，两触点仍彼此接通，接通发热盘 220 V 电源。发热盘发出的热量传给内锅，开始煮饭，米饭焖好时，内锅的温度为 103 ℃左右，此时软磁体的温度为 150 ℃，正好达到其居里点温度，此时软磁体的磁性迅速失去磁性，硬磁体不能再吸附软磁体，软磁体被动作弹簧弹开，拉杆向下移动，压下杠杆，通过连接杆使磁控开关触点脱离，切断加热盘 220 V 供电，停止加热，煮饭结束。

（2）磁控开关。如图 6 – 2 所示，磁控开关又称总成开关，是大功率的金属开关，装在杠杆组件上，由磁钢总成控制其通

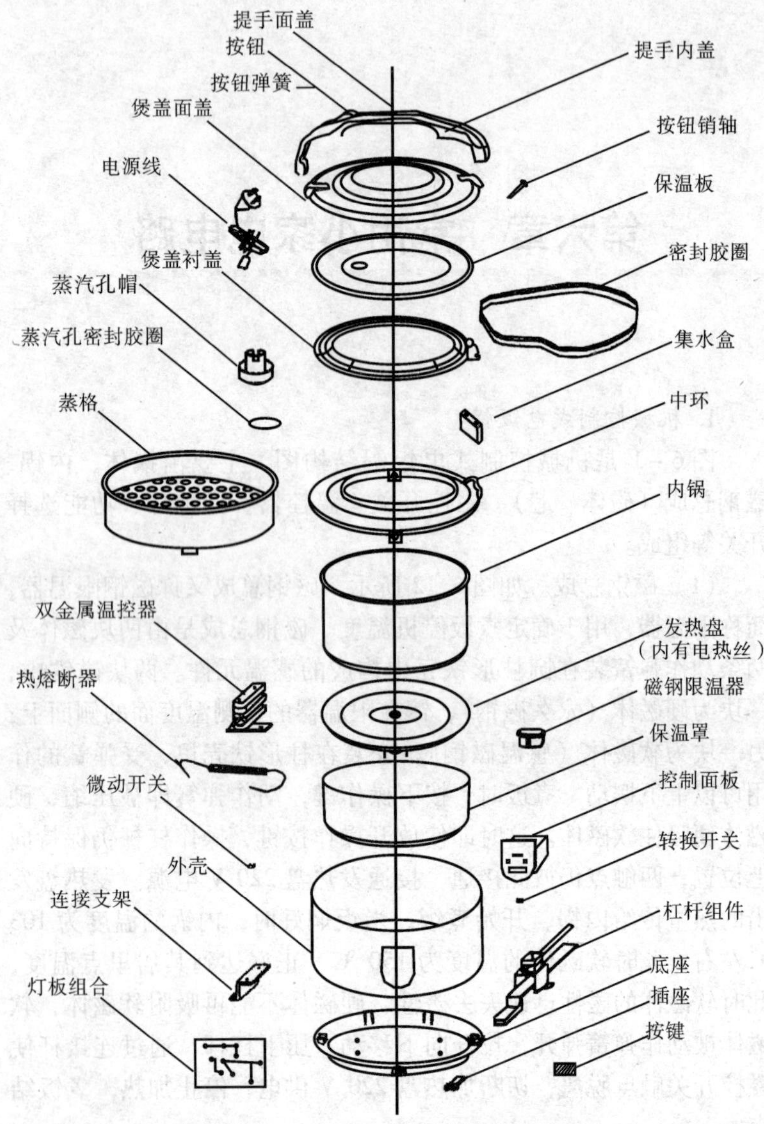

图6－1　机械控制式电饭锅结构

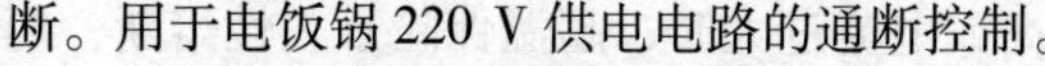
断。用于电饭锅 220 V 供电电路的通断控制。

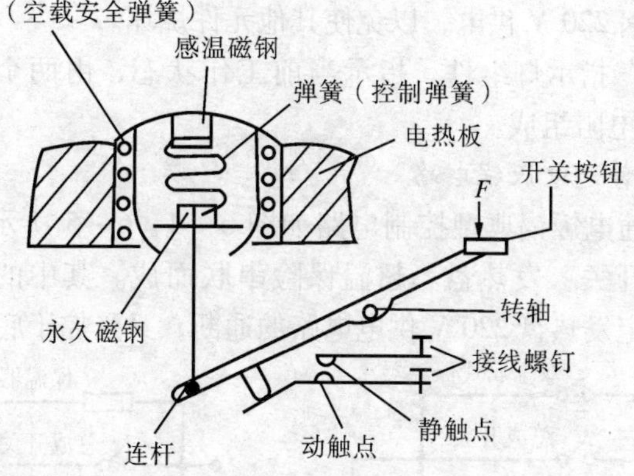

图 6－2　磁钢总成和磁控开关

（3）温控器。

温控器又称保温器或双金属片保温器，内部结构如图 6－3 所示。它是一种双金属片开关，采用两种不同膨胀系数的金属片制成，在温度升高时两金属片弯曲变形的程度不同，当温度上升到 50～80 ℃（通常设定在 70 ℃），两金属片触点分离断开，当温度下降到设定断开温度以下时，两金属片恢复原状态，其触点自动接通。温控器安装在紧贴锅底的传热部分，用于保温状态的温度控制。调节温控器的调温螺丝，可改变温控器动作温度，调节范围为 5 ℃左右，如科龙电饭锅温控器顺时针调节 1/8 圈，其动作断开温度下降 4 ℃。

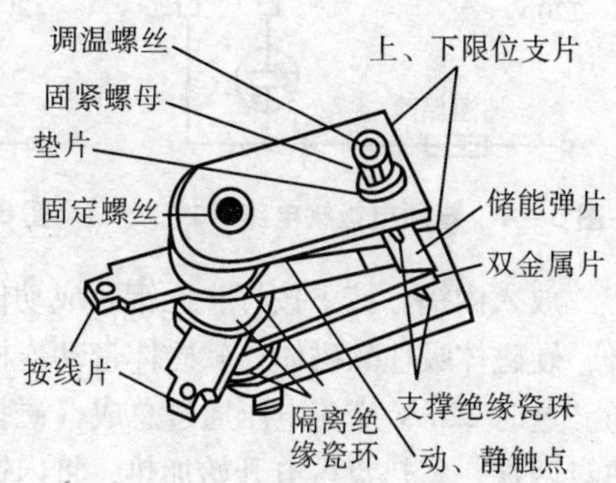

图 6－3　温控器内部结构

（4）超温保险。超温保险又称超热保护器，属于过热保护器件。当锅内温度异常高或电流过大时，超温保险永久性熔断，切断电饭锅 220 V 供电，以免使其他元件烧坏。

（5）指示灯组件。指示当前工作状态，由两个氖泡及两个 100 kΩ 电阻组成。

2. 普通电饭锅电路

普通电饭锅典型控制电路如图 6－4、6－5 所示。电气系统由总成开关、发热盘、超温保险串联而成。其中的总成开关通断，决定发热盘 220 V 供电电路的通断，又受控于底锅温度。

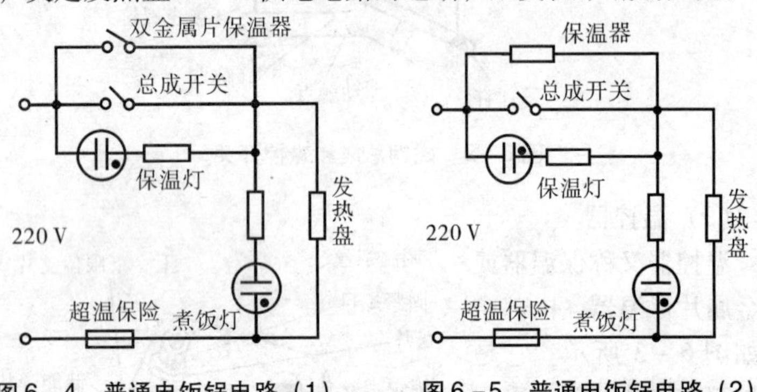

图 6－4 普通电饭锅电路（1） 图 6－5 普通电饭锅电路（2）

放入内锅，按下按杆，磁钢总成动作弹簧被压缩，使硬磁体上升，硬磁体吸住软磁体，软磁体带动连杆上移使磁控开关两触点接通。这时 220 V 交流电压通过总成（磁控）开关、超温保险加至发热盘两端，发热盘得电开始加热，将内锅的水加热开始煮饭。当锅内水沸腾蒸发及被米饭吸收完时，内锅底的温度会逐渐升高超过 100 ℃，当内锅底温度为 103 ℃左右时，磁钢总成为 150 ℃即其居里点温度，磁钢总成内软磁体因失去磁性而被弹簧弹出，带动连接杆动作将磁控开关断开，切断电源，停止煮饭，进入保温状态。在煮饭期间，煮饭灯亮，指示当前处于煮饭状态。

保温期间，保温指示灯通过发热盘、超温保险形成回路，因保温灯及串联的电阻阻值远远大于发热盘阻值，所以，令保温指示灯亮指示当前状态，发热盘几乎不发热。

停止煮饭若干时间，当锅内温度下降到一定程度时，双金属片温控器自动接通。这时 220 V 交流电压通过双金属温控器、超温保险加到发热盘两端，发热盘开始加热。当加热使双金属片温控器达到断开温度 70 ℃时，双金属片温控器自动断开，切断加热器 220 V 供电。以后重复上述过程。

3. *煮饭/煲粥双功能电饭锅典型电路*

煮饭/煲粥双功能电饭锅典型电路如图 6-6所示。与上述单功能电饭锅的本质区别是增加了功能选择开关和半波整流二极管，使煮饭时全功率加热，煲粥时半功率加热。

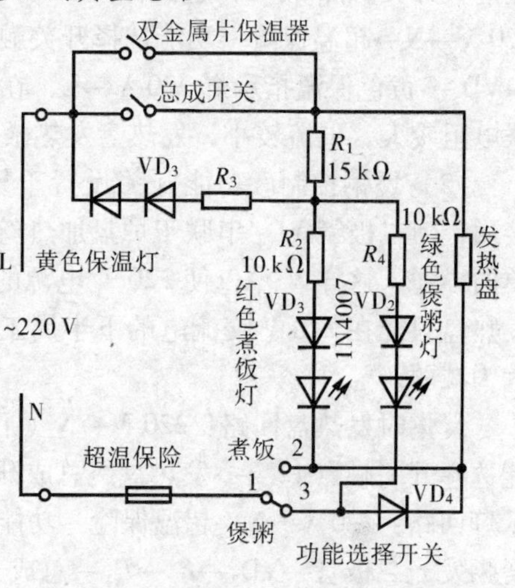

图 6-6　煮饭/煲粥双功能电饭锅

(1) 煮饭控制。放入内锅，将开关置于煮饭位置，按动按杆，总成开关接通，发热盘得到 220 V 电压而发热，对内锅水持续加热至 100 ℃而沸腾，水被逐渐蒸发和被米饭吸收。水被完全蒸发、吸收后，内锅的温度继续升高，当达到极限温度 103 ℃时，位于炉盘中心的限温器内磁钢总成的软磁铁失去磁性，动作弹簧将软磁体弹出，带动连接杆强迫中心磁钢开关动作恢复到断开状态，炉盘发热盘失电而停止加热，煮饭完成。

煮饭时炉盘发热盘回路：220 V→L→总成开关→发热盘→功能选择开关触点 2、1→超温保险→220 V→N。煮饭指示灯回路：220 V→L→总成开关→R_1→R_2→VD_1→VD_2 红色煮饭发光二极管→功能选择开关触点 2、1→超温保险→220 V→N。

保温控制过程：煮饭停止若干时间后，当锅内温度下降到较低值时，双金属片保温温控器开关接通，220 V 电压通过此开关对发热盘供电，发热盘再次得电发热，当锅内温度被加热至 70 ℃左右时，双温金属片温控器开关断开，切断炉盘发热盘 220 V 供电电路，以后重复上述过程，实现保温功能。

保温时发热盘回路：220 V→双金属片保温器→发热盘→功能选择开关触点 2、1→超温保险→220 V→N。保温指示灯回路：220 V→N→超温保险→功能选择开关触点 1、2→发热盘→R_1→R_3→VD_3→黄色保温指示灯 220 V→L，在这个回路中，因各器件串联电阻较大，电流较小，发热盘发热微弱。

（2）煲粥控制。功能开关设置于煲粥位置时，其触点 1、3 接通，使二极管 VD_4 串联于炉盘加热丝回路。因二极管的特性为单向导通，这样 VD_4 仅使 220 V 电源的下半周期通过，受此影响发热盘只能在 220 V 交流电的下半周工作，所以发热量比煮饭时大为减弱。

煲粥时发热盘回路：220 V→N（下半周期）→超温保险→功能选择开关触点 1、3→发热盘→总成开关→220 V→L。煲粥时指示灯回路：220 V→N→超温保险→功能选择开关触点 1、3→绿色煲粥发光二极管→VD_2→R_4→R_1→总成开关→220 V→L。

4. 电子控制式电饭锅典型电路

电子控制式电饭锅典型电路如图 6－7 所示。具有猛火（220 V）、武火（165 V）、文火（110 V）、微火（90 V）四种加热方式。由双向可控硅（晶闸管）VD_1 和分压电阻等组成的交流调压电路确定 VS 可控硅的导通角，可控硅不同的导通角决定了它与加热盘 R_L 对 220 V 的分压值，从而决定了加热盘的发热功率。

5. 电脑控制式电饭锅典型电路

电脑控制式电饭锅如图 6－8 所示，其中主加热盘 L_1 用于煮饭，阻值在 50～100 Ω；锅盖加热丝 L_2 和侧面加热丝 L_3 用于保温加热，L_2 的阻值为 1 709 Ω 左右、L_3 的阻值为 670～950 Ω。

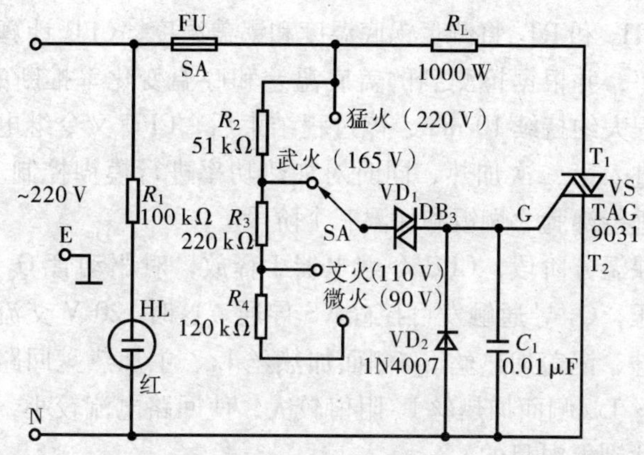

图 6－7　可控硅式电饭锅典型电路

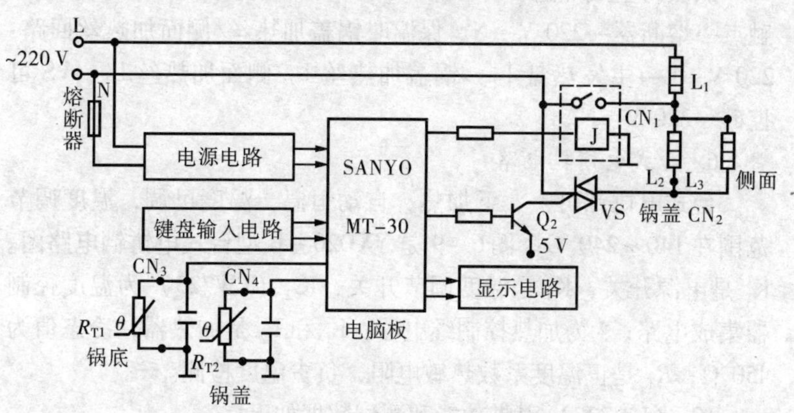

图 6－8　电脑控制式电饭锅典型接线图

当接通电源，220 V 电压通过熔断器送电源电路，被电源电路变换为直流电压和复位电压，启动 CPU（中央处理器）MT－30 进入待机工作状态，按下煮饭按键，被 CPU 检测到并按程序处理后，对继电器 J 输出吸合指令，继电器 J 吸合，触点接通，将220 V电压加到主发热板 L_1 两端。主发热板进行加热。当水温达到 35 ℃左右时，停止加热，进入吸水阶段。在此阶段，温度

传感器 RT_1 和 RT_2 将测量锅底温度和锅盖温度，CPU 计算锅底温度变化率，并根据检测到的盖底温差和底温变化率推断煮饭量。吸水过程大约持续 10 min，该过程结束后，CPU 又令继电器 J 吸合进行进入第二次加热，同时对加热功率进行模糊控制。此后，将依次进行沸腾、焖饭和保温三个阶段。

在保温分阶段，CPU 令继电器 J 释放，对驱动管 Q_2 基极提供高电压，Q_2 导通触发可控硅 VS 导通。这时 220 V 交流电压通过可控硅、锅盖加热丝 L_2/侧面加热丝 L_3、主加热盘回路，因锅盖加热丝 L_2/侧面加热丝 L_3 阻值较大，使回路电流较小，发热功率低，达到保温目的。

煮饭时主发热盘 L_1 回路：220 V→L→主发热盘 L_1→J 继电器触点→熔断器→220 V→N。保温时锅盖加热丝/侧面加热丝回路：220 V→L→主发热盘 L_1→锅盖加热丝 L_2/侧面加热丝 L_3→VS 可控硅→220 V→N。

6. 台式电饼铛电路

台式电饼铛可上、下加热，自动恒温，温度可调，温度调节范围在 140～240 ℃。图 6－9 是 YXD20－B 型台式电饼铛电路图。K_1 是电源开关，K_3 是温度调节开关；IC_2（LW723）为温度控制器集成电路；J 为加热控制继电器；L_1 和 L_2 是加热器，冷态值为 450 Ω；R_T 是正温度系数热敏电阻，负责温度检测。

IC_2（LW723）引脚功能和测试数据如下：

引脚	功能	加热电压/V	恒温电压/V	引脚	功能	加热电压/V	恒温电压/V
1	温度检测	0	5.95	5	温度设置基准电压输出	4.05	4.07
2	接地	0	0	6	外接电阻	7.04	7.05
3	接地	0	0	7	接地	0	0
4	温度检测	0	5.95	8	加热控制输出	10.44	4.73

续表

引脚	功能	加热电压/V	恒温电压/V	引脚	功能	加热电压/V	恒温电压/V
9	加热状态指示输出	4.35	0.27	12	+12V 电源	12	12
10	加热控制输出	10.44	4.73	13	与 14 脚短接	11.73	5.25
11	+12V 电源	12	12	14	与 13 脚短接	11.73	5.25

控制原理：按下电源开关 K_1，220 V 经 BX_1 保险，一方面启动 DZ_1 工作发光指示电源已经接通，另一方面经变压器 B 降压为 18 V，经 VD_1 ~ VD_4 整流、IC_2 滤波变换为约 +20 V 电压，再经 IC_1（7182）稳压为 +12 V，作为控制器 IC_2（LM723）、继电器 J 等器件的工作电压。

LM723 加热控制器在 11 脚、12 脚得到 +12V 电源即进入工作状态，由 8 脚、10 脚输出约 10 V 高电压，此电压通过电阻 R_4 令稳压二极管 VD_5 导通，对三极管 VT_2 基极提供 0.7 V 导通电压，VT_2 饱和导通，集电极电流流经继电器 J 线圈，产生磁场使触点 3 和 4 闭合、1 和 2 闭合。这样，220 V 电压通过保险管 BX_2、继电器 J 触点 3、4 和触点 1、2 及开关 K_2，分别加到电加热器 L_1、L_2 两端，电饼铛进行上、下加热。在加热的同时，LM723 控制器 9 脚输出高电压，令 VT_1 导通，启动 LED_1 绿发光二极管亮，表示当前正处于加热状态。

温度设置是通过选择开关 K_3 进行的。K_3 置于不同的位置，LM723 控制器 5 脚下偏置电阻阻值不同。设置温度越高，下偏置电阻越大，LM723 的 5 脚基准电压越高，表示用户所需的加热温度越高，反之相反。

自动温度控制是由控制器 IC_2 将 5 脚基准电压与 1 脚和 4 脚温度检测电压比较进行的。随着加热工作的进行，温度逐渐升高，热敏电阻 R_T 阻值逐渐增大，使温控器 IC_2 的 1 脚、4 脚电压

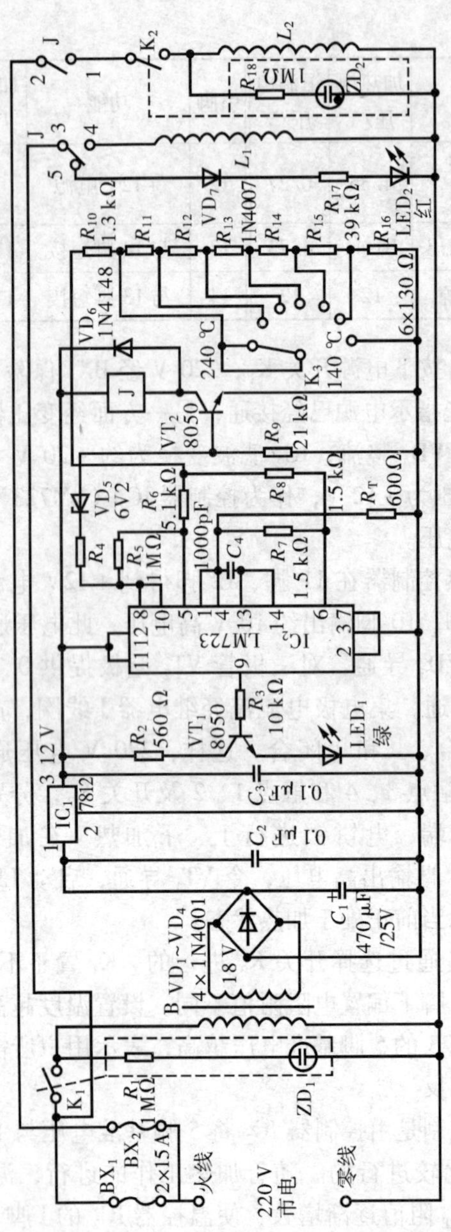

图6-9 YXD20-B型台式电饼铛电路

逐渐升高。IC_2 将 1 脚、4 脚温度检测电压与 5 脚基准电压进行比较，如果判断 1 脚、4 脚电压高于 5 脚电压，则内部比较器翻转，使 8 脚、10 脚输出 4.73 V 低电压，不足以令稳压二极管 VD_5（6.2 V）导通，VT_2 基极电压下降为 0 V，集电极电流消失，J 继电器线圈电流消失触点恢复原位，即触点 1、2 断开，触点 3、4 断开，触点 3、5 接通，这样切断加热器 L_1、L_2 加热盘供电，停止上、下加热，同时接通指示灯 LED_2（红）供电，表示当前处于保温状态。在保温期间，IC_2 控制器的 9 脚变换为低电压，VT_2 截止，LED_1（绿）加热发光二极管熄灭。

7. 烧烤炉控制电路

图 6－10 是多功能烧烤炉控制电路。将感温棒插入烤盘上的插口，插上电源，并将温度调节旋钮设置所需位置，这时 220 V 电压通过恒温器、保险丝加到电热管和氖灯指示电路，加热管开始加热，指示灯亮。当加热到设定温度时恒温器自动断开，切断加热管和指示灯供电，停止工作。停止加热一段时间后，温度下降到一定值，恒温器自动接通，再次进行加热，以后重复上述过程。

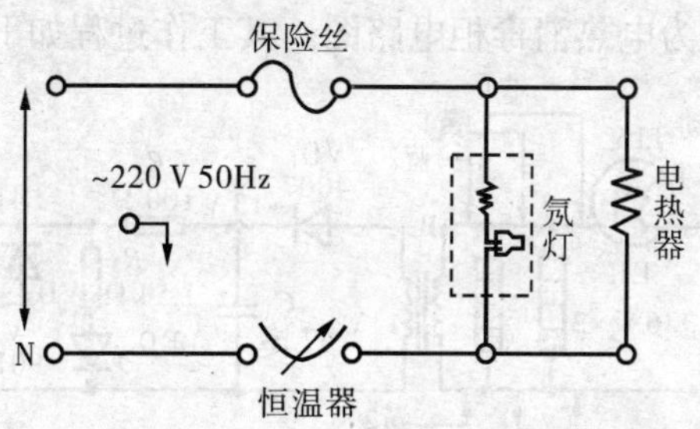

图 6－10　烧烤炉控制电路

8. 带定时器控制式电烤炉电路

带定时器控制式电烤炉电路如图 6－11 所示，F_1、F_2 为上、下加热器，正常时阻值为 96 Ω 左右。工作过程如下：

旋转定时器置于所需位置，旋转恒温器至所需挡位，按下开

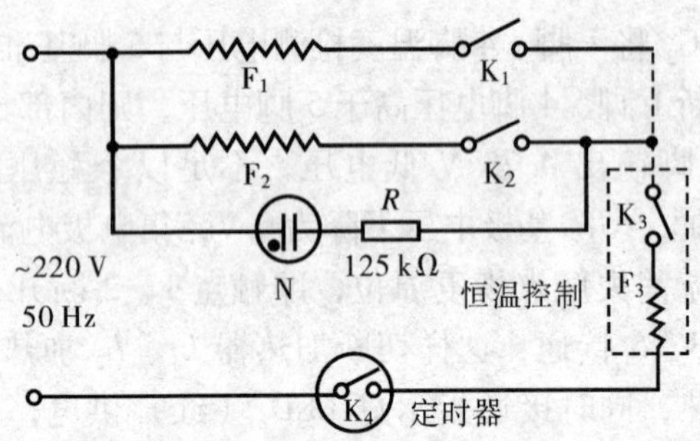

图 6-11　带定时器控制式电烤炉电路

关 K_1、K_2，220 V 交流电对上、下加热盘 F_1、F_2 及指示灯 N 电路供电，上、下加热盘开始加热，指示灯亮。当工作达到定时时间，定时器自动控制断开，切断整机 220 V 供电电路，整机停止工作。在定时器设定的工作范围内，当加热至所需温度时，恒温器自动断开，切断电源，停止加热，指示灯熄灭。当温度下降到一定值时，恒温器自动接通，再次加热，以后重复上述过程，直到达到定时时间，定时器自动切断，停止烧烤工作。

9. 电热消毒柜电路

图 6-12 为电热消毒柜电路图。其工作过程如下：

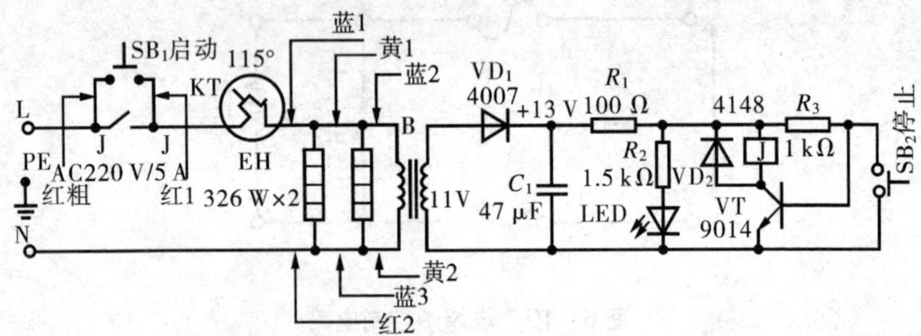

图 6-12　电热消毒柜电路

按启动键 SB_1，220 V 电压通过启动键 SB_1、过热继电器 KT，分别送至电加热管 EH 和变压器初级。变压器将初级引入的 220 V 电压降为交流 11V 由次级输出，经 VD_1 整流、C_1 滤波变换为

+13 V。+13 V 电压路通过 R_2 令指示灯 LED 导通发光指示电源已接通；一路作为继电器 J、驱动管 VT 工作电压；另一路通过 R_3 对驱动管 VT 基极提供 0.7 V 电压，使 VT 饱和导通，驱动继电器 J 吸合使其触点接通，接替启动键 SB_1 传输 220 V 电压。这样 220 V 电压连续供给电加热管和变压器，使电加热管持续发热进行消毒工作。

当消毒柜内温度超过 115 ℃时，过热继电器 KT 自动断开，切断加热管 220 V 和变压器初级供电，停止消毒，指示灯熄灭，消毒工作结束。

10. 电热臭氧消毒柜电路

典型电路如图 6－13 所示，工作过程如下：

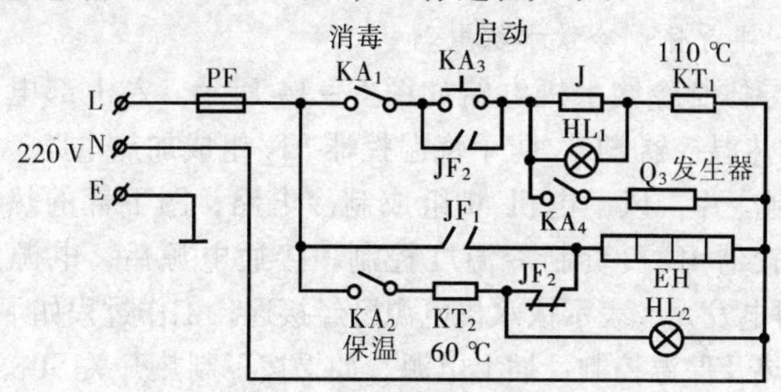

图 6－13　电热臭氧消毒柜电路

电热消毒：接通电源，按下消毒开关 KA_1，按启动键 KA_3，220 V 电压通过超温保险 PF、消毒开关 KA_1、启动键 KA_3、继电器 J/消毒指示灯 HL_1、消毒温控器 KT_1 形成回路，指示灯亮，表示电源接通。同时继电器 J 吸合，其 JF_2、JF_1 两组触点分别接通。JF_2 组触点接通，接替启动键 KA_3 传输 220 V 电压，使电路继续有 220 V 工作电压。JF_1 组触点接通，接通加热器 EH 石英管 220 V 供电电路，石英管进行加热消毒。当加热至 110 ℃时，消毒温控器 KT_1 断开，切断继电器 J、消毒指示灯 HL_1、加热管等 220 V 供电，停止加热，消毒指示灯熄灭。

电热/臭氧组合消毒：在上述加热消毒期间，按下臭氧开关 KA_4，接通臭氧管 220 V 供电电路，Q_3 臭氧发生器工作，产生臭氧。其他工作原理同电热消毒。

保温：按下保温开关 KA_2，在下层温度较低时，保温温控器 KT_2 接通。这时，220 V 电压通过超温保险 PF、保温开关 KA_2、保温温控器 KT_2、继电器 J 常闭触点 JF_3、石英管 EH、保温指示灯 HL_2 形成回路，石英管得电加热，同时保温指示灯 HL_2 得电发光，指示当前处于保温工作。当加热至下层温度上升到 60 ℃，保温温控器 KT_2 自动断开，切断石英管 EH 的 220 V 供电电路，停止加热，EH_2 保温指示灯灭。以后重复上述过程，使柜内温度保持在 60 ℃左右。

11. 半导体制冷饮水机电路

半导体制冷饮水机电路如图 6－14 所示。左上部电加热管 EH、加热温控器 ST_1、防干烧温控器 ST_2 组成加热电路；图中部的 PN 制冷片，风扇电机 M 组成制冷电路；图下部的热敏电阻 R_T、比较器 IC 负责制冷温度控制。接通电源后，电源指示灯 LED_1 得电发光，表示饮水机电源已经接通。工作过程如下：

加热及保温控制：插上电源，如果按下制热开关 SB_1，220 V 电源电压通过保险 FU_1、加热开关 SB_1、温控器 ST_1、过热保护温控器 ST_2、加热管 EH 形成回路，加热管开始加热，同时与其并联的加热指示灯 VD_2 亮，表示当前正在进行加热工作。当加热到 96 ℃时，温控器 ST_1 自动断开，切断加热器 EH 供电，停止加热。当水温下降到 85 ℃时，温控器 ST_1 又自动闭合，再次接通加热器供电电路，开始下一轮制热。这样使水温保持在 86～96 ℃。过热保护温控器 ST_2 用于过热保护，在箱内无水或因温控器 ST_1 损坏使箱内温度过高时，自动断开，切断加热器供电回路，起到保护作用。

制冷控制：插上电源插头，按下制冷开关 SB_2，220 V 电源电压通过保险 FU_1、制冷开关 SB_2、保险 FU_2，送变压器 T 被降压后

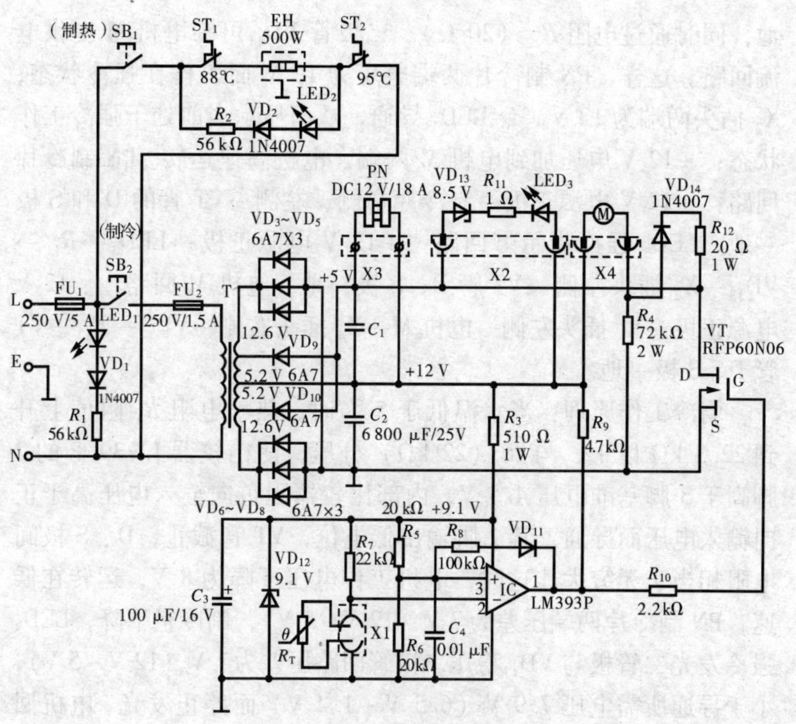

图 6－14　半导体制冷饮水机电路

输出 12. 6 V、5. 2 V 两组交流电压，经 VD_3 ~ VD_5、VD_9、VD_{10}、C_1 和 C_2 整流滤波变换为 +12 V、+5 V 电压，作为 PN 制冷片、风扇电机 M 的工作电压。其中的 +12 V 电压还经 R_3 和 VD_{12} 稳压为 9. 1 V 作为 LM393P 等温度检测电路的工作电压。

强冷工作原理：当水温高于 15 ℃时，贴在冷罐壁外的热敏电阻 R_T 阻值下降到 14. 8 kΩ 以下，它与上偏置电阻 R_7（22 kΩ）对 +9. 1 V 电源分压，对 LM393M 的 2 脚提供的电压低于 3 脚基准电压 4. 5 V（由 R_5、R_6 对 +9. 1 V 分压而得），内部比较器截止，其 1 脚输出高电压，大功率开关管 VT 饱和导通，D、S 极等效电阻接近 0 Ω，即相当于将 PN 制冷片左脚和插头 X2 左端接地，同时通过电阻 R_{12}（20 Ω）、二极管 VD_{14} 可为电机 M 提供电流回路。这样，PN 制冷片两端电压为 12 V 而工作在强冷状态；X_2 插头两端为 12 V，令 LED_3 导通，从而显示当前处于强冷工作状态；+12 V 电压加到电机 M 两端，电机高速运转。PN 制冷片回路：+12 V 电源正极→制冷片右侧、左侧→VT 管的 D 和 S 极→地。LED_3 强冷指示灯回路：+12 V 电源正极→LED_3→R_{11}→VD_{13}→X_2 插头左侧→VT 管 D、S 极→地。电机 M 回路：+12 V 电源正极→X_4 插头左侧→电机 M→X_4 插头右侧→VD_{14}→R_{12}→VT 管 D、S 极→地。

弱冷工作原理：当水温低于 5 ℃时，热敏电阻 R_T 阻值上升到 22.3 kΩ 以上，与 R_7（22 kΩ）分压，使比较器 LW393P 的 2 脚高于 3 脚基准电压 4.5 V，内部比较器因负向输入电压高于正向输入电压而导通，其 1 脚输出低电位，VT 管截止，D、S 极间电阻相当于无穷大。这时，电机工作电压下降为 8 V，运转在低速，PN 制冷片两端压差为 7 V（12 V－5 V），制冷量下降，LED_3 强冷发光二管极与 VD_{13} 稳压二极管回路压差为 7 V（12 V－5 V），小于导通所需电压 7.9 V（6.5 V＋1.4 V）而停止发光。电机回路：+12 V 电源正极→电机 M→R_4（72 Ω）→地。PN 制冷回路：+12 V 电源正极→PN 制冷片→+5 V 电源→地。

12. 电脑控制式冷/热饮水机电路

图 6－15 是电脑控制式冷/热饮水机电路，上部分加热器 EH 等负责加热工作；下部分电路负责制冷工作。

制热控制：插上电源插头，220 V 电源电压通过制热开关 S_1、温控器 ST_1、加热元件 EH、过热保护温控器 ST_2 形成回路，加热元件开始发热对水加热，加热灯 HL_1 亮表示当前正在加热。当水温上升到 95 ℃时，温控器 ST_1 自动断开，切断加热元件和加热灯 EL_1，供电回路停止加热，加热灯同时熄灭。停止加热后，当水温下到 85 ℃时，温控器 ST_1 又自动接通，以后重复上述过程，使水温保持在 85～95 ℃。过热保护由 ST_2 负责，当桶内无水或电路

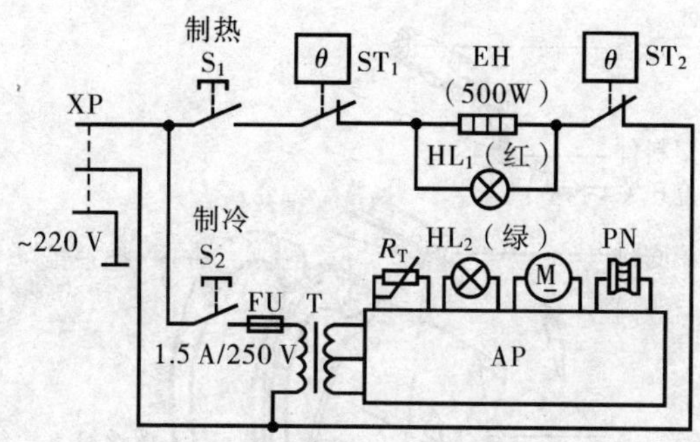

图 6－15　电脑控制式冷/热饮水机电路

出现短路故障时，过热保护温控器 ST_2 断开，切断 220 V 电源，停止加热。过热保护温控器动作后，需手动复位才能恢复到接通状态。

制冷控制：接通电源后，按下制冷开关 S_2，220 V 电源电压通过制冷开关 S_2 和保险管 FU，送变压器初级降压后，送控制板 AP，经控制板整流、滤波、稳压变换为 +12 V 和 +5 V 等多个电压后，作为控制板中驱动电路和 CPU、PN 制冷片等的工作电压，同时控制板对 PN 制冷片、电机 M、指示灯 HL_2 等提供电流回路，制冷片开始制冷，电机 M 运转进行通风。当水温下降到 7 ℃时，热敏电阻 R_T 阻值变大，被控制板检测到后切断 PN 制冷片、电机 M、制冷指示灯 HL_1 电流回路 HL_1 停止制冷。停止制冷后，如果水温回升到 12 ℃，R_T 的阻值上升到较小值，令控制板再次输出制冷指令，使水温保持在 7～12 ℃。

13. 无绳热水壶

内部结构如图 6－16 所示，主要器件功能如下：

蒸汽开关：用以感知水蒸气，使水烧开时能自动断电，相同结构如直插式水壶一般可以通用。

温控器：用以感知干烧及过热保护，使水壶在低水位及干烧时能自动断电，相同结构如直插式水壶一般可以通用。

硅胶圈：用以密封电热元件与壶体，直插式水壶的硅胶圈一

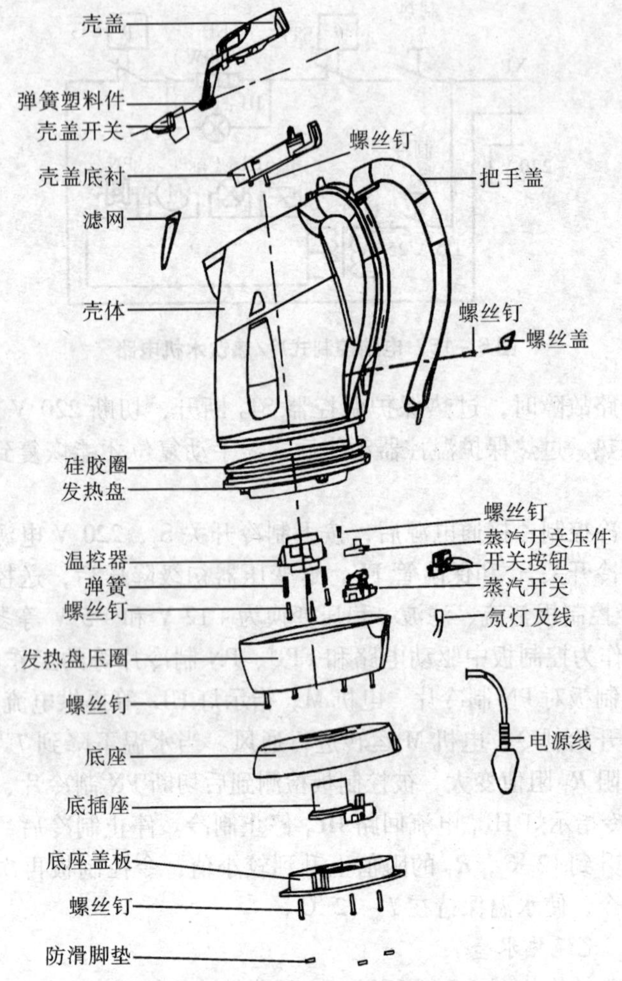

图6－16　无绳热水壶内部结构

般可以通用，旋转式水壶的一般不通用。

工作原理：利用水沸腾产生的水蒸气使蒸汽感温元件金属片变形，并利用变形通过杠杆原理推动电源开关，从而使水壶在水烧开后自动断电。电热水壶设置有三重安全保护：第一重，蒸汽开关，在水沸腾后蒸汽开关会动作，使水壶断电；第二重，干烧蒸汽开关未动作，水将一直烧下去并不断减少，当水低于最低水位或烧干时，另一个温控上的双金属片会动作，使水壶断电；第三重，以上均失去作用时，随着温度的升高，温控器内的塑料推杆将会熔断，使水壶断电。

14. 机械式电热水器

机械式电热水器结构如图 6－17 所示，一般由箱体、制热、控制和进出水系统构成。制热系统和控制系统是热水器的核心，起到加热、安全保护和控制作用。一般由加热管、温控器或电脑板、漏电保护插头、过热保护器等组成。

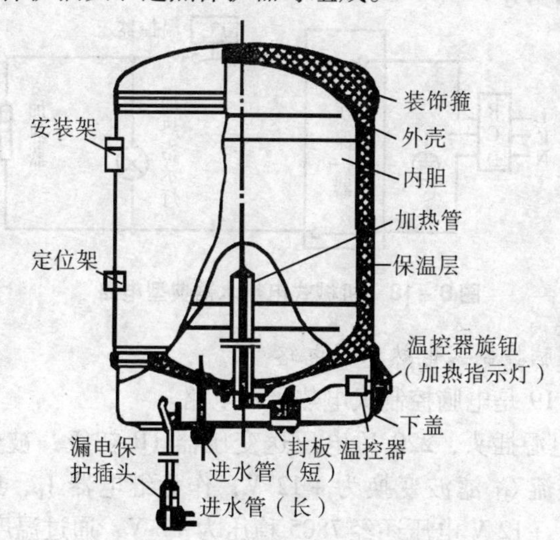

图 6－17　机械式电热水器结构

其典型电路如图 6－18 所示，由漏电保护插头、过热保护器、加热器串联在主电路中，指示灯并联在加热器上。其工作过程如下：

温控器设置在加热位置，接通电源后，220 V 电压通过热保护器、温控器对加热器和加热指示灯同时供电，加热器开始加热，指示灯发光表示当前处于加热状态。当水温达到温控器设定的温度时，温控器断开，切断加热器L极（但加热管的N极并未断路，仍有漏电的可能）和指示灯供电，停止加热，同时指示灯熄灭。过一段时间后，内胆的水温降到低于温控器的低温动作点（低温动作点比设定温度低5 ℃左右）时，温控器自动接通，再次接通加热器和指示灯供电回路，开始重新加热。这样周而复始，使热水器水温始终保持在设定温度附近。当机内无水或温度过高时，过热保护器断开，切断整机220 V供电，实现保护功能。若热水器主线路板上任何电气部件漏电或其他原因漏电，漏电保护插头就会动作，断开电源，停止工作。

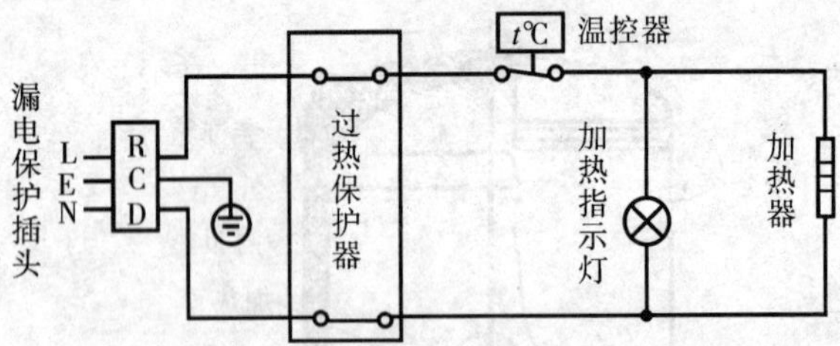

图6－18 机械式电热水器典型电路

15. 电脑控制式电热水器电路

图6－19是电脑控制式电热水器电路。

接上电源插头，220 V电压送变压器TR初级，被变压器降压，VD_1整流C_1滤波变换为+12 V，作为继电器J_1、J_2工作电压。同时，+12 V电压还经7805稳压为+5 V，通过温度传感器，送电脑控制板，启动电脑板工作，电脑板通过检测按键的通、断情况，判断有无用户指令输入及指令名称，然后根据程序对用户指令进行逻辑处理后，由显示板进行相应显示。如果用户发出的是加热指令，电脑控制板通过电阻R_1对VT_2基极提供高电压，VT_2饱和导通，驱动继电器J_1、J_2吸合其触点接通，这时，220 V电压通过继电器J_1、J_2触点、过热保护温控器加到加热器两端，加热器开始加热。在加热期间，电脑控制板通过检测热敏电阻

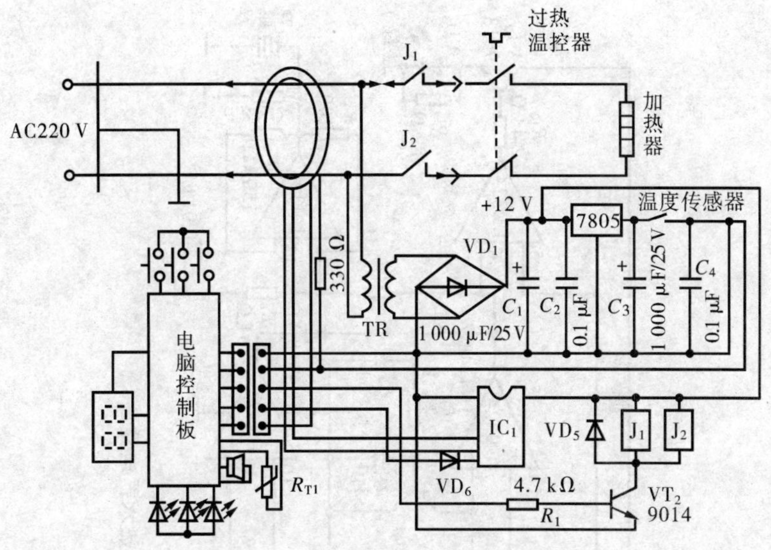

图 6－19　电脑控制式电热水器电路

R_{T1}的阻值来判断水温。当判断水温达到设定温度时，电脑控制板停止对 VT_2 基极提供高电压，VT_2 截止，继电器 J_1、J_2 释放，切断加热器 220 V 供电，停止加热，进入保温状态。同时，显示板显示保温标志。

进入保温状态后，电脑版仍通过热敏电阻 R_{T1} 检测水温，当检测到水温低于设定温度 5 ℃时，再将转入加热控制。以后重复上述过程，使水温保持在设定温度附近。当电脑板检测到机内温度异常高时，停止加热，并由蜂鸣器发出报警信号，显示板显示相应故障代码。

16. 电子控制式电热水器电路

图 6－20 是电子控制式电热水器电路图。电位器 R_P 负责温度设置，负温度系数热敏电阻 R_T 负责温度检测，运算器 LM 324 负责温度控制和防干烧保护控制，红灯为电源指示，绿灯为加热指示。

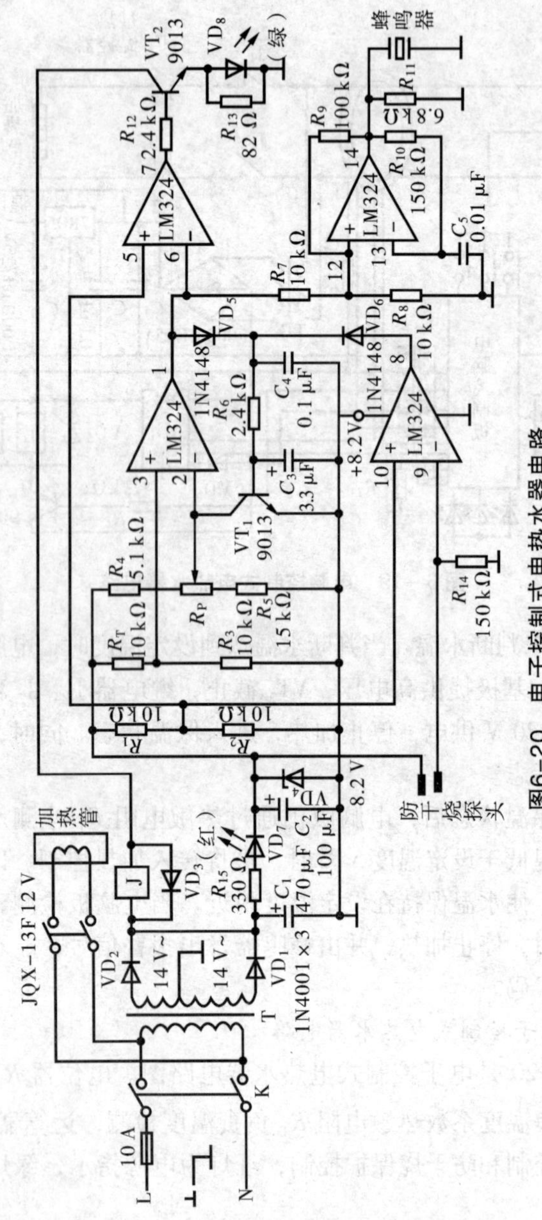

图6–20 电子控制式电热水器电路

加热过程：打开自来水开关，调节温度电位器设定好温度。打开电源开关 K，220 V 电压通过保险、电源开关 K 加到变压器初级，被变压器 T 降压后由次级输出交流 14 V 电压，经 VD_1、VD_2 全波整流，C_1 滤波变换为直流电压，经 R_{15}、VD_7、VD_4 稳压为 8.2 V 作为 LM324 等运算器的工作电压。此时电源指示灯 D_7 导通而发亮，表示电源已经接通。当水温低于设定温度时，热敏电阻 R_T 阻值较大，它与 R_3（10 kΩ）对 8.2 V 分压，对 LM324 的 3 脚提供的电压低于 2 脚的基准电压（由外接电位器等决定，在 2.7 ~ 5.4 V），内部运算器据此令 1 脚输出低电平，使 LM324 的 6 脚电压低于 5 脚基准电压（4.1 V），内部运算器令 7 脚输出高电平，VT_2 饱和导通，驱动继电器 J 吸合其触点接通，接通加热管 220 V 供电，开始加热工作。另外，因 VT_2 饱和导通，其发射极有电压输出，令 VD_2 导通发亮，表示当前处于加热工作。随着水温的升高，热敏电阻 R_T 阻值逐渐增大，使 LM324 的 3 脚电压逐渐升高，当 3 脚升高到大于 2 脚电压时，内部运算器据此判断水温达到了设定温度，令 1 脚输出高电平，使 6 脚高于 5 脚基准电压，使 7 脚输出低电平，VT_2 截止，继电器 J 和 D 同时终止工作，停止加热，加热指示灯熄灭。此时，LM324 的 1 脚输出的高电平，并加到 12 脚令 14 脚输出高电平，驱动蜂鸣器鸣叫，提醒用户加热工作结束。

防干烧保护：在水位正常时，+8.2 V 电压通过水、防干烧探头使 LM324 的 9 脚的电压高于 10 脚基准电压（4.1 V），内部运算器据此令 8 脚输出低电平，VD_6 截止，对其他电路的工作无影响。在水位低于防干烧探头时，LM324 的 9 脚低于 10 脚基准电压，内部运算器令 8 脚输出高电压，通过 VD_6、R_6 使 VT_1 饱和导通，将 LM324 的 2 脚钳位于近 0 V，导致 3 脚电压高于 2 脚，内部运算器令 1 脚输出高电平，即停止加热，蜂鸣报警，从而防止热水器干烧，并鸣叫提示用户。

17. 普通机械控制式吸油烟机

吸油烟机是根据空气动力学原理设计而成的。它主要由外壳、电机、风叶（叶轮）、风叶腔体（风道）、滤油装置、照明装置、控制系统等组成。它的基本结构如图 6－21 所示。

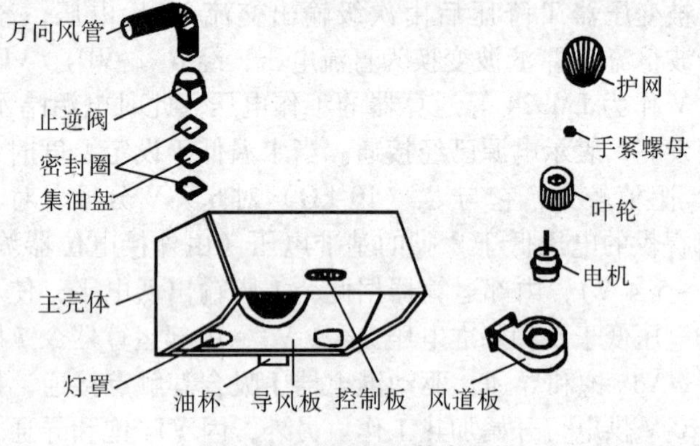

图 6－21　吸油烟机基本结构

图 6－22 为普通机械控制式吸油烟机电路，采用二速抽头式电机。其工作原理如下：接通电源，按下琴键开关的强风（或弱风）键，220 V 电压通过琴键开关的强风（或弱风）开关，加在风扇电机的高速（或低速）抽头与运行端子之间，风扇电机在启动电容 C 的配合下旋转，带动叶轮，进行吸油烟工作。在吸烟工作中，如果按下琴键开关的“关”键，琴键开关弹起复位到关闭状态，切断风扇电机 220 V 供电，停止吸油烟工作。按下照明灯开关，220 V 电压通过琴键开关的灯开关，加到照明灯两端，照明灯亮。如果再按一次灯开关，则灯开关弹起关闭，切断照明灯供电，灯熄灭。

18. 带电子鼻机械控制式吸油烟机电路

图 6－23 是带电子鼻机械控制式吸油烟机电路，该机设有两个 55 W 排风电机，40 W 照明灯和气敏装置（又称电子鼻）。工作过程如下：

照明灯控制：在开关 K_4 和停止开关闭合时，220 V 电源电压就可加到照明灯两端，照明灯亮。再按开关 K_4，则该开关复位到

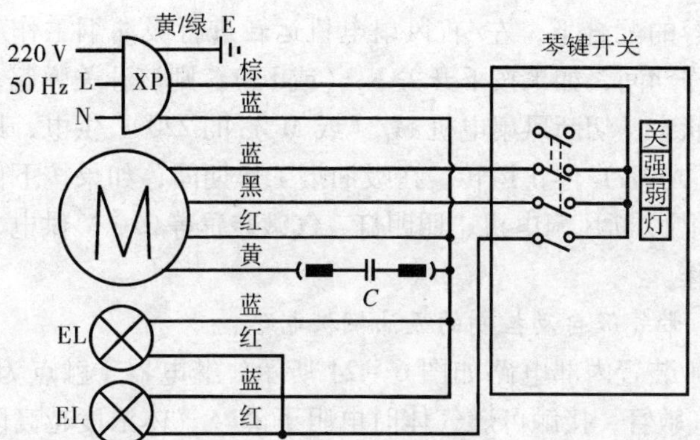

EL：照明灯　M：电动机　C：电容500 V AC 4 μF　E：接地端子
XP：电源插头

图6－22　普通机械控制式吸油烟机电路

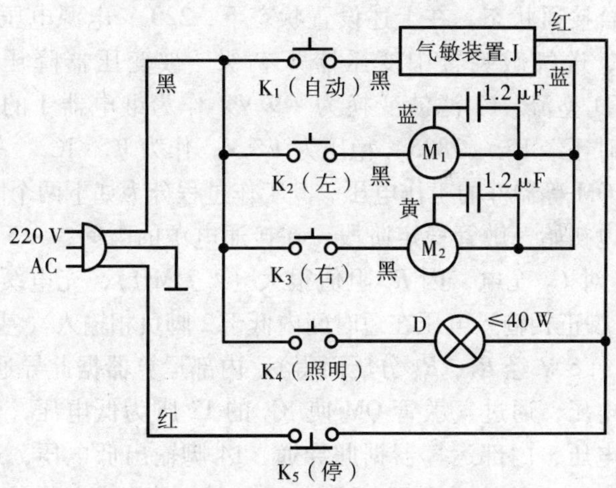

图6－23　带电子鼻机械控制式吸油烟机电路

断开状态，切断照明灯 220 V 供电，照明灯熄灭。

左/右风扇手动控制：按下左/右风扇开关 K_2、K_3，220 V 电源电压通过这两个开关、气敏装置上的继电器 J 常闭触点、停止开关 K_5 常闭触点加到左/右风扇电机 M_1、M_2 两端，在 1.2 μF 的启动电容的配合下，左/右风扇电机运转进行吸油烟工作。在吸油烟工作期间，如果按下开关 K_2（或 K_3），则该开关弹起，复位到断开状态，切断风扇电机 M_1（或 M_2）的 220 V 供电，风扇电机 M_1（或 M_2）停止运转。在吸油烟工作期间，如果按下停止开关 K_5，则切断风扇电机、照明灯、气敏装置等 220 V 供电，整机停止工作。

19. 带气敏自动控制的吸油烟机电路

气敏装置内部电路如图 6－24 所示，继电器 J 触点为常闭；QM 是气敏管，接触可燃气体时电阻下降（气体浓度越高阻值越小）；运算器 IC_2（A_1、A_2、A_3、A_4）负责气敏检测及控制，IC_3（KD－9561）负责气敏报警控制。气敏自动控制条件：开关 K_2、K_3 至少有一个处于闭合接通状态，自动开关 K_1 和停止开关 K_5 也处于闭合接通状态。在上述设置状态下，220 V 电源电压经开关 K_1、K_5，送气敏装置中变压器 T 初级，被变压器降压后，经 VD_1 ~ VD_4整流、C_1 滤波变换为 +9 V，作为继电器 J 的工作电压；同时还经 IC_1（7805）稳压为 +5 V，作为 IC、IC_3、三极管、气敏管 QM 等器件的工作电压。其工作过程分为如下两个阶段：

上电初始气敏管稳定阶段：在接通电源的瞬间，+5 V 电压通过 R_2 对 C_2 充电，因 R_2 阻值很大（2.7 MΩ），充电缓慢，使 IC_2的 3 脚正相输入电压在短时间内低于 2 脚负相输入（基准电压 2.5 V，+5 V 经 R_3、R_4 分压而得），内部运算器据此导通，1 脚输出低电压，通过气敏管 QM 使 IC_2 的 12 脚为低电压，低于 13 脚基准电压，内部运算器据此导通，14 脚输出低电压，通过 R_9 使 IC_2 的 5、9 脚为低电压。这时，IC_2 的 9 脚负相输入电压因低于 10 脚正相输入（也是基准电压 2.5 V），内部运算器据此截止，8 脚输出高电平，VT_2 饱和导通，继电器 J 吸合，强迫常闭触点断开，切断两个左/右风扇电机供电，左/右风扇电机不运转。上述设置为了防止在刚接通电源时，气敏管电阻急剧下降，造成风扇电机误启动。同时，IC_2 还因 5 脚正相输入低于 6 脚负相输入

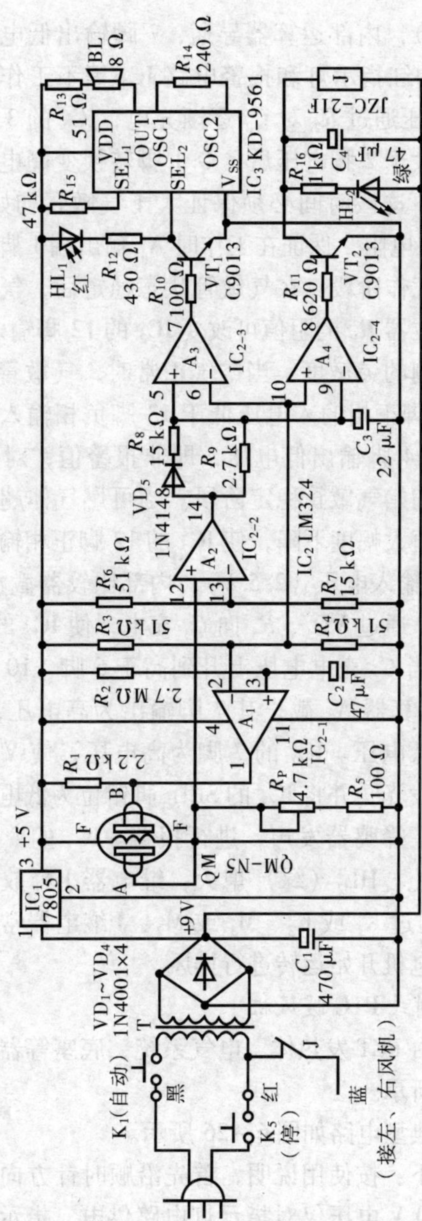

图6-24 带气敏自动控制的吸油烟机电路

（基准电压 2.5 V），内部运算器导通，7 脚输出低电平，驱动管 VT_1 截止，后级的红指示灯和报警电路 IC_3 等不工作，以免误报警。随着 +5V 电压通过 R_2 对 C_2 逐渐充电，IC_2 的 3 脚电压逐渐升高，当升高到大于 2 脚电压后，令 1 脚转换变高电压，电路进入气敏检测状态。这段时间必须保证大于气敏管初始稳定时间。R_1 为 A_1 输出上拉电阻，保证在工作时 A_1 输出端 1 脚为高电压。

气敏管检测工作阶段：在气敏管状态稳定后，气敏管进入检测状态。调节电位器 R_P 的阻值可改变 IC_2 的 12 脚输入电压大小，从而改变气敏检测的灵敏度。当空气正常时，气敏管 QM 阻值较大，使 IC_2 的 12 脚正相输入电压低于 13 脚负相输入电压，内部比较器导通，其 14 脚输出低电压，即非报警值，对后级电路的影响相当于上电初始气敏管稳定阶段。当可燃气体超过规定浓度时，气敏电阻阻值大幅度下降，使 IC_2 的 12 脚正相输入电压上升到超过 13 脚负相输入电压（2.5 V），内部比较器截止，其 14 脚电压输出高电压，通过 VD_5、R_8 向 C_3 充电，使 IC_2 的 5 脚、9 脚电压逐渐升高，当 C_3 充电电压上升到高于 6 脚、10 脚基准电压 2.5 V 时，内部运算器 A_3 截止其 7 脚输出为高电压，运算器 A_4 导通 8 脚变换为低电压。IC_2 的 7 脚为高电压，使 VT_1 导通，指示灯 HL_1（红）发光，并将 IC_3 的 SEL_2 脚钳位为低电压，令 OUT 输出脚为低电压，蜂鸣器发声，进行报警。IC_2 的 8 脚输出的低电压，令 VT_2 截止，HL_2（绿）熄灭，继电器 J 释放转为触点常闭，220 V 电压通过 K_1 或 K_3、M_1 或 M_2、J 继电器常闭触点、K_5 形成回路，风扇电机开始运转进行排风。

20. 机械控制式 PTC 暖风机

PTC 暖风机由 PCT 发热体、电气系统、底座等器件组成，其结构如图 6－25 所示。

PTC 暖风机典型电路如图 6－26 所示。

工作过程如下：按使用说明，首先沿顺时针方向将温控器调到最大，这时 220 V 电压仅对指示灯电路供电，指示灯亮，表示电源已接通。其次再顺时针将挡位旋转到“风扇”位置，这时挡位开关Ⅰ接通，220 V电压通过（也叫翻倒自动断电安全装置、安全开关）、可调温控器加到同步电机 M_2 两端，罩极电机运转，带动扇叶吹风。在确认送风正常的情况下，调节挡位旋钮至加热位置，这时挡位开关将Ⅰ、Ⅱ（或Ⅲ）接通，使220 V电压通过挡位开关等同时对罩极电机、PTC发热体供电，开始送暖风。当室内温度上升到设定值时，温控器自动断开，切断整机220 V供电，停止加热和送风。

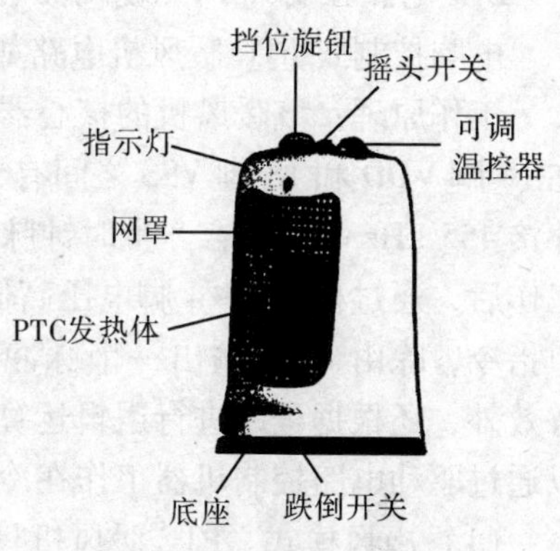

图6－25　PTC暖风机结构

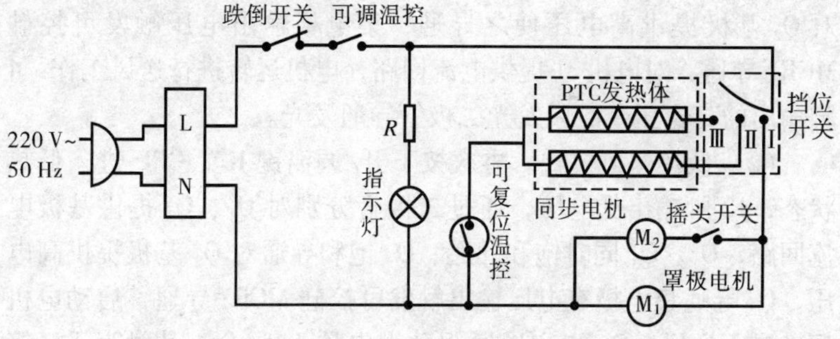

图6－26　PTC暖风机典型电路

在制热期间，如果机内温度过热，自动复位温控器会自动断开，断开PTC加热器的220 V供电，停止加热，但送风工作继续进行。当机内温度下降到规定值以下时，自动复位温控器会自动接通，可继续进行制热工作。如果按下摇头开关时，接通同步电机220 V供电，同步电机运转，开始摇头工作。

21. 电脑控制式 PTC 暖风机电路

电脑控制式 PTC 暖风机电路如图 6－27 所示。

工作原理：该暖风机的核心器件是 CPU（BA8206BA4K），它在 14 脚 VDD 和 18 脚 VSS 之间有 +5 V 电压时，与 16 脚和 17 脚外接 455 kHz 晶体配合产生时钟脉冲，启动 CPU 工作。CPU 启动工作后，通过检测 2 ~4 脚电压高低组合或 1 脚遥控信号，识别用户指令，除由 15 脚输出一个脉冲驱动蜂鸣器鸣叫一声提示操作有效外，还根据程序进行逻辑运算后确定 11 ~13 脚电压的高低，以通过驱动电路控制机器工作在冷风或低热、高热模式。

（1）冷风模式。PTC 暖风机只要开机，不论处于何种工作状态，风轮电机都必须送风，因为无风干烧会造成相关塑料器件受热变形。CPU 启动工作后，当第一次按下开/调温键 K_3 时，CPU 进入单冷工作状态，由 13 脚输出低电压，4 脚输出高电压。13 脚的低电压对 Q_1 管提供基极回路，Q_1 饱和导通，集电极输出电压，对 Q_2 基极提供高电压使之导通，集电极输出电压触发可控硅 MCR_2 导通，对电机 M 提供电流回路，电机运转进行送风工作，4 脚输出的高电压令冷风发光二极管导通发光。

（2）低热送风模式。再次按下开/调温键 K_3，CPU 进入低热状态，12 脚输出低电压，通过二极管分别对 Q_1、Q_3 提供基极电流回路，Q_1、Q_3 同时饱和导通。Q_1 饱和导通对 Q_2 基极提供高电压，Q_2 导通集电极有电压输出触发可控硅 MCR_2 导通，启动电机运转进行送风；Q_3 饱和导通驱动继电器 J_1 吸合，其触点 J_{1-1} 接通，使 220 V 电压通过 J_{1-1} 触点、温控器、热熔断器等加到 PTC_1 加热器两端，PTC_1 加热器开始加热。同时 CPU 的 3 脚输出高电压，使低热发光二极管导通发光。

（3）高热送风模式。当第三次按下开/调温键时，CPU 进入高热状态其 11 脚输出低电压，通过二极管同时对 Q_1、Q_3、Q_4 基极提供电流回路，这三只三极管同时饱和导通。Q_1、Q_3 导通结果是低风送热，即令风机运转，PTC_1 加热器工作；Q_4 饱和导通，

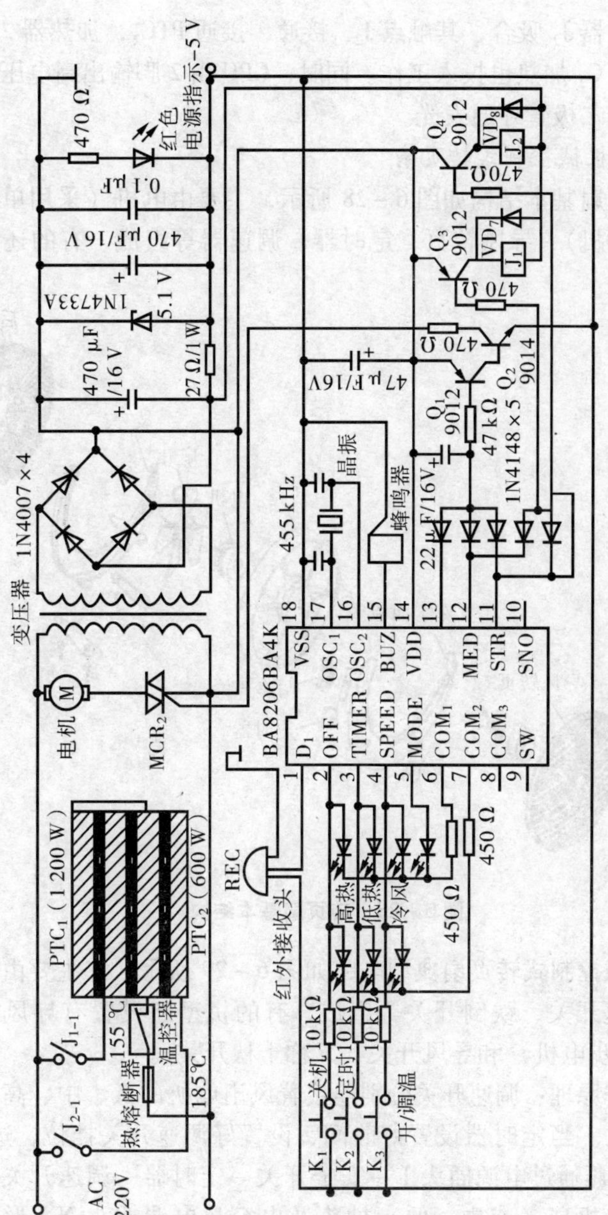

图6-27　电脑控制式PTC暖风机电路

驱动继电器 J_2 吸合，其触点 J_{2-1} 接通，接通 PTC_2，加热器 220 V 供电，PTC_2 加热也投入工作。同时，CPU 由 2 脚输出高电压，令高热发光二极管导通发光。

22. 机械控制式转页扇

转页扇基本结构如图 6－28 所示，主要由电机（采用单相电容式电动机）、导风转页、定时器、调速器等组成，有的还设置跌倒开关。

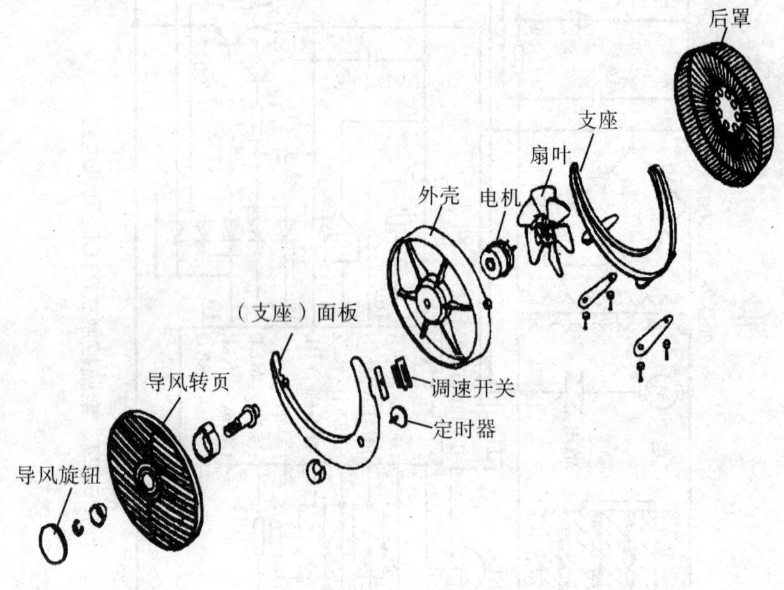

图 6－28　转页扇基本结构

机械控制式转页扇典型电路如图 6－29 所示。它主要由定时器、调速开关、跌倒开关等组成，有的机型还设置有导风电机（又称同步电机）和导风开关（又称千秋开关）。

工作原理：调速开关分别连接着风扇电机的低、中、高三挡转速抽头。当定时器设置好时间，设置好调速开关挡位，这时，220 V 电压通过电源插头 L→安全开关→定时器→调速开关相应端子→电机高（或中、低）抽头及电容→电源插头 N，形成回

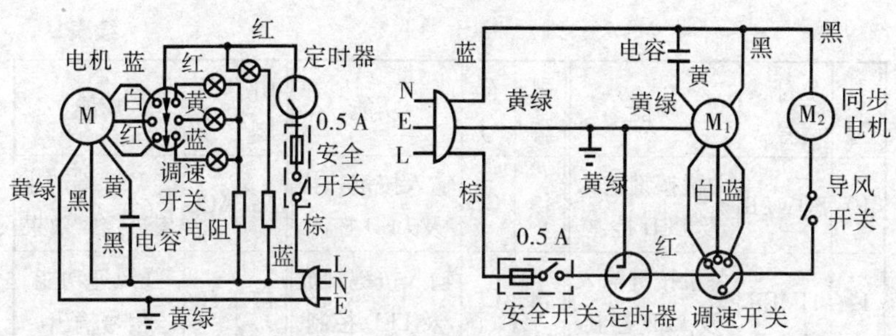

图 6－29　机械控制式转页扇典型电路

路，电机运转在相应的转速。跌倒开关是当风扇扇体倾斜到一定角度或完全跌倒时，它就会自动断开，切断整机 220 V 供电电路，令所有电机停止转动。按下导风开关后，220 V 电压通过安全开关、定时器、调速开关、导风开关加到同步电机 M_2 两端，同步电机运转，带动并控制导风轮的转、停。导风开关只有当电风扇运行后才得电起作用。

23. 电脑控制式转页扇

电脑控制式转页扇典型电路如图 6－30 所示。IC 控制板（俗称电脑板）的核心是 CPU，它用于接收识别用户指令，然后根据程序确定相应输出脚的电压，通过驱动电路控制风扇电机的转速及运转时间和转叶电机的工作。图中 IC（BA3105）为 CPU，引脚功能如下：

引脚	符号	功能	引脚	符号	功能	引脚	符号	功能
1	L	弱风速功能信号输出	4	X_1	外接 32768Hz 晶荡	7	VDD	电源
2	S	转叶功能信号输出	5	X_2	外接 32768Hz 晶荡	8	SPEED	风速按键输入及 LED 控制
3	BUZ	蜂鸣器驱动	6	NC	空	9	SWING	转叶按键输入及 LED 控制

续表

引脚	符号	功能	引脚	符号	功能	引脚	符号	功能
10	POWER	关机按键输入及 LED 控制	13	C_1	输入按键扫描及 LED 控制	16	ACC	接 VSS 端产生累进定时效果
11	TIMER	关机按键输入及 LED 控制	14	C_2	输入按键扫描及 LED 控制	17	H	强风速功能信号输出
12	MODE	风型按键输入及 LED 控制	15	VSS	地	18	M	中风速功能信号输出

右侧可控硅 VS_4 负责转叶电机的工作控制，可控硅 VS_1 ~ VS_3 负责主电机转速控制，操作面板上的不同按键，会使 CPU 的 8 ~ 12 脚高/低电压组合不同，CPU 据此判断出用户指令。主电机采用高、中、低三速抽头式。

电路的工作过程如下：闭合电源开关 SW，220 V 电源电压经开关 SW、保险管 FUSE 传输，经 C_1、R_1、D、DZ、C_2 等降压、整流、滤波、稳压变换为 +3 V 直流电压，加到 CPU 的 7 脚，使 CPU 与 5 脚晶体 X_1（32768 Hz）配合，产生时钟脉冲而进入待机状态。可随时检测 8 ~ 12 脚高/低电压组合，确定有无用户指令输入及指令名称，然后按程序处理后确定 1 脚低风速、2 脚摆叶、17 脚强风速、18 脚中风速、8 ~ 14 脚指示灯输出脚电压的高低，以控制上述引脚外接可控硅或发光二极管导通/截止状态，使主电机、转叶电机工作在用户要求模式，并由相应的发光二极管指示当前工作状态。

高风速工作：CPU 的 17 脚输出高电压，触发可控硅 VS_1 导通。这时 220 V 电压通过 VS_1 送主电机高速抽头，风机高速运转。同时 CPU 的 8 脚输出高电压，令高风指示灯 LED_4 导通，显示当前风速。

中风速工作：CPU 的 18 脚输出高电压，触发可控硅 VS_2 导

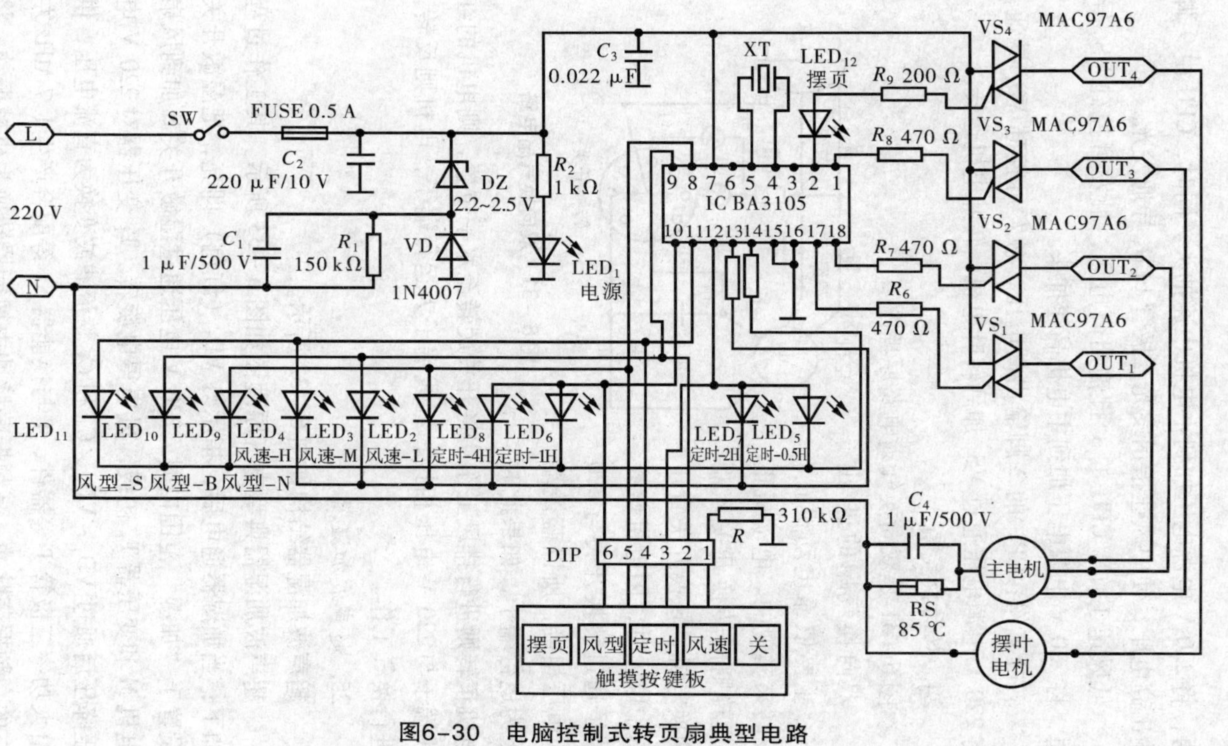

图6-30　电脑控制式转页扇典型电路

通，将220 V电源电压加到主电机中速抽头。同时，CPU由9脚输出高电压，使中风速指示发光二极管LED_3导通发光。

低风速工作：CPU的1脚输出高电压，触发可控硅VS_3导通，将220 V电源电压加到主电机高速抽头。

转叶工作：CPU的2脚输出高电压，触发可控硅VS_4导通，将220 V电源电压通过VS_4加到转叶电机，转叶电机运转。

24. 双向换气扇

图6－31是双向换气扇电路原理图。

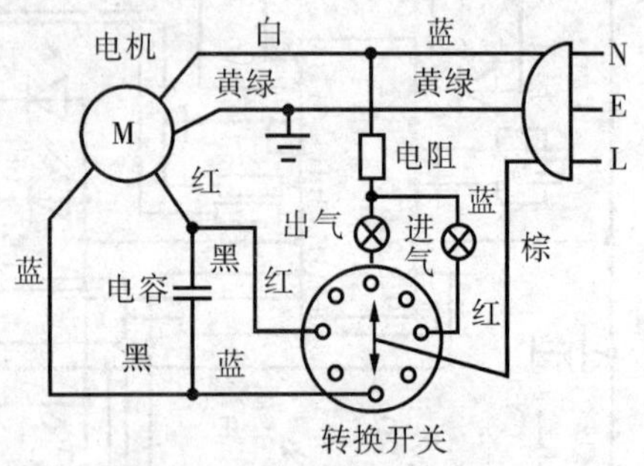

图6－31 双向换气扇电路

双向换气扇的进/出气，主要依靠电动机正/反转来实现的。电动机正/反转则由转换开关控制切换电机。转换开关置于图中位置时，因电机蓝线端子通过转换开关与220 V电压相接，所以蓝线端子为运行端子，如果此时电机正转则进行排风工作；将开关旋转至水平位置，则电机的红线端子与220 V电压相接，红线端子为运行端子，电机则反转，进行换气工作。

25. 超声波加湿器

超声波加湿器结构如图6－32所示。

超声波加湿器典型电气原理图如图6－33所示。其工作过程如下：当加湿器通电后，指示灯VD_7（红色）即亮，把湿敏开关设置于“加湿”范围内时，220 V电压通过湿敏开关S加到风扇电机M和变压器T_1初级，风扇得电旋转。T_1变压器对220 V电压降压后通过VD_1～VD_4、C_4和C_5整流滤波变换为直流电压，供给大功率三极管T等器件，T与换能器X_1等配合产生1.7 MHz左右的高频振荡脉冲，高频振荡脉冲由换能器转换为机械振动，将

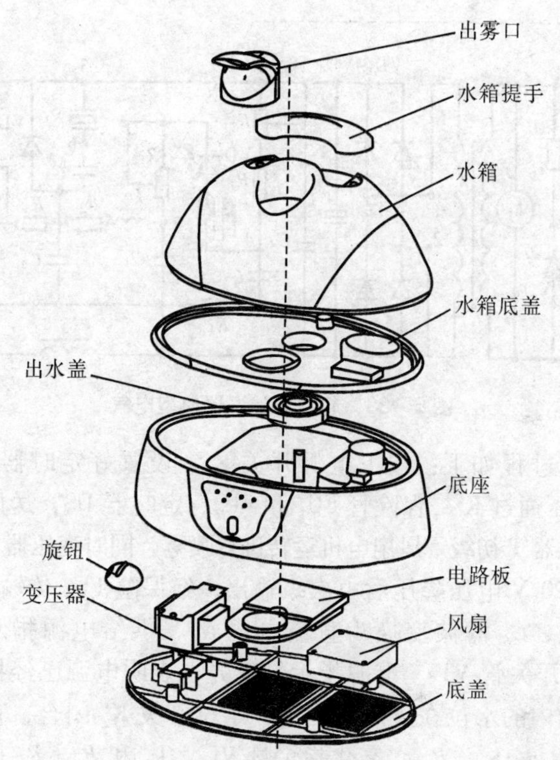

图 6－32　超声波加湿器结构

雾化池的水不断雾化，被雾化的水雾由风扇电机吹向室内。

R_{P1}是微调电位器，调节最大雾量及整机功率消耗，T_2 是水位控制干簧管，水位高时接通，水位低时，T_2 断开，切换大功率三极管 T 的基极电路，停止加湿工作，达到无水自动保护目的。VD_5 的作用是防止大功率三极管 T 击穿。

26. *超声雾化器电路*

超声雾化器在常温下能把水溶药物通过晶片形成微小的雾状颗粒，可直接吸入口中。电路如图 6－34 所示。开关管 VT_1 连接 B_1、R_1 器件组成振荡电路，用于将直流电压变换为 1.7 MHz 的高频脉冲。R_{P1}是雾化量调节电位器，R_{P2}为雾化量辅助调节电位器。

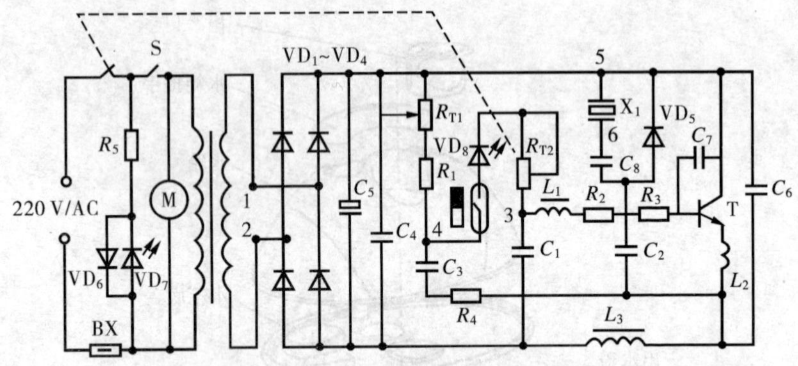

图6－33　超声波加湿器典型电气

工作过程如下：按下电源开关 K_1，设置好定时器时间后，220 V电压通过 K_1、保险管 FU_1 和 FU_2、定时器 DS，送风扇电机 M 和变压器 T 初级。风扇电机运转进行喷雾，同时变压器 T 将初级引入的 220 V 电压降压后由次级输出，经保险 FU_3 传输，VD_1 ~ VD_4 整流，C_6 滤波变换为直流电压 V_1，供给电源指示灯 VL_1（绿）和开关管 VT_1。电源指示灯发光，表明电源已经接通。如果此时槽内的水位在规定范围内，水位开关 K_2 闭合，直流电压 V_1 通过 R_{P2}、K_2、R_{P1}，雾化指示灯 VL_2、L_3 和 R_3、R_1 加到开关管 VT_1 基极，启动开关管 VT_1 导通。这时，VT_1 开关管与 L_1、R_1、B 换能器等器件配合，产生振荡，将直流电压 V_1 变换为 17 MHz 的高频脉冲，驱动晶片在常温下把水溶药物形成微小的雾状颗粒，由电机带动叶片喷出。

27. 机械控制式微波炉

微波炉结构如图 6－35 所示，由门体部件、控制面板部件、风扇架部件、底盘部件、炉体部件、炉体内部部件六大部分组成。

典型电路如图 6－36 所示，工作过程如下：烹调食品时，炉门关好，炉门联锁开关动作，第一级门锁开关、第二级门锁开关接通，门监控开关断开。设置好火力，旋转定时器设置好时间，定时开关接通。这时 220 V 加到高压变压器初级，被变压后输出

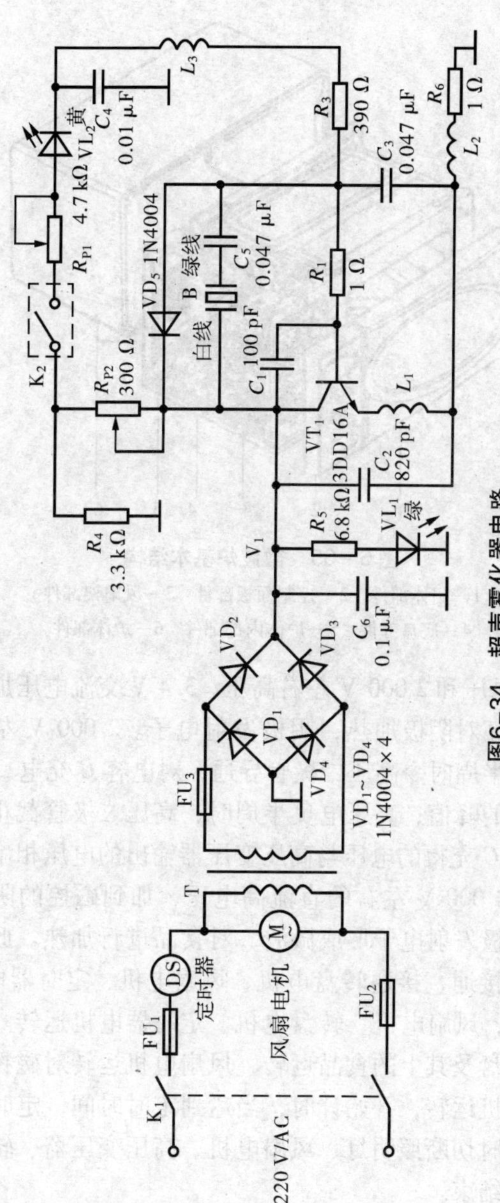

图6-34　超声雾化器电路

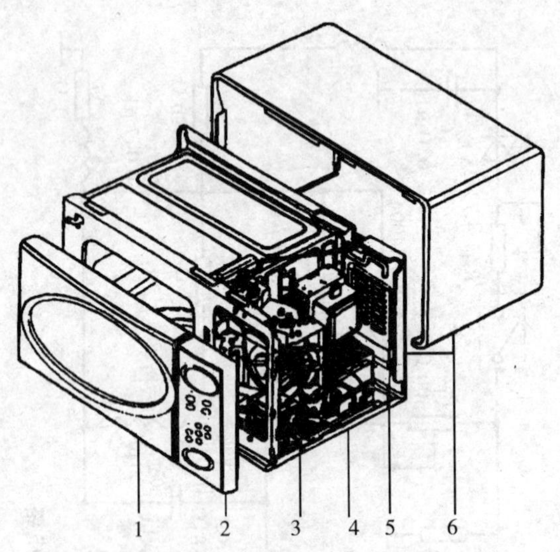

图6-35 微波炉基本结构

1—门体部件 2—控制面板部件 3—风扇架部件
4—底盘部件 5—炉体内部部件 6—炉体部件

3.4 V灯丝电压和2 000 V左右高压。3.4 V交流电压加送磁控灯丝，灯丝点亮对阴极加热，阴极发射电子。2 000 V左右的交流高电压在正半周时令高压二极管导通，对电容 C 充电，电容 C 被充电到电压的峰值；高压电负半周时，高压二极管截止，磁控管导通。电容 C 充得的电压与高压变压器输出的电压相串联获得两倍高压，即4 000 V左右的直流高电压，加到磁控的阴极和阳极之间，使阴极发射电子形成微波，对食品进行加热。此时，因门第一级开关接通，接通转盘电机、风扇电机、定时器电机的220 V供电电路，风扇电机、转盘电机、定时器电机运转。转盘电机运转带动转盘及其上的食品运转，风扇电机运转对磁控管进行冷却。定时电机运转，开始计时，当达到定时时间，定时器连动开关断开，同时切断照明灯、风扇电机、高压变压器、转盘电机的供电，工作结束。

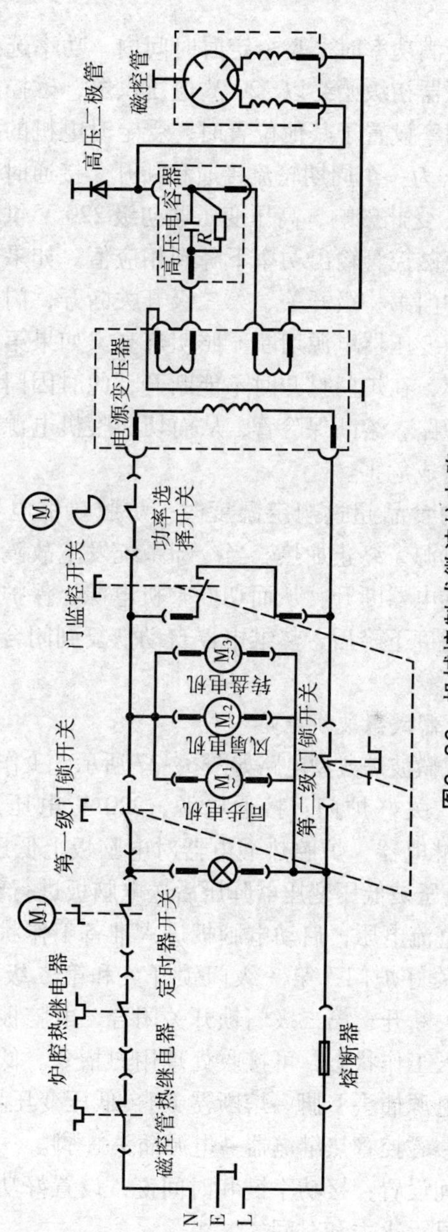

图6-36　机械控制式微波炉电路

功率设置于满功率时，整个定时时间内，功率选择开关始终接通，高压变压器初级始终以220 V电压供电，磁控管工作在最大输出功率；功率设置于其他位置时，受定时电机的控制，功率选择开关以30 s为一个周期轮流接通和断开，接通时间根据功率设置为5～29 s。受此影响，高压变压器初级220 V供电电压为断续状态，从而使磁控管输出功率下降到相应值。如果在加热过程中打开炉门，炉门第一级开关、第二级开关断开，门监控开关闭合，电机、高压变压器电源切断，照明灯亮。如果第一级、第二级门锁开关损坏，在炉门打开时不能断开，此时因门监控开关闭合，会将电路短路，熔断保险管，从而切断整机电源，防止微波辐射及对人体造成危害。

当被加热的食品超过规定温度时，炉腔热继电器会自动断开，切断整机电源，终止加热。当冷却系统发生故障时，温度升高，磁控管热继电器断开，从而切断整机电源，保护磁控管等器件的安全。当温度下降后，热继电器自动恢复到闭合状态，微波炉继续工作。

28. 电脑控制式微波炉电路

电脑控制式微波炉典型电路如图6－37所示，工作过程如下：

接通电源，关好炉门：接通电源，220 V电压通过保险管FU、磁控管热继电器、炉腔热继电器对电脑板上低压变压器T_{01}供电。220 V电压被低压变压器降压后送电脑板进行整流、滤波、稳压得到低压直流电压，启动电脑板进入准备工作状态，显示面板显示数字。关好炉门，第一级门锁开关和第二级门锁开关闭合，门监控开关断开；第二级门锁开关闭合，电脑板检测到炉门关好，据此进入工作状态，可接收处理用户指令。低压变压器初级供电回路：电源插头L脚→熔断器FU→低压变压器T_{01}初级→炉腔热继电器→磁控管热继电器→电源插头N脚。

功率和时间设置：按功率键和时间键，设置好功率和加热时间，显示面板显示火力和时间。

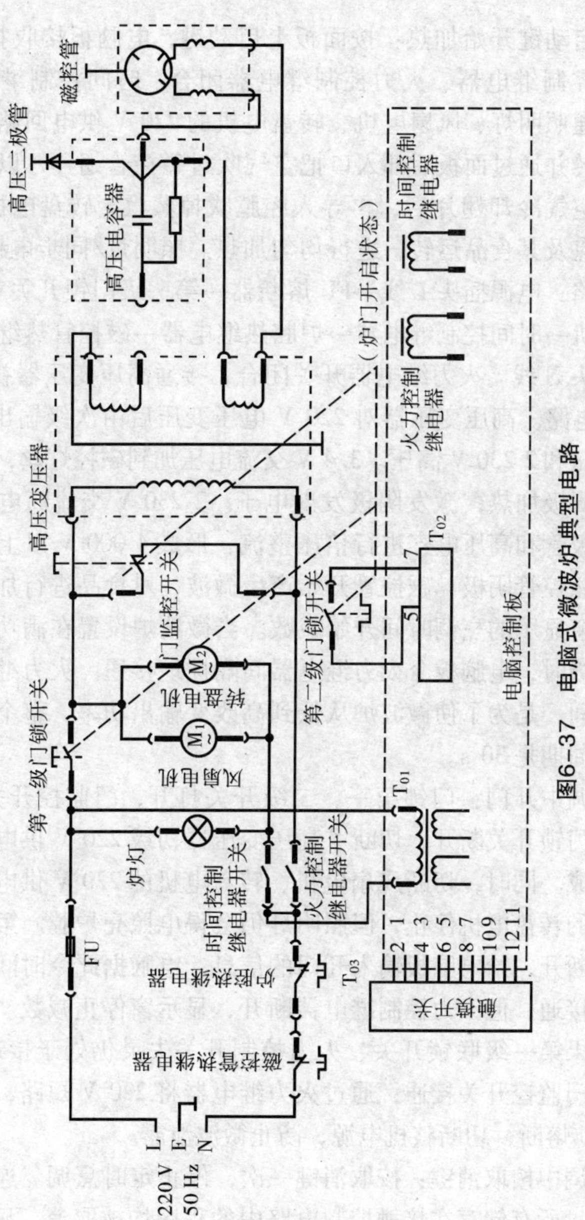

图6-37　电脑式微波炉典型电路

按启动键开始加热：按面板上启动键，电脑板接收指令后，令时间控制继电器、火力控制继电器闭合。时间控制继电器闭合，接通照明灯、风扇电机、转盘电机的 220 V 供电回路。风扇电机旋转并通过面板后部入口把空气吹过磁控管翅片，以冷却磁控管，空气冷却翅片后，再导入腔膛吹掉蒸汽。转盘电机运转，带动转盘及其食品运转，进行均匀加热。照明灯/同步电机/风扇电机回路：电源插头 L 线→FU 熔断器→第一级门锁开关→风扇/转盘电机→时间控制继电器→炉腔热继电器→磁控管热继电器→电源插头 N 线。火力继电器开关闭合，接通高压变压器初级 220 V 供电电路。高压变压器对 220 V 电压变压后由次级输出 3.4 V 灯丝电压和 2 230 V 高压。3.4 V 交流电压加到磁控灯丝，使灯丝点亮对阴极加热，激发阴极发射电子。2 230 V 交流高电压通过高压二极管和高压电容进行倍压整流，形成 4 000 V 以上的高压施加于磁控管阴极，磁控管开始产生微波，对食品进行加热。这时显示窗显示的烹调时间开始减数。当微波炉设置在满功率以外的功率级时，电脑板令火力继电器间隔性地接通。火力继电器的开停时间，是为了使微波炉从低到高改变输出功率，整个功率控制开停周期是 30 s。

烹调中开门：门锁第一、二级开关打开，门监控开关接通。第一级门锁开关断开，切断了高压变压器初级 220 V 供电，阻止微波形成。同时，切断风扇电机、转盘电机的 220 V 供电，使风扇电机的转盘电机停止，但照明灯仍会得电照亮炉膛。第二级门锁开关断开，给电脑板输入开门的信息，电脑据此令时间控制继电器仍接通，但火力控制继电器断开，显示窗停止减数。门打开时，如果第一级联锁开关、火力控制开关失灵仍处于接通状态，这时因门监控开关接通，通过火力继电器将 220 V 短路，引起保险管 FU 熔断，切断整机电源，防止微波泄露。

烹调中按取消键：按取消键一次，停止定时烹调。连按取消键两次，所有储存在接触控制电路中的程序均被取消，显示窗重新显示当前时间。同时令时间控制和火力控制继电器断开，微波炉照明灯熄灭，风扇电机和转盘电机停止，火力继电器断开，高压变压器的初级电压被切断，磁控管停止振荡，终止微波发射。

29. 全自动豆浆机电路

图6－38为全自动豆浆机典型电路图，其中NTC为负温度系数热敏电阻，安装在测温电极内，25 ℃时为50 kΩ，80 ℃时为7.32 kΩ，CPU采用ST62T09C6。整机工作原理如下：

制浆：把泡好的豆和水按要求装入杯中，接通电源，220 V电压经变压器T_1降压，桥式整流器UR_1整流，电容C_3滤波变换为＋12 V，一路送继电器K_1等作为工作电压，一路经7805稳压为＋5 V，加到CPU（ST62T09C6）的1脚作为工作电压。CPU在1脚得到后，与7脚复位电容C_7、3脚和4脚TX晶体配合产生时钟脉冲，启动CPU进入待机状态，由16脚输出一个脉冲驱动蜂鸣器响一声，同时由18脚输出高电压启动电源绿色指示灯亮。按启动键K_3，CPU进行工作状态，由17脚输出高电压，令VT_2饱和导通，驱动继电器K_2吸合。这时220 V电压通过继电器K_2两触点、加热管WR形成回路，加热管开始发热进行预热工作。另一方面CPU通过检测15脚电压判断水温，当判断水温达到80 ℃时，令17脚输出低电压，11脚输出高电压。CPU的17脚输出低电压，令VT_2截止，继电器K_2释放，切断加热管WR供电，暂停加热。CPU的11脚输出高电压，令VT_1饱和导通，继电器K_1吸合，使220 V电压通过K_1继电器两触点加到电机DJ形成回路，电机开始运转，安装在转轴上的刀片高速运转，将泡豆打碎，产生豆浆。打浆程序为打20 s停10 s，共四个循环。打浆程序结束后，CPU令11脚输出低电压停止电机运转，同时令17脚输出高电压，使加热管再次加热，直到泡沫接触到防溢电极，CPU再次令17脚转换为低电压，暂停加热。等泡沫下落后，重新加热，通过控制加热的启/停，防止豆浆溢出，约2 min即可把豆浆煮熟，此时CPU令16脚输出两个脉冲使蜂鸣器响两声，指

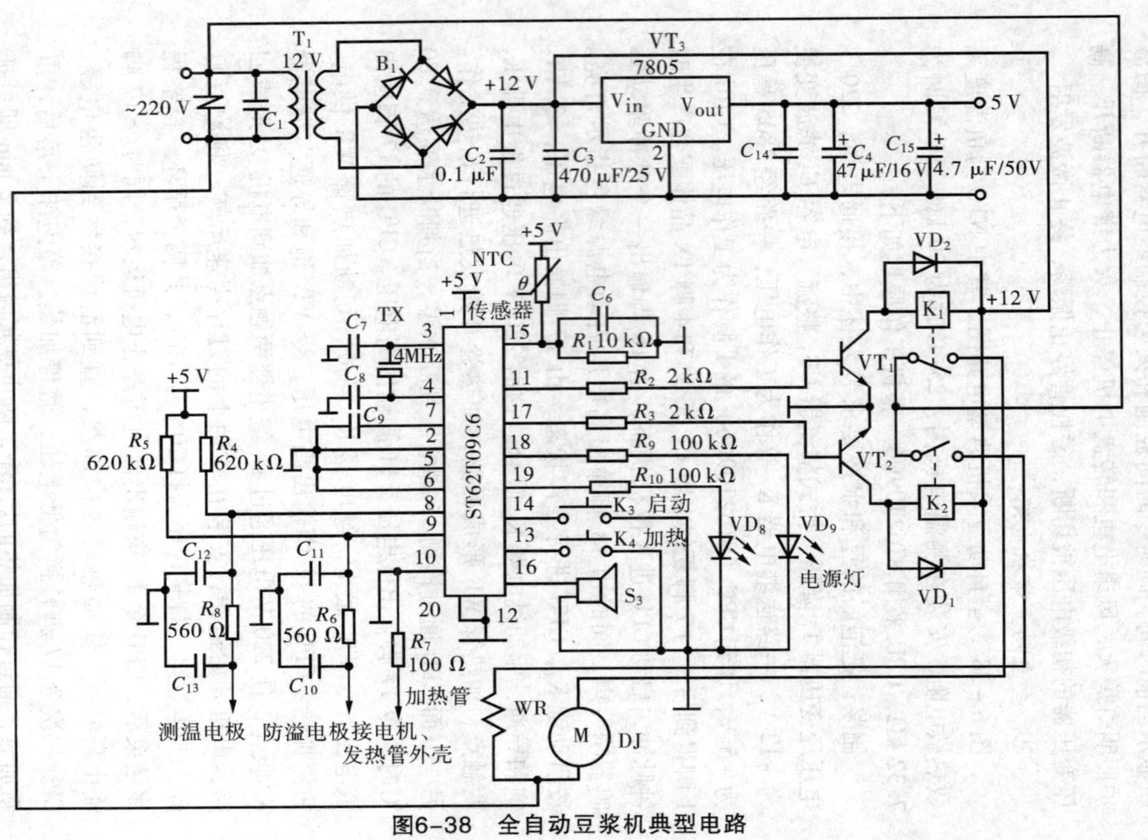

图6-38 全自动豆浆机典型电路

示制浆完毕，整个过程持续约 15 min。

防溢控制：防溢电极为一根铜探头，通过 R_6 接 CPU 的 9 脚。当泡沫上升接触到防溢电极时，CPU 的 9 脚通过 R_6、防溢电极、浆汁、发热管和电机外壳、R_7、地形成回路，使 9 脚变为低电压。CPU 据此判断豆浆上溢而令 17 脚转换低电压即停止加热；当泡沫下降后，9 脚转为高电压，令 17 脚输出高电压加热指令。换言之，防溢控制是通过检测豆浆泡沫控制发热管的工作，防止豆浆溢出的。

防干烧和低水位保护：测温电极为不锈钢的圆管，内有一个 NTC 负温度系数热敏电阻。正常时，CPU 的 8 脚通过 R_8 接测温电极、水、发热管和电机外壳、R_7、地形成支路，使 CPU 的 8 脚为低电平，CPU 据此检测机内有水，可以进行制浆工作。在不加水、水位过低，或豆浆机运转时提起机头而引起测温电极脱离水面时，测温电极不能接触到水面，而呈现断路状态，使 CPU 的 8 脚为高电压。CPU 据此判断此时处于干烧状态，而令 17 脚输出低电压停止加热，同时由 16 脚输出脉冲令蜂鸣器鸣叫报警，实现防干烧保护。

单纯加热：如按 K_4 加热键，CPU 则令 17 脚输出高电平，VT_2 导通，继电器 K_2 吸合接通加热管 220 V 供电电路，进行加热工作。

第七章 电工维修经验线路

1. 三相交流电动机 Y－△接线方法

一般三相交流电动机接线架上都引出六个接线桩，当电动机铭牌上为 Y 接法时，D_6、D_4、D_5 相连接，其余 D_1、D_2、D_3 接电源；为△接法时，D_6 与 D_1 连接，D_4 与 D_2 连接，D_5 与 D_1 连接，然后 D_1、D_2、D_3 接电源。具体接线图如图 7－1 所示。

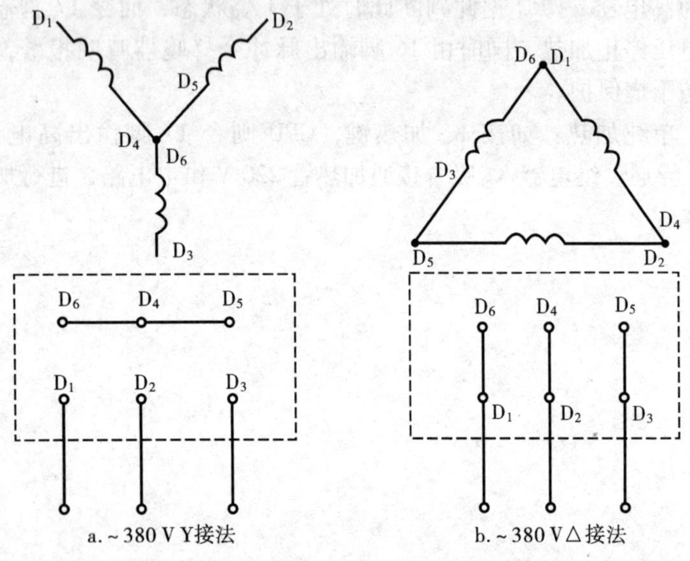

图 7－1 三相交流电动机 Y/△接线方法

2. 三相吹风机六个引出端子接线方法

有部分三相吹风机引出六个接线端子，采用△接法应接入220 V 三相交流电源，采用 Y 接法应接入 380 V 三相交流电源，接线方法如图 7－2 所示。其他吹风机接法应按其标牌上所标的接法连接。

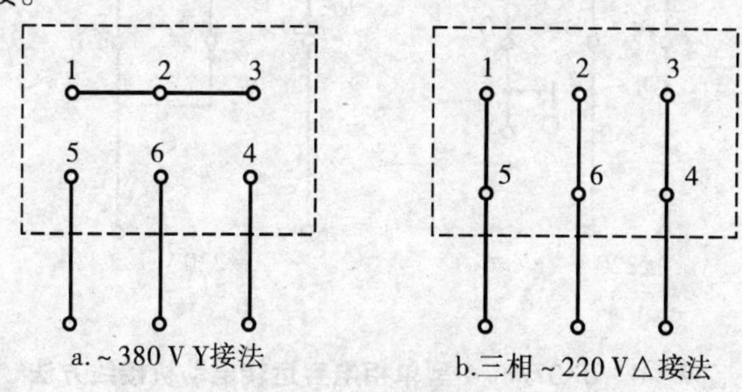

图 7－2　三相吹风机六个引出端子接线方法

3. IDD5032 型单相电容运转电动机接线方法

单相电动机接线方法很多，如果不按要求接线，就会有烧坏电动机的可能。因此在接线时，一定要看清铭牌上注明的接线方法。图 7－3 为 IDD5032 型单相电容运转电动机接线方法，其功率为 60 W，电容选用耐压 500 V、容量为 4 μF 的电容。图 7－3a 为正转，图 7－3b 为反转。

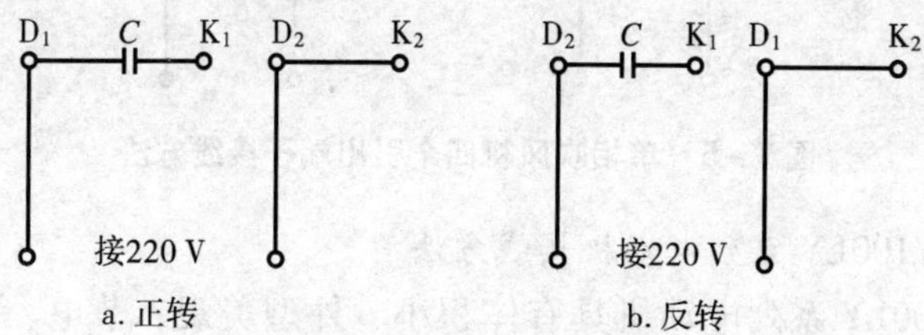

图 7－3　IDD5032 型单相电容运转电动机接线方法

4. JX07A－4 型单相电容运转电动机接线方法

图 7－4 是 JX07A－4 型单相电容运转电动机接线方法。电动

机功率为60 W，用220 V、50 Hz交流电源，电流为0.5 A，转速为1 400 r/min。电容选用耐压400～500 V，容量8 μF。图7－4a所示为正转，图7－4b所示为反转。

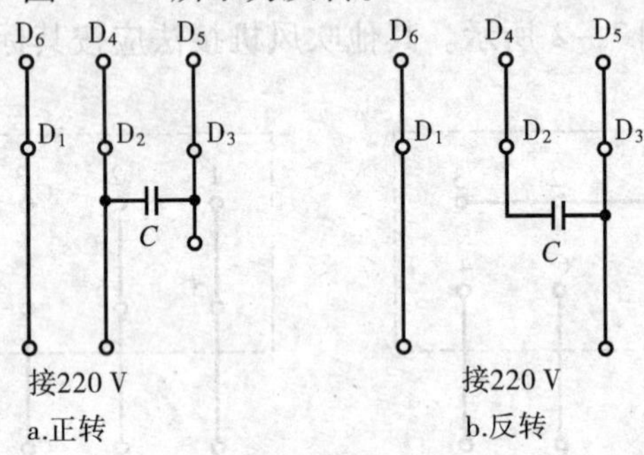

图7－4　JX07A－4型单相电容运转电动机接线方法

5. 单相吹风机四个引出端子接线方法

有的单相吹风机引出四个接线端子，接线方法如图7－5所示，采用并联接法应接入110 V交流电源，采用串联接法应接入220 V交流电源。

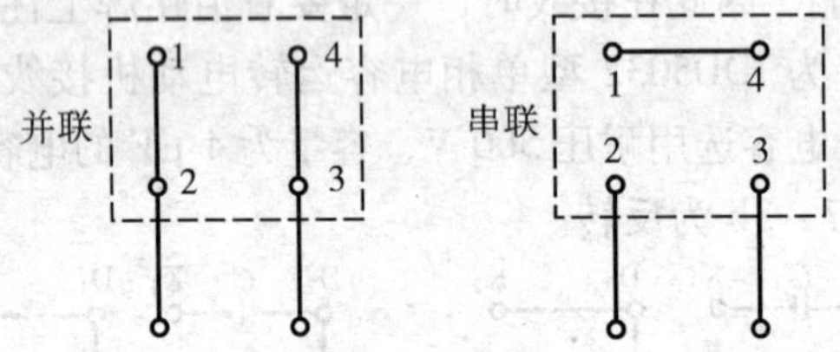

图7－5　单相吹风机四个引出端子接线方法

6. Y100LY系列电动机接线方法

Y100LY系列电动机具有体积小、外型美观、节电、节能等优点。它的接线方式有两种：一种为△，它的接线端子W_2与U_1相连，U_2与V_1相连，V_2与W_1相连，然后接电源；另一种为Y，接线端子W_2、U_2、V_2相连接，其余三个接线端子U_1、V_1、W_1接电源。具体接线方法如图7－6所示。

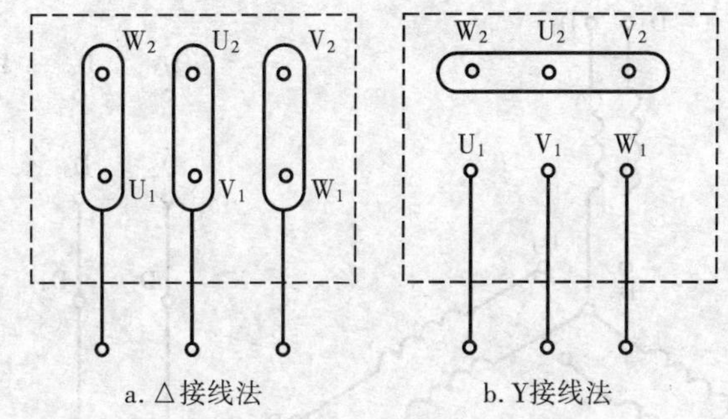

图7－6　Y100LY 系列电动机线路

7. 双速电动机 Y－YY 接线法

图7－7所示是 Y－YY 电动机双速定子线组的引出线接线方法。按图7－7a 连接是一种转速，按图7－7b 连接得到另一种转速。

8. 低压变压器短路保护

目前，机床的工作灯、行灯都采用低压变压器提供36 V 安全电压。由于灯具在使用中经常移动，常发生短路故障，造成熔断器熔断甚至烧坏变压器。如果使用36 V 小型中间继电器或36 V 交流接触器做变压器的通断开关，可避免烧坏变压器。

低压变压器短路保护工作原理如图7－8所示：闭合 Q 后，按下按钮 SB_2，变压器得电输出36 V 低电压使得继电器 KA 吸合，放松按钮后，KA 自保触点使 KA 保持吸合，继续给变压器接通电源。如果变压器次级发生短路故障，继电器线圈电压为0，此时 KA 便失电释放，将变压器电源断开，保护变压器不被破坏。

9. 直流电磁铁快速退磁电路

直流电磁铁停电后，因有剩磁存在，有时会造成不良后果，因此，必须设法消除剩磁。图7－9中，YA 是直流电磁铁线圈，KM 是控制 YA 启/停的接触器触头。KM 吸合时 YA 通电励磁；KM 复位时，YA 断直流电并进行快速退磁。

快速退磁的工作原理：直流电磁铁断电后，交流电源通过桥

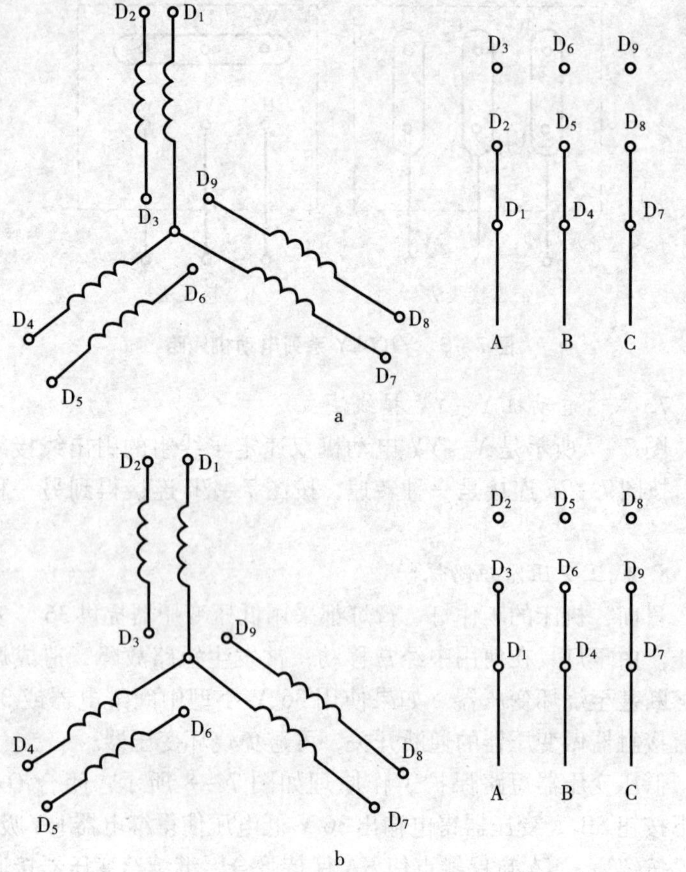

a

b

图 7－7　双速电动机 Y/YY 接线线路

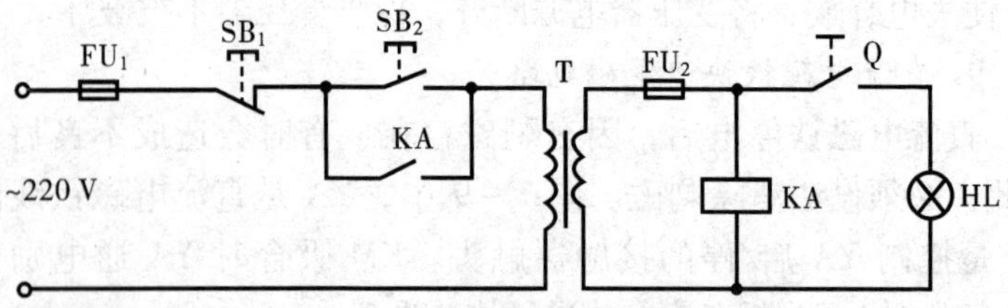

图 7－8　低压变压器短路保护电路

式整流和 YA 向电容 C 充电，随着电容 C 两端电压的不断升高，充电电流越来越小，而通过 YA 的电流又是交变的，从而使电磁铁快速退磁。电容 C 的容量要根据电磁铁的实际情况现场试验决定，R 为放电电阻。

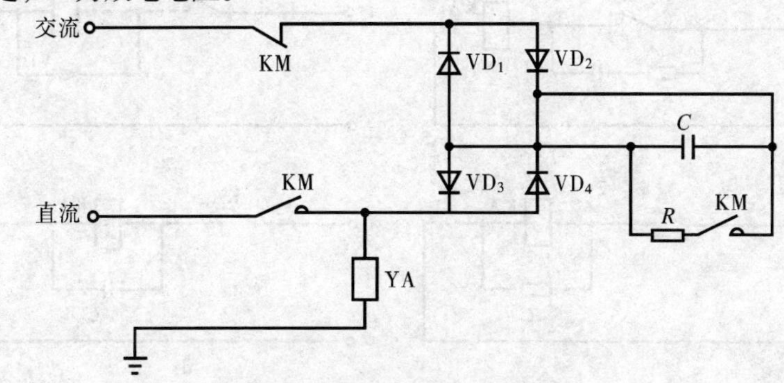

图 7－9　直流电磁铁快速退磁

10. 消除直流电磁铁火花电路

直流电磁铁、直流继电器在线圈断电时，因自感电动势存在，会产生很高的过电压，它会与电源电压一起加在接点的间隙上，形成火花放电，或被通入电路中，对线路中其他元器件造成破坏。

图 7－10a 所示为接点上并联电阻、电容消除间隙火花电路。电容参数主要靠试验确定，每安负载电流至少选用 1 μF。调试时使接点上出现最大电压峰值不超 300 V，接点闭合时，电容向接点放电出现的最大电流不得超过触点的允许电流值，以此来选择电阻 R。

图 7－10b 所示为线圈上并联二极管电路，二极管额定电流 I_e 由继电器线圈上的电压和继电器线圈上的电阻确定，运用欧姆定律即 $I_e = U/R$。

图 7－10c 所示为线圈上并联电阻的方法，一般要求电阻 R 是线圈上的直流电阻的 3 倍。

图 7－10d 所示为线圈并联电容消除火花电路，电容值越大，电磁铁反电动势越小，但电磁铁释放会变慢。电容容量要根据实际情况来试验选取。

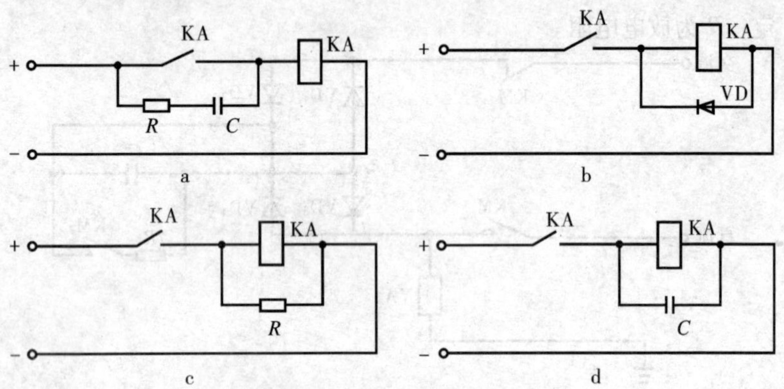

图 7－10 消除直流电磁铁火花电路

11. 防止制动电磁铁延时释放电路

采用交流电磁铁制动的三相异步电动机，有时会因制动电磁铁延时释放，造成制动失灵。造成电磁铁延时释放的原因是接触器的主回路电源虽被断，但电动机由于剩磁存在，定子组产生感应电势加在交流电磁铁上，使电磁铁不会立即释放。解决方法很简单，只要在交流电磁铁线圈上串联个交流接触器常开触点，使得断开电动机电源时，同时断开电磁铁与电动机绕组线圈，电磁铁立即释

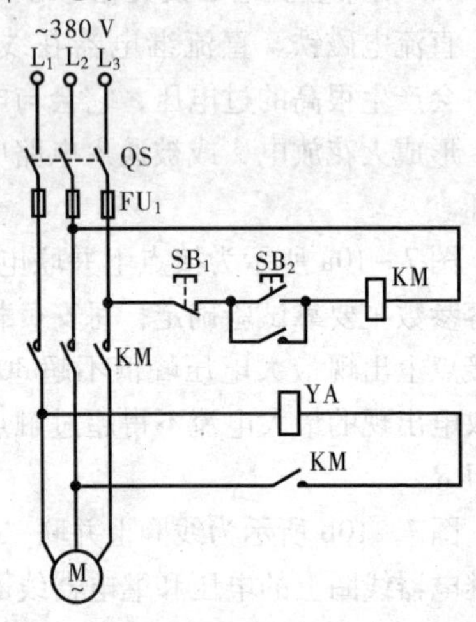

图 7－11 防止制动电磁铁延时释放电路

放，见图 7－11。

线路中 YA 为制动电磁铁，在通电后，制动解除，在断电后，YA 立即制动。

12. 他励直流电动机失磁保护电路

他励直流电动机励磁电路如果断开，会引起电动机超速，产生严重不良后果，此需要进行失磁保护。在励触电路内，串联一个欠电流继电器 KA，其常开触点接在控制电路中。当励磁电流消失或减小到设定值时，KA 释放，KA 常开触点断开，切断电动机电枢电源，使电动机停转，从而避免超速现象发生。具体接线线路见图 7－12。

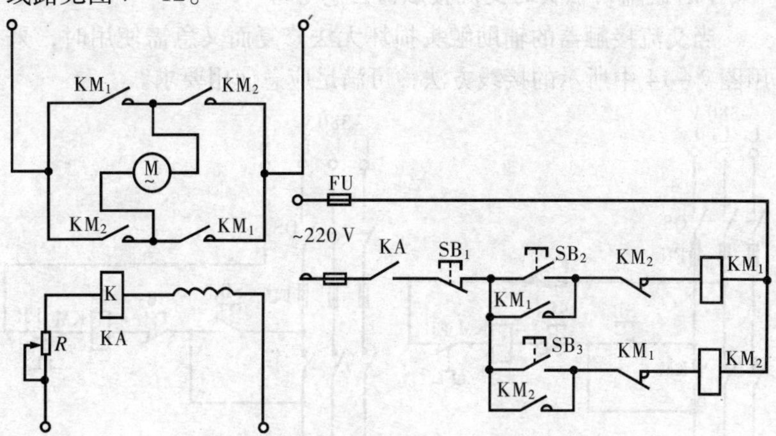

图 7－12　他励直流电动机失磁保护电路

13. 串联灯泡强励磁法电路

直流电磁铁接通电源后，由于线圈的自感作用，限制了电流的上升率，使电磁铁吸合缓慢。为了提高电磁铁的吸合速度，可采取强励磁办法。

如图 7－13 所示为串联灯泡式强励磁线路。白炽灯的热态电阻约为冷态电阻的 10～12 倍，可以利用白炽灯冷/热态电阻值变化的这一特性进行强励磁。电磁铁启动时，因冷态白炽灯电阻小，所以电磁铁线圈上分压大，被强励磁。启动完毕后，白炽灯被点亮，热态电阻增大，电磁铁线圈上分压小，转为正常励磁。

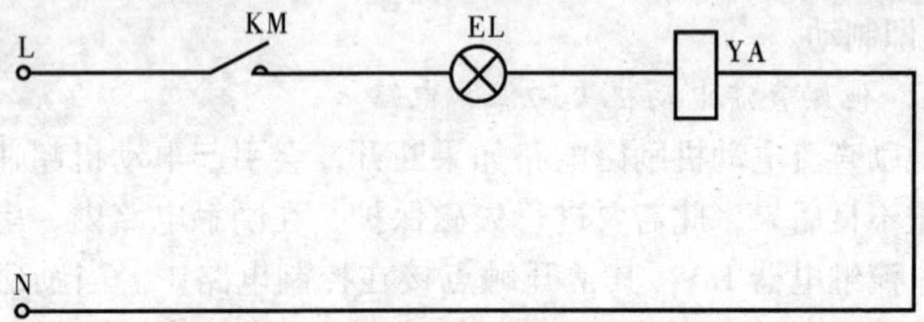

图 7－13　串联灯泡强励磁电路

14. 缺辅助触头的交流接触器应急电路

当交流接触器的辅助触头损坏无法修复而又急需使用时，采用图 7－14 中所示的接线方法，可满足应急使用要求。

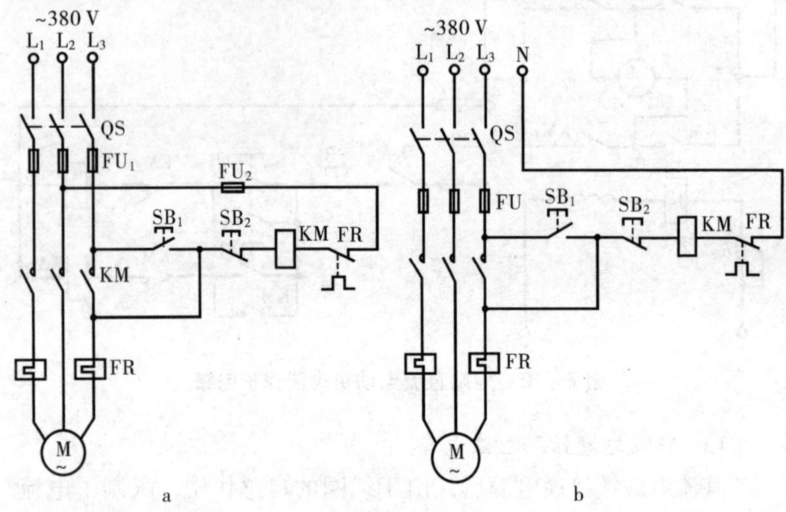

图 7－14　缺辅助触头的交流接触器应急电路

按下 SB_1 时，交流接触器 KM 吸合，放松按钮 SB_1 后，KM 的触头兼做自锁触头，使接触器自锁，因此 KM 仍保持吸合。图 7－14 中 SB_2 为停止按钮，在停车时按动 SB_2 的时间要长一点；

否则，手松开按钮后，接触器又吸合，使电动机继续运行。这是因为电源电压虽被切断，但由于惯性的作用，电动机转子仍然转动，其定子绕组会感应电动势，一旦停止按钮很快复位，感应电动势直接加在接触器线圈上，使其再次吸合，电动机继续运转。接触器线圈电压为380 V时可按图7－14a所示接线，接触器线圈电压为220 V时，可按图7－14b接线。图7－14a的电路还有缺陷，即在电动机停转时，其引出线及电动机带电，使维修不大安全。因此，这种电路只能在应急时采用，这一点应特别注意。

15. 交流接触器低电压启动电路

当供电电压在交流接触器吸引线圈额定电压的85%以下时，启动电路接触器衔铁将跳动不止，不能可靠吸合。在交流接触器的控制回路中串联一只整流管，改为直流启动交流运行就可以避免上述问题。交流接触器低电压启动电路如图7－15所示。

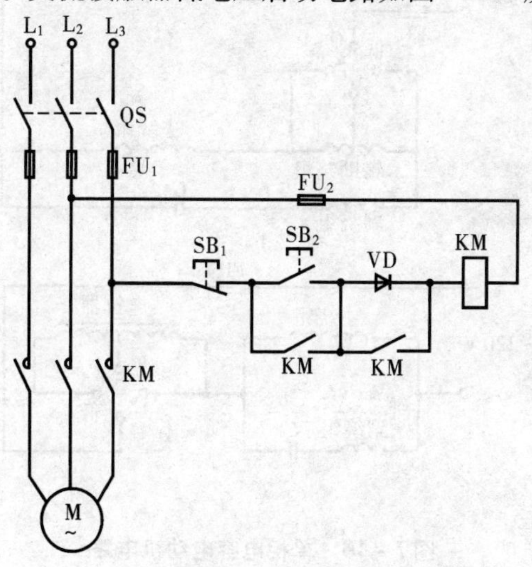

图7－15　交流接触器低电压启动电路

按下按钮SB_2，经二极管VD半波整流的直流电压加在交流接触器KM线圈上，KM吸合，其辅助触头将二极管VD短接，交流接触器投入交流运行。因为启动电流较大，所以这种线路只适用于操作不频繁的场合。线路中二极管 VD 耐压应选用大于400 V的二极管，电流要根据交流接触器线圈电流而定。

16. 单相电容电动机电路

单相电容电动机启动转距大，启动电流小、功率因数高，广泛应用于家用电器中，如电风扇、洗衣机等。为了便于维修安装，现介绍这种电动机常用的接线方法。

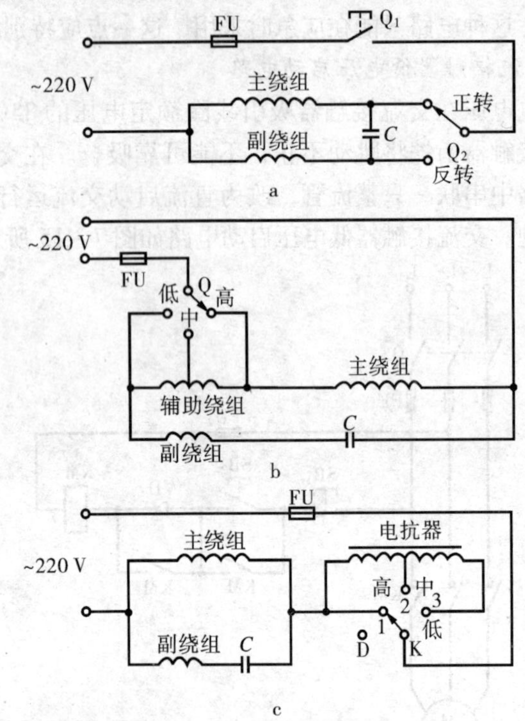

图 7－16 单相电容电动机电路

图 7－16a 为可逆控制电路，操纵开关 Q_2，可改变电动机的转向，这线路一般用于家用洗衣机上。

图 7－16b 为带辅助绕组的电路，拨动开关 Q，可改变辅助绕

组的抽头，即改变主绕组的实际承受电压，从而改变电动机的转速，此接线方法常用于电风扇上。

图 7－16c 为带电抗器调速的电容电动机电路。由于电抗器绕组的串入，使其在线路中起到降压作用，调节电抗器绕组的串入量即可改变转速。这种方法目前广泛应用在家用电风扇线路中。在启动电动机时一般先拨到“1”挡上，即为高挡，这时电抗器不接入线路，使电动机在全压下启动，然后再拨到 2 挡或其他挡来调节电动机转速。

17. *三相异步电动机改为单相运行电路*

如果只有单相电源和三相异步电动机供使用，可采用并联电容方法使三相异步电动机改为单相运行。如图 7－17 所示，图 a 为 Y 接法的电动机连接方法，图 b 为△接法的电动机连接方法。为了提高启动转矩，将启动电容 QC 在启动时接入线路中，在启动完毕后退出。

工作电容容量的计算公式：

$$GC = 1950I/U\cos\phi$$

式中：I 为电动机额定电流；U 为单相电源电压，$\cos\phi$ 为电动机的功率因数。当计算出工作电容后，启动电容选用工作电容的 1～4 倍。

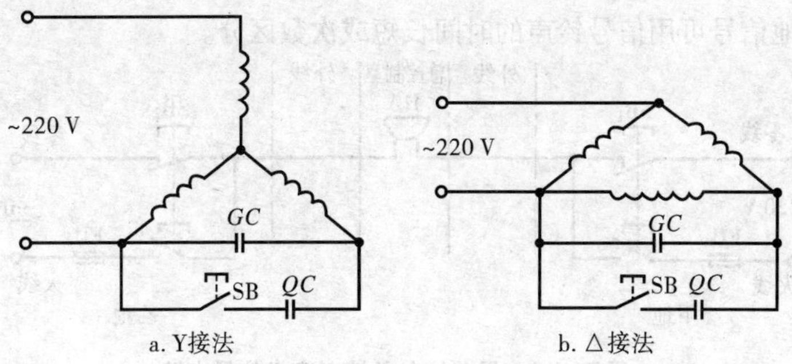

图 7－17　三相异步电动机改为单相运行电路

18. 用一根导线传递联络信号电路

在某些生产过程中，需要两地的生产人员能传递简单的信息，以协调工作。如图 7－18 所示是用一根导线传递联络信号电路。两地中各有一个双掷开关控制信号灯联络，信号灯分别装在两地，一地一个，当甲地向乙地发联络信号时，拨动开关 Q_1，乙地的指示灯亮，待乙地完成甲地所指示的任务后，乙地可把开关拨至联络位置，通知甲地工作已完成。

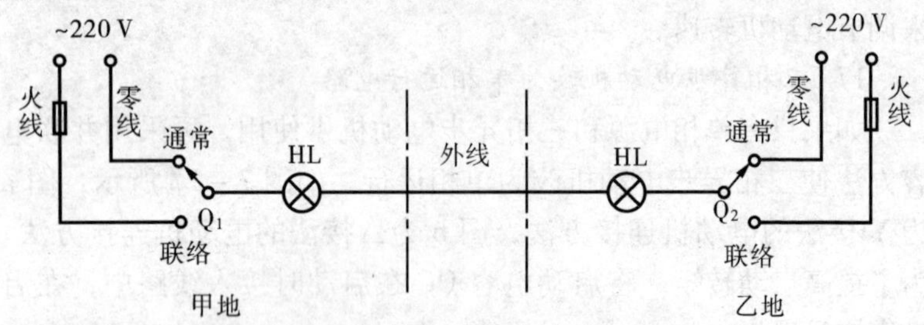

图 7－18 用一根导线传递联络信号电路

19. 用单线向控制室发信号电路

如图 7－19 所示电路，可实现甲乙两地都能向总控制室发联络信号。当甲地向总控制室发信号时，按下按钮 SB_1，控制室的电铃告警。同理当乙地向总控制室发信号时按下 SB_2 即可。甲乙两地信号可用信号铃声的时间长短或次数区分。

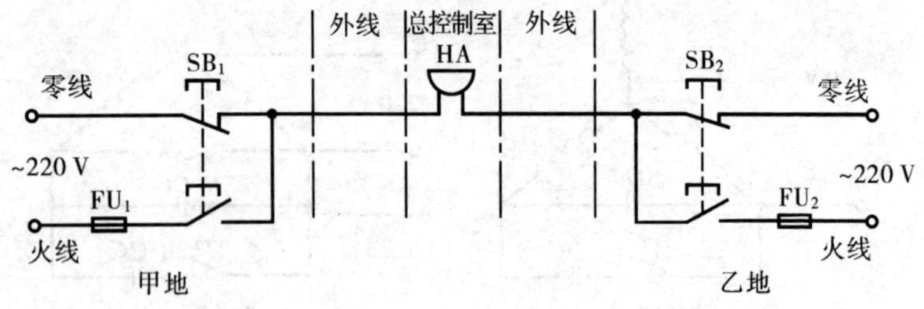

图 7－19 用单线向总控制室发信号电路

20. 利用继电器制作限电器电路

热继电器多用于电动机过流保护，但在一些集体用电单位或用电场所也可作为限电器。具体制作方法按图 7－20 连接，并把热继电器复位按钮螺丝旋出，选用热继电器的额定电流和用户总的额定电流一致。

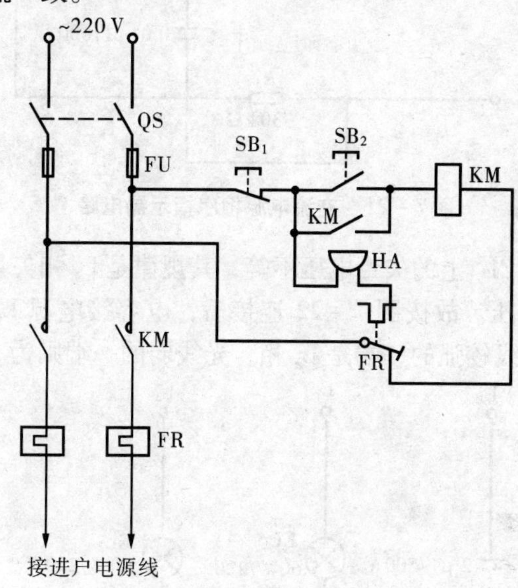

图 7－20　利用继电器制作限电器电路

21. 交流电源相序指示器电路

用电阻、电容、氖泡可组成小型交流电源相序器，当电源按顺相序 L_1、L_2、L_3 接入时，氖灯就亮；逆相序 L_2、L_1、L_3 接入时则氖灯不亮，见图 7－21。

22. 简易交流电源相序指示器电路

用一只 2 μF、耐压为 500 V 的电容和两只相等功率（220 V/60 W）的白炽灯泡，便可做成一个交流电源相序指示器，见图 7－22。

工作原理：由于电容移相，改变了其中一相的相位差，使作

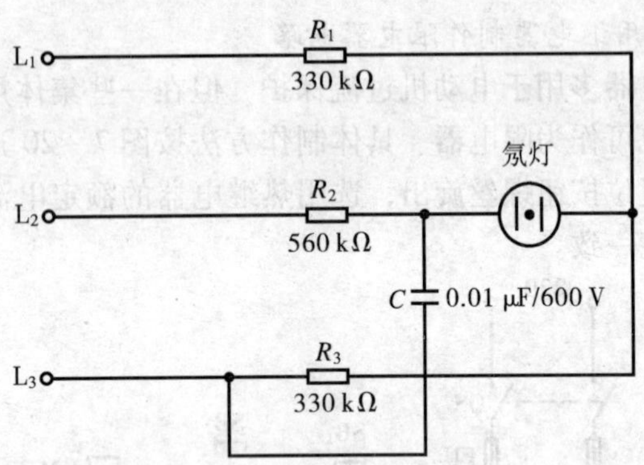

图 7－21 交流电源相序指示器电路

用到 EL_1 和 EL_2 上的矢量电压不等，其规律是 L_2 相矢量电压大于 L_3 相矢量电压。故按图 7－22 连接后，电容接电源 L_1 相，那么可知灯泡光线较强的一端是 L_2 相，光线弱的一端则为 L_3 相。

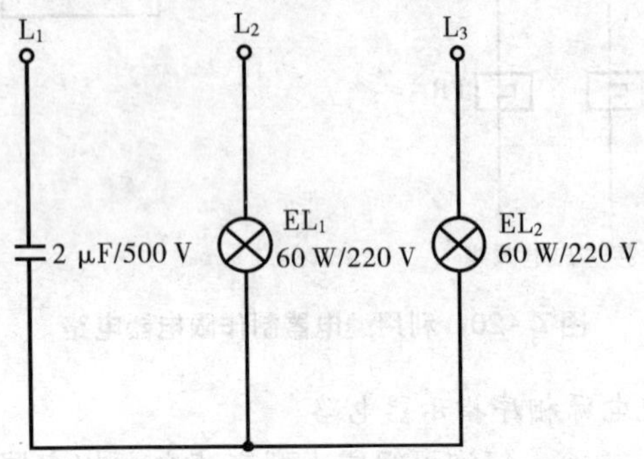

图 7－22 简易交流电源相序指示器电路

23. 利用交流电源和灯泡检查电动机三相绕组的头尾电路

在电动机六根引出线标记无法确认时，我们可利用交流电源和灯泡检查电动机三相绕组的头尾端，以免将绕组接错。

用交流电源和灯泡确定电动机三相绕组方法：首先用 36 V 低压灯做试灯，分出电动机每一相线圈的两个线端，然后将两相线圈串接后通入 220 V 电源，剩下的一相线圈两端接 36 V 的灯泡线路。通入电源后，灯泡发亮，说明所串联的两相是头尾相接；灯泡不亮，说明是头头相接，如图 7-23 所示。然后将测出的两相线圈头尾做一标记，再按此方法将其中一相与原来接灯泡的一相线圈串联，另一相连接灯泡，再按同样道理判断，电动机三相绕组的头尾就很容易区分出来了。

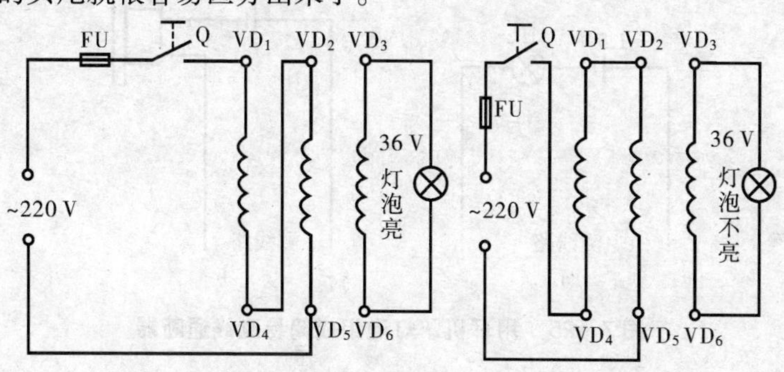

图 7-23 利用交流电源和灯泡检查电动机电路

24. 用万用表测定电动机三相绕组头尾电路

确定电动机三相绕组头尾，也可采用万用表来确定。首先用万用表测量出电动机六个接线端哪两个线端为同一相，然后将万用表的直流毫安挡拨到最小一挡，并将表笔接到三相线圈的某一组两端，而电池正负极接到另一相的两个线端上，如图 7-24所示。当开关 Q 闭合瞬间，如表针摆向大于零，则说明电池负极所接的线端与万用表正极表笔所接的线端是同极性的（均可认为是头）。依此类推，便可测出另外两相的头和尾。

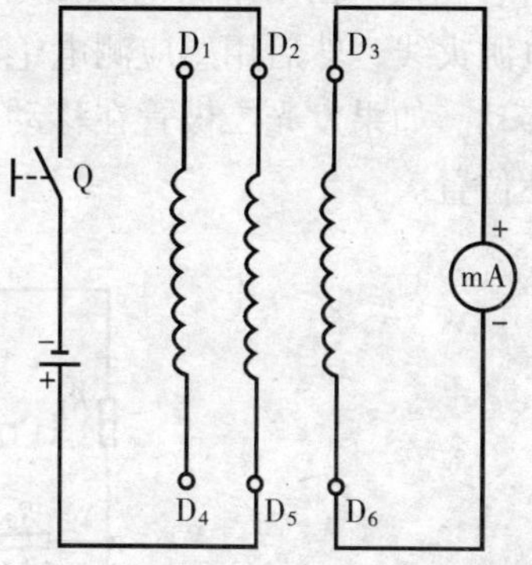

图 7-24 用万用表测定电动机三相绕组头尾电路

25. 用耳机、灯泡组成简易测线通断器电路

如图 7－25a、7－25b 是一种最简便的电路通断检测器。当测得导线通路时，灯泡会发光，耳机在通断瞬时会发响；当线路断路时，耳机则不响，灯泡则不亮。

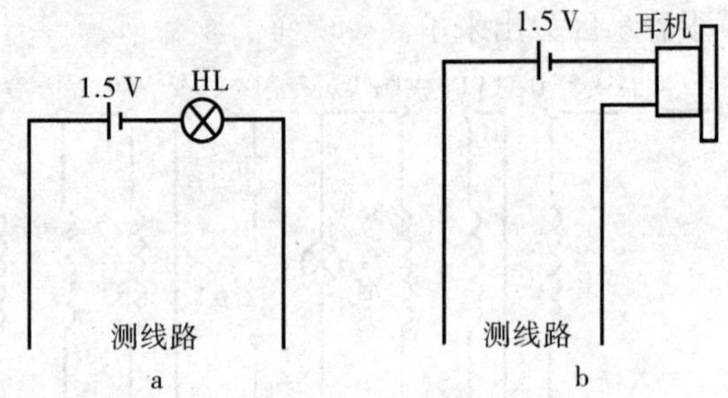

图 7－25 用耳机、灯泡组成简易测线通断器

26. 另一种简易测量导线通断方法电路

如图 7－26 所示是一感应测电笔电路，它可方便地测出导线的断芯位置。在用来测电线断芯位置时，在电线一端接上 220 V 的电源火线，然后用感应测电笔的探头栅极靠近被测电线，并沿线移动。如果发光二极管在移动中突然熄灭，那么此处便是电线断芯位置。

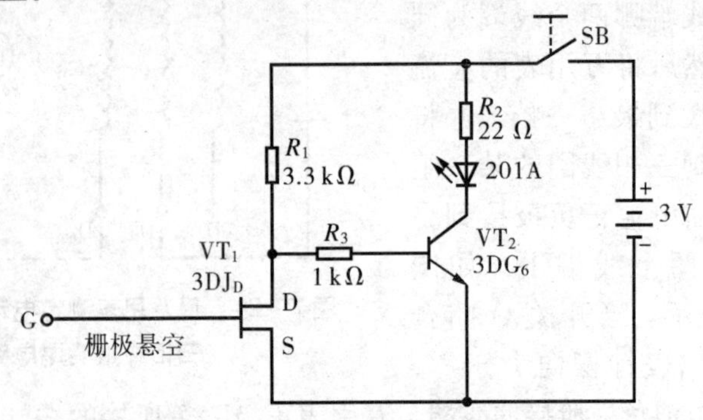

图 7－26 另一种简易测量导线通断方法电路

27. 用行灯变压器升压或降压电路

在某些地方，因网路电压长期较低，或者是由于夜间用电量减少，网路电压升高，使一些电器不能正常工作或损坏，利用行灯变压器升压或降压可满足需要。见图 7－27。

采用此法应注意两点：一是在接线前必须把行灯变压器次级一端与壳体的连接线（保护接地线）拆除，二是要注意行灯变压器的初次线圈的电流都不能超过各自的额定电流值。

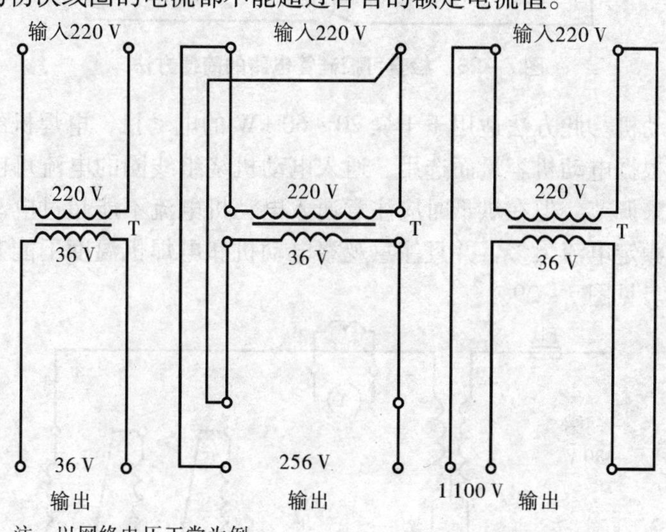

注：以网络电压正常为例。

图 7－27　用行灯变压器升压或降压电路

28. 检查可控硅管的简便方法

用图 7－28 所示的电路可检查可控硅管的好坏。当开关 Q 断开时，灯泡不亮，而当开关 Q 闭合后，灯泡发亮，说明可控硅管能导通工作，否则可控硅管就是坏的。此方法对一般可控硅管均能测试，灯泡选用 1.5 V 小电珠灯泡。

29. 用电焊机干燥电动机电路

如果电动机受潮而体积又较大，很不容易拆除放在烘箱内干燥。这时可将电焊机低压电通入电动机三相绕组，用电流升温干

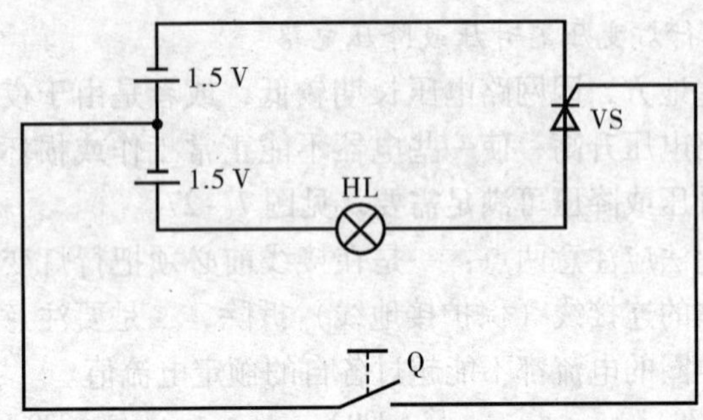

图 7－28 检查可控硅管电路的简便方法

燥电动机。此方法适用于干燥 20～60 kW 的电动机，电焊机的容量应根据电动机容量而选用。通入电动机绕组线圈的电流可由电焊机来调节，但在烘干时应注意通入电动机电流不能超过电动机本身额定电流太多，并且注意观察电动机和电焊机温度不能升得过高。见图 7－29。

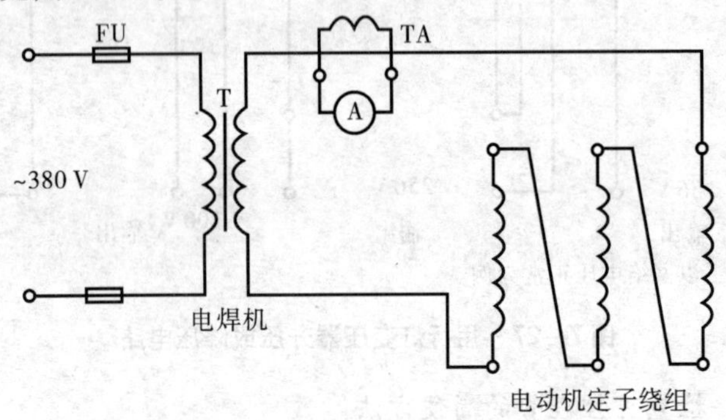

图 7－29 用电焊机干燥电动机电路

30. 变压器短路干燥法

把变压器的一侧绕组短路，另一侧用自耦变压器施加电压使变压器绕组内流过额定电流。依靠绕组铜损产生的热量来加热变压器，可达到干燥变压器的目的，如图 7－30 所示。本方法简便实用，干燥升温快，但需用自耦变压器容量也较大，一般比被干燥变压器的容量大10%以上。另外此法也容易产生局部过热，并且耗电量较大。所以，一般只适用于被干燥变压器容量不大的情况。为了安全起见，一般都从变压器低压侧施加电压，而把高压侧短接。对三绕组变压器，只能把其中一个绕组接电源，另一个短路接地，而第三个绕组要开路。使用短路干燥法应注意观察短路侧的电流不能超过该侧的额定电流太多。

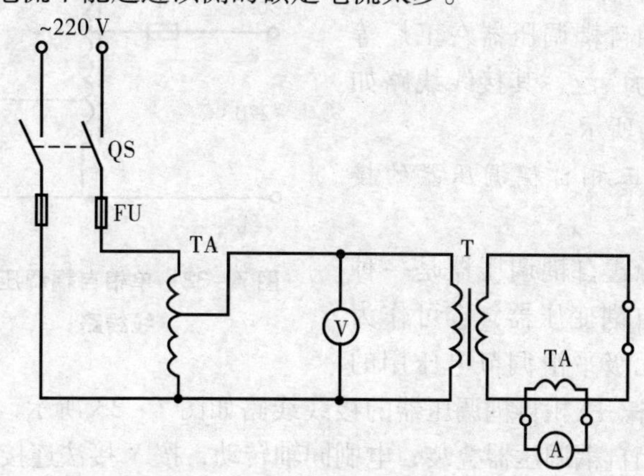

图7－30 变压器短路干燥法电路

31. 巧用变压器

有些地区的电压常低于220 V，而有些地区的电压则高于220 V，那么用现有的双线圈变压器接成自耦变压器来升高或降低电源电压，即能使额定电压为220 V的用电器正常工作，如图7－31所示。当开关Q打在升压位置时，变压器相当于一个自耦变压器，将电源电压升高6.3 V；如将开关Q打在“正常”位

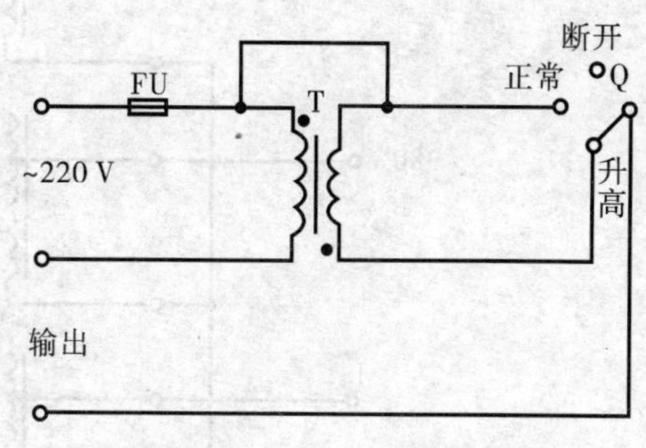

图7－31 巧用变压器电路

置时，负载是直接接到电源上，输出电压仍为电源电压；如果将初、次级的连接线改为同名端相连，则输出电压将降低 6.3 V，图中的黑圆点表示绕组的同名端。采用这种接法，负载电流不得大于初、次级的额定电流，网路电压如经常低于或高于线路额定电压 10 ~ 30 V，可选 220V/36 V 的变压器连接。

32. 单相自耦调压器线路

单相自耦调压器在工厂等应用极为广泛，其接线线路如图 7 - 32 所示。

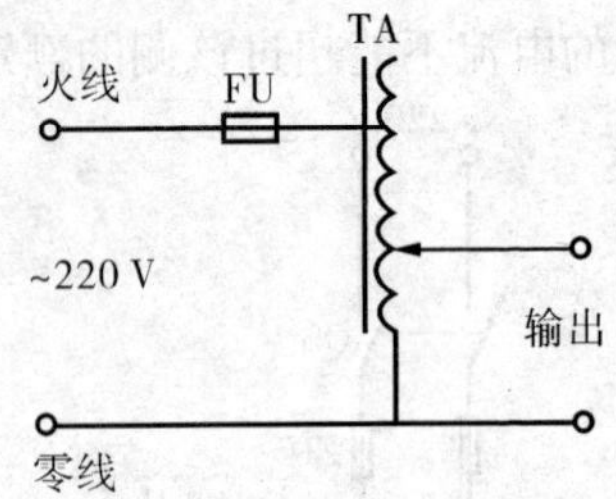

图 7 - 32 单相自耦调压器的接线线路

33. 三相自耦调压器的接线线路

接触式自耦调压器是一种可调的自耦变压器，它可作为带负载无级平滑调节电压用的用电设备。三相自耦调压器的接线线路如图 7 - 33 所示，它是将三个单相自耦调压器叠装，电刷同轴转动，按 Y 接法连接。

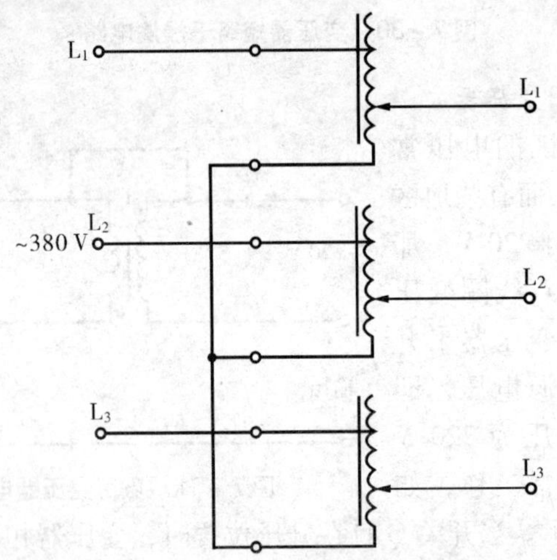

图 7 - 33 三相自耦调压器的接线线路

34. 扩大单相自耦调压器调节电压范围的线路

一般的单相自耦调压器调压范围是 0～250 V。但有时需要高于 250 V 的可调电压，那么按图 7－34 接线，可以得到 0～406 V 连续可调的输出电压。当 Q 打在“1”挡位置时，输出电压为0～250 V；将 Q 打在“2”挡位置时，输出电压为220 ～406 V。

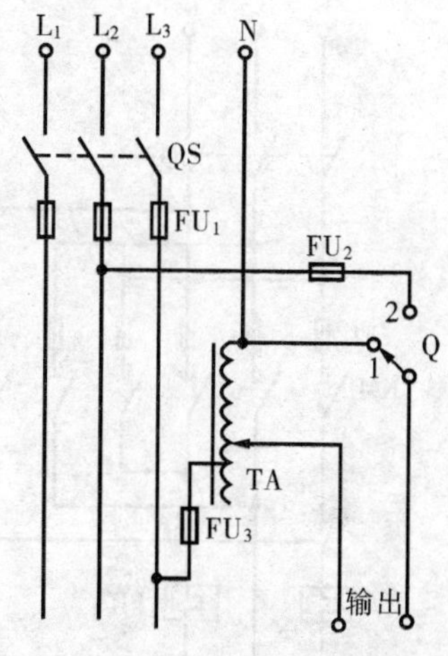

图 7－34 扩大单相自耦调压器调节电压范围的接线线路

35. 一种三相异步电动机低速运行方法

有时由于工作的需要，如机床运动部件准确定位，需要电动机降低速度运行。如图 7－35 所示是一种三相异步电动机反接制动后并低速运行的接线线路，图中只画了主回路。KM_3 和 KM_1 为电动机正常运行接触器，KM_2 为电动机反接制动接触器。

图 7－35a 为三角形接法的电动机反接制动并低速运行电路。KM_1、KM_3 吸合，电动机正常工作，在制动时，KM_1、KM_3 释放，KM_2 接触器接通电源，这时电机线圈绕组中串联二极管，电流中含直流成分，既有助于电动机制动，又能使电动机低速反转，在工作完毕时可切断 KM_2 的电源。图 7－35b 为星形接法电动机的反接制动低速运行线路，工作原理同上。

36. 自制一种能消除感应电的验电笔电路

在测验三相交流电时，如果带电的线路较长，这时即使三相交流电缺一相电源时，用一般的验电笔测试，也很难判断出是哪根电线缺相（因为线路较长，会使并行的线与线之间产生的电容容量增大，使不带电的某一根电线产生感应电）。为了快速、准确地判断，可在一般的低压验电笔的氖泡上并联一只 1 500 pF 小

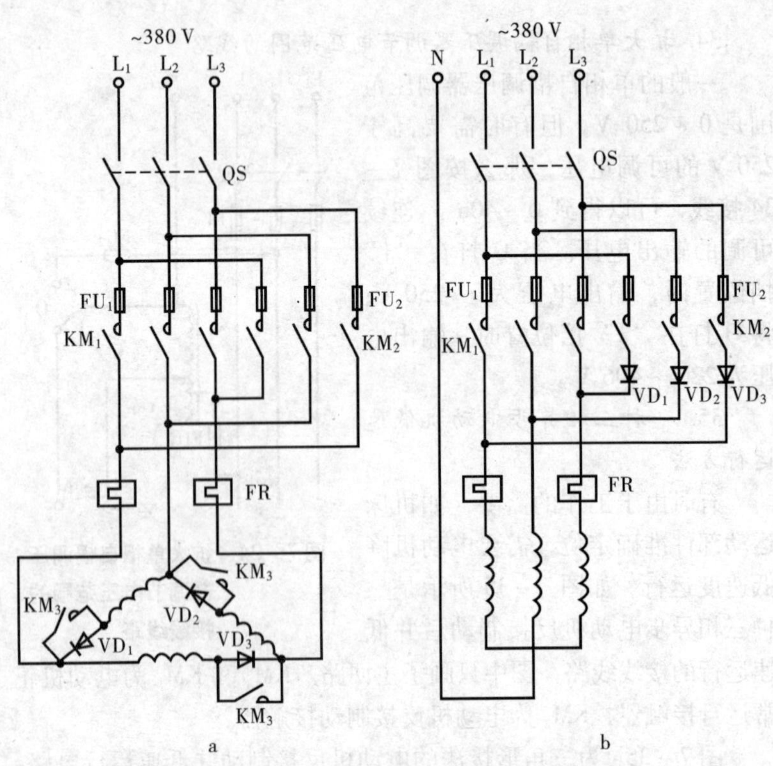

图 7－35 一种三相异步电动机低速运行电路

电容，这样在测强电时，电笔照常发光，而测得的是感应电时，这时感应电会通过电容再经过人体被大地吸收掉，所以电笔不发光。在自制这种验电笔时应把电笔上串联的保护电阻放在测电笔线路的最前边，以保障安全，见图 7－36。

37. 单电源变双电源电路

在实际工作中，往往用电设备为双电源，并且对称。在手头只有单电源的情况下，按图 7－37 所示连接，即可变为双对称电源使用。

38. 一种限位器的接线线路

限位器在工厂的应用极为广泛。这里介绍一种限位器接线方

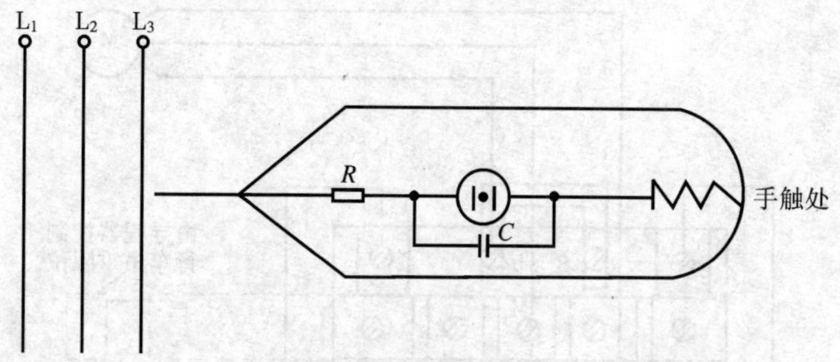

图 7 – 36　自制一种能消除感应电的验电笔电路

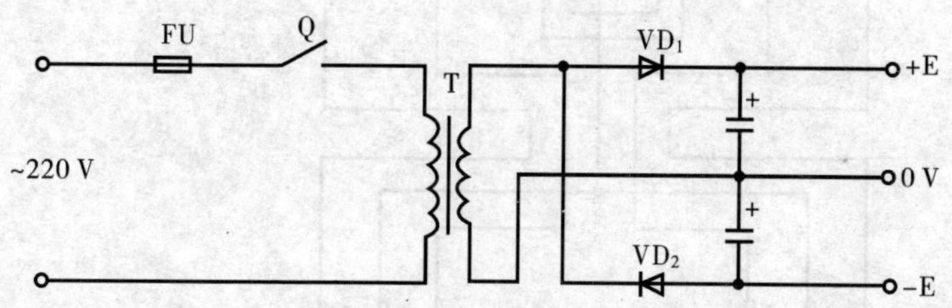

图 7 – 37　单电源变双电源电路

法，这种限位器主要用于行车的上下电动机限位。当吊钩高于限制位置时，它会使电动机自动断开电源。这种方法一般是断开主电机电源线，而不是用控制线控制接触器通断电动机停止来限位。其优点是万一接触器熔在一起不能断开时，限位器同样能起到保护限位的作用。其接线线路如图 7 – 38 所示。

39. 电力电容用于无功功率补偿电路

电力电容器用于提高电网的功率因数，是利用电容电抗来减少线路中由于电感电抗的存在所造成的电压损失，起到减少线路消耗、增加线路输送容量作用。图 7 – 39a 为高压电网上集中装在 10 kV 母线侧电容器组的接线线路。它的优点是维护方便，能减少主变压器及输电线路的无功负荷。图 7 – 39b 为装在低压配电线路上的分组补偿电容器电路。其特点是能补偿配电网及配电变压器的无功损失，降低线损，但是安装较分散，轻负荷运行时电

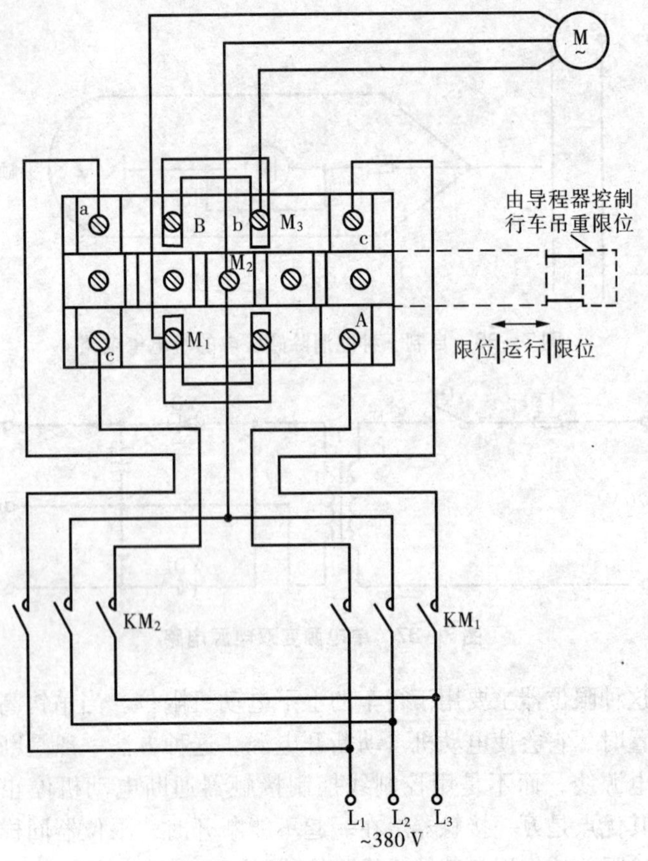

图7－38　一种限位器的接线线路

压过高，不能及时退出电容器运行，对用电设备和电容器不利。图7－39c为装在电动机旁的分别补偿线路，其特点是可减少低压配电线路的导线截面积和配电变压器的容量，对于较大容量的电动机更为有利。

做无功功率补偿的电容容量要根据用电负荷计算。用电力电容补偿无功功率太多，会造成电容在电网上的补偿电压过高，造成用电设备烧坏。而补偿容量过小，又起不到很好的无功功率补偿作用。

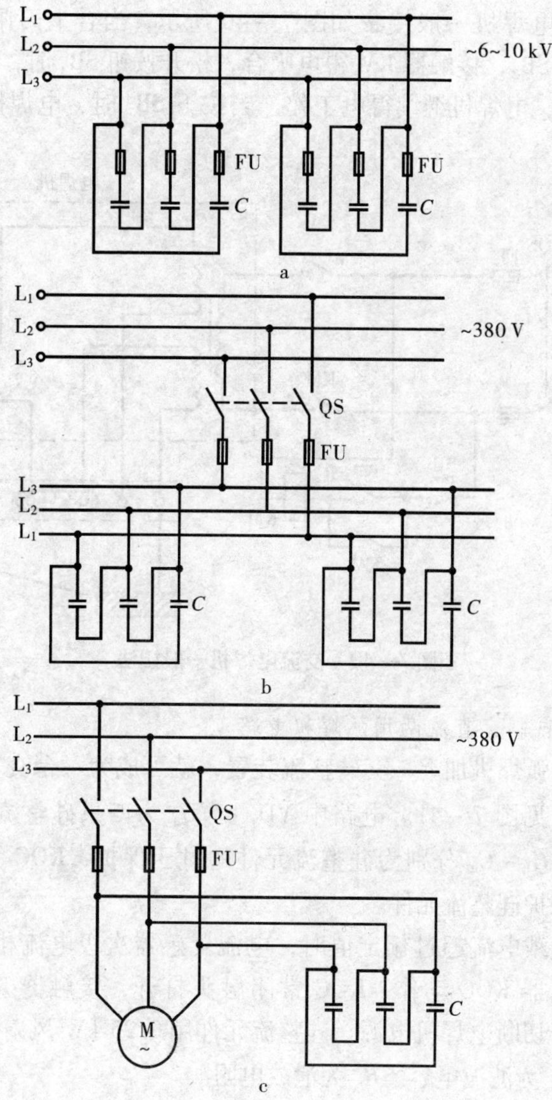

图7－39　电力电容用于无功功率补偿电路

40. 交流电焊机一般接法

交流电焊机一般接法如图 7－40 所示，当合上刀闸 QS 时，按下按钮 SB_2，接触器 KM 得电吸合，松开按钮 SB_2 时，KM 自锁触点自锁，电焊机继续得电工作，当按下 SB_1 时，电焊机停止工作。

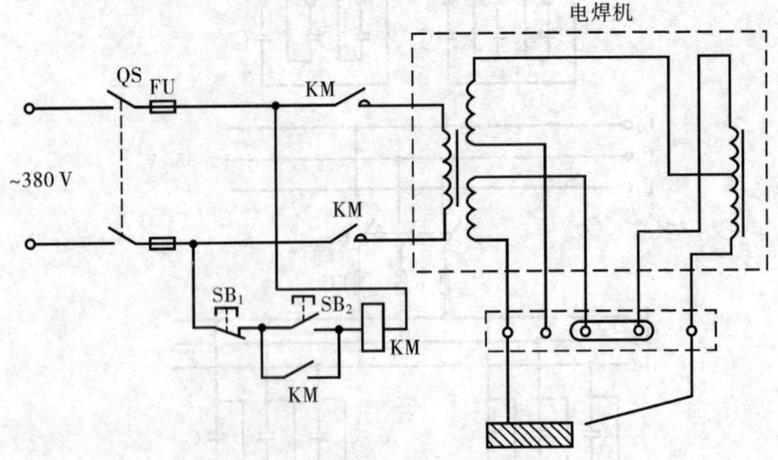

图 7－40 交流电焊机一般接法

41. 自制交直流两用弧焊机电路

交流弧焊机加上一套硅整流装置，就可成为一台交直流两用弧焊机，见图 7－41。电路中 VD_1～VD_4 为四只硅整流二极管，R_1～R_4、C_1～C_4 分别为硅整流元件的过压保护，KOC 为过流继电器，保护硅整流元件。

当负载电流超过额定值时，电流互感器次级电流相应增加，带动继电器 KOC 动作，KOC 常闭触头打开，接触器 KM 释放，触头打开切断电焊机电源。硅整流元件用 0.25 kW 风扇作为风冷设备。C_5 为滤波电容，R_5 为泄放电阻。

42. 利用硅整流电镀电路

在电镀过程中，常常利用硅整流设备的调压电路进行工作，

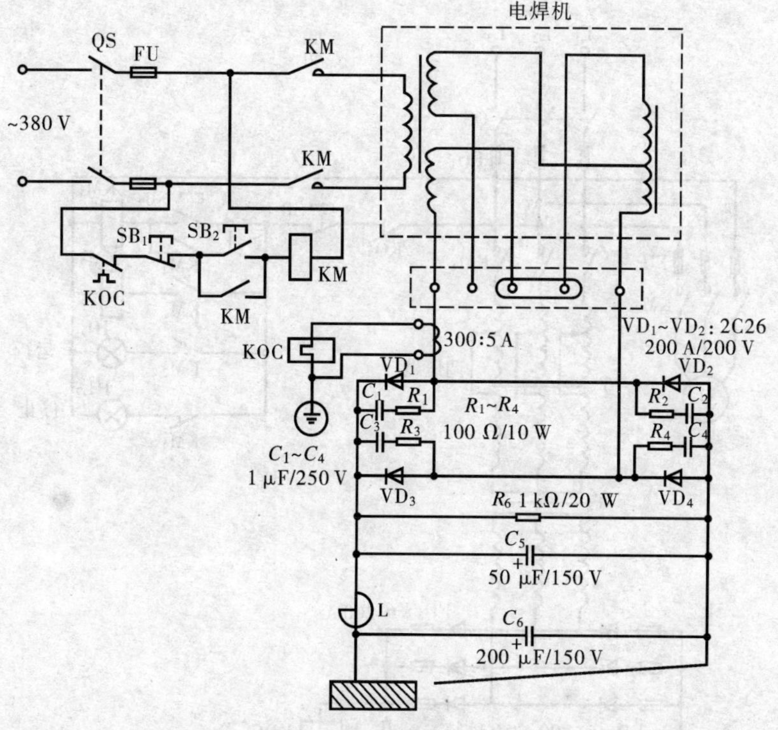

图 7－41　自制交直流两用弧焊机电路

其工作原理如图 7－42 所示。当需进行工作时，按下按钮 SB_2，接触器 KM_1 线圈通电，主回路中触点闭合，线路输出直流电压。与此同时，KM_2 也得电动作，接通电扇，对硅整流以及调压器吹冷风降温。线路中 KOC 为过流继电器。

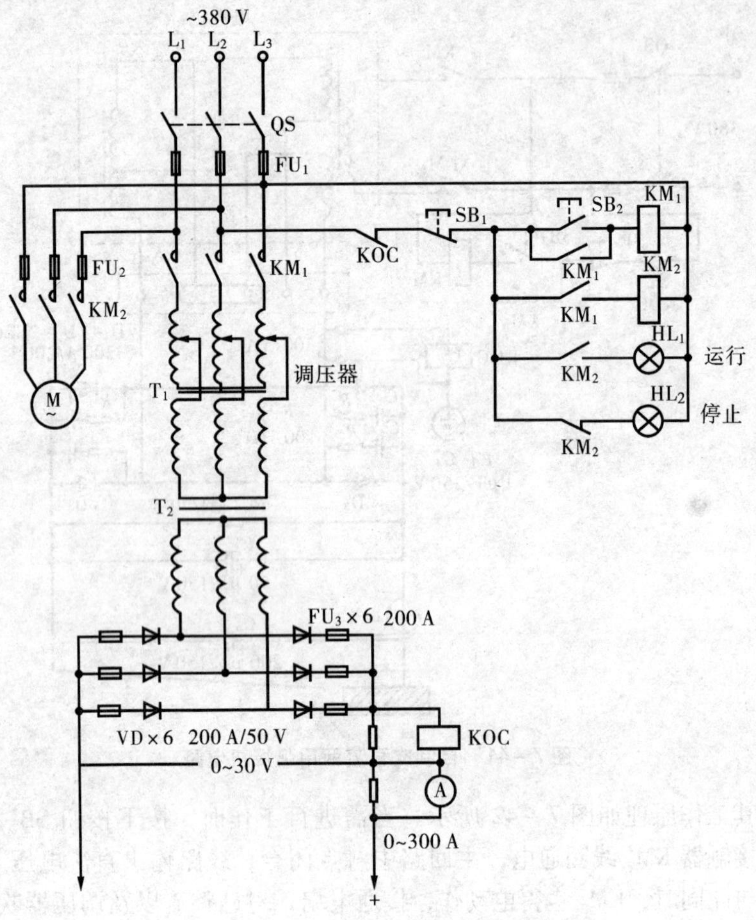

图7-42 利用硅整流电镀电路

第八章　节电电气线路

1. 简易电度表节电电路

在单独核算用电量的接分表单位，如果用电器不是连续使用，便可按图 8－1 连接电度表、控制开关、用电器等。在不用电时，同时也断开电度表内的电压线圈，达到节电之目的。一般电度表（包括单相和三相）按线圈本身每小时耗电 2 W 计算，由于一年之中总是通电，故全年耗电达 $2\times24\times365\times10^{-3}=18$ kW · h（度），如果用电器利用率为 0.5（12 h/d），则用此方法一年可节约 9 度电。

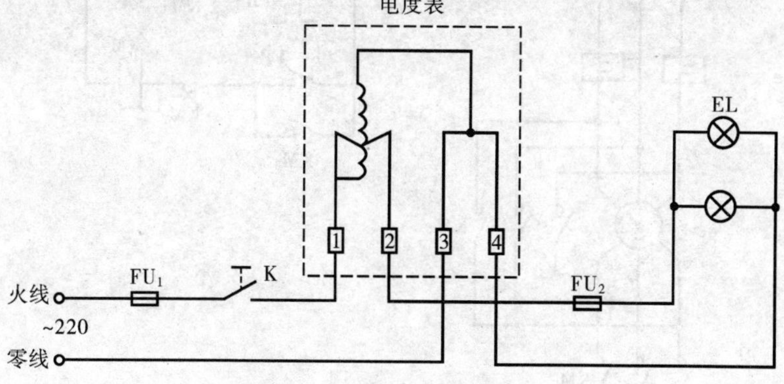

图 8－1　简易电度表节电电路

此线路可应用于汽车库、售货亭等场所节电。电度表要定期校核，并同时在电度表上、电度表前边的开关上打上铅封。

2. 用热继电器做电动机 Y－△节电转换电路

在机床上，电动机的额定容量是按照机床最大切削量设计的，在实际实用中，往往不能满负荷，很大程度上存在着大马拉小车的现象。那么利用三相异步电动机的△接法改为 Y 时，每相绕组承受的电压为原来的 $1/\sqrt{3}$，线电流为原来的 $1/\sqrt{3}$。如果电动机的实际负载也减小为满负载的 1/3，那么电动机可以在 Y 接法下安全运行，从而使线电流减小，功率因数提高，起到节电作用。

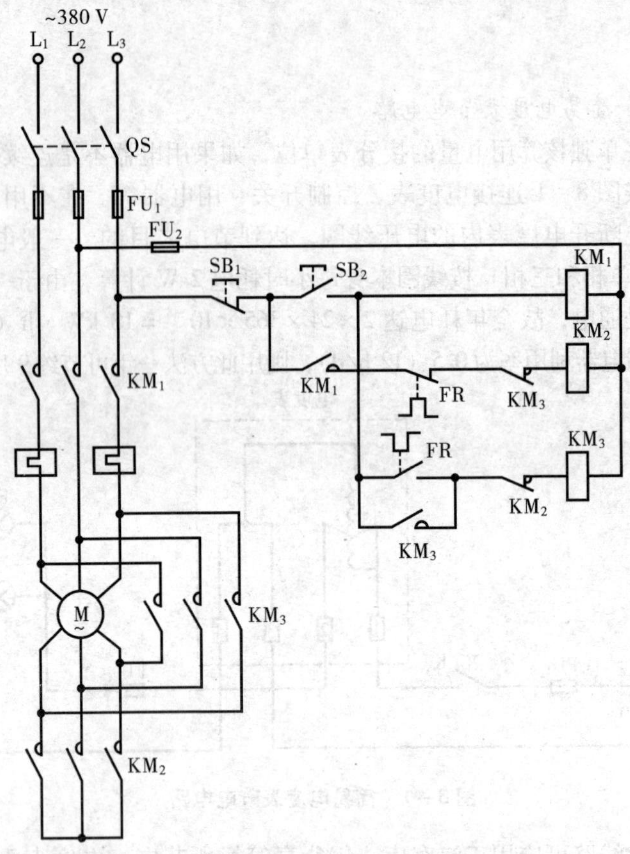

图 8－2 用热继电器做电动机 Y－△节电转换电路

如图 8－2 所示是用热继电器控制电动机 Y－△节电转换电路。当轻载时，热继电器不动作，接触器 KM_1、KM_2 吸合，电动机接成 Y 运行；当电动机处于重负荷下运行时，热继电器 FR 动作，其常开点闭合，自动将 KM_2 断开并使 KM_3 也吸合，电动机切换为△接法运行。

3. 用电流继电器做电动机 Y－△节电转换电路

转换电路连接方式如图 8－3 所示。当按下 SB_2 时，接触器 KM_1、

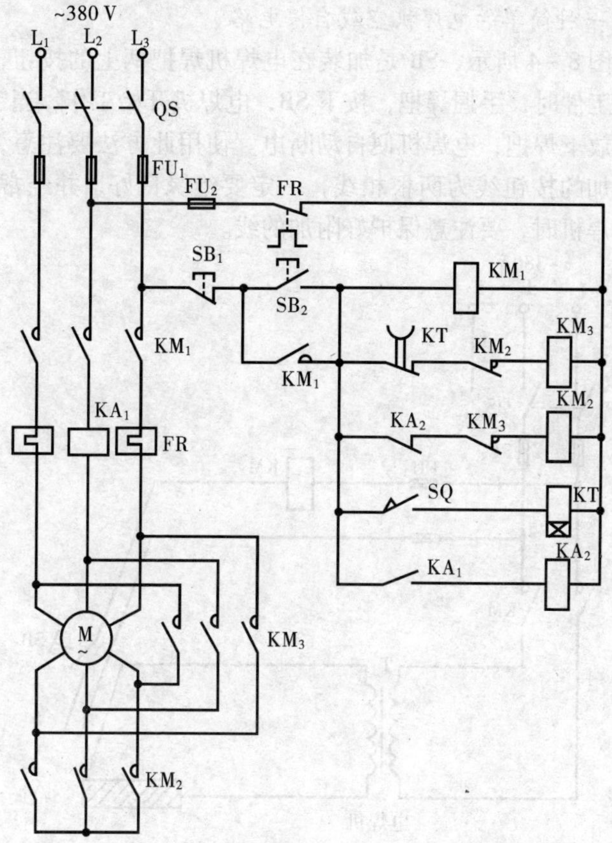

图 8－3　用电流继电器做电动机 Y－△节电转换电路

KM_2 吸合，电动机接为 Y 运行启动。图中的 SQ 限位开关受主轴操纵杆控制，主轴在工作运转时，SQ 压下闭合，时间继电器 KT 吸合。如空载或轻载时，电流继电器 KA_1 不动作，电动机 Y 接法运行不变；如重载时，KA_1 吸合，这时 KA_2 随之吸合，切断 KM_2 线圈电路，KM_2 断电释放，KM_3 得电吸合，电动机改为△运行。工作完毕时，通过主轴操纵杆使 SQ 断开，KT 断电释放，KM_3 释放，KM_2 线圈得电吸合，于是电动机改为 Y 接法运行。

4. 一种简单的电焊机空载自停电路

如图 8－4 所示，SB 是加装在电焊机焊把柄上的按钮，当电焊工焊工件时，手握焊把，按下 SB，电焊机开始工作，当工作完毕后，放下焊把，电焊机便自动断电。使用此方法要注意，电焊把上附加的按钮线为两根相线，一定要绝缘良好，并经常检查。不用电焊机时，要注意保护好附加的线。

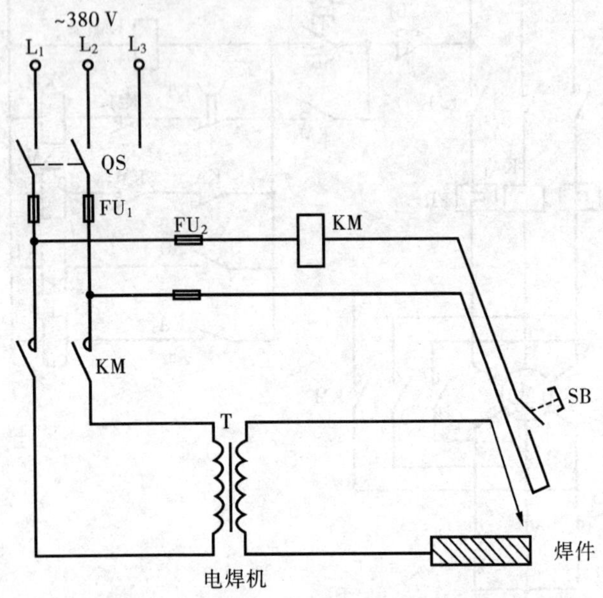

图 8－4　一种简单的电焊机空载自停电路

5. 一种电焊机节电方法

如图 8－5 所示，SB 是加装在电焊钳胶柄上的微型按钮开关。当使用电焊机时，合上刀闸 QS，手握电焊钳胶柄，拇指随即按下开关 SB，小型继电器得到低压直流电动作，KA 闭合，交流接触器 KM 又得电吸合，KM 触点接触，电焊机工作。焊接停止时，拇指抬起，SB 恢复原位，继电器失电动作，KA 开路，交流接触器 KM 释放，电焊机电源被切断。

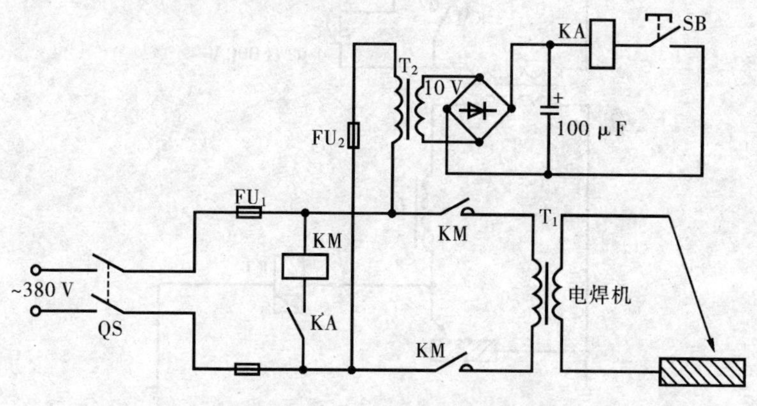

图 8－5　一种电焊机节电方法

6. 交流电焊机熄弧自动断电装置

使用交流电焊机熄弧自动断电，可以达到保安和节电的作用。如图 8－6 是应用时间继电器的自动熄弧断电装置。当合上刀闸 QS 时，交流接触器 KM 得电，电焊机通电，这时，电焊工如果不工作，电焊机空载电压 60～70 V 使时间继电器延时动作，KT 触点断开 KM 交流接触器，达到空载自停。但并接在 KM 触点两端电容器 C 继续给电焊机供电，使继电器 KT 继续通电。当电焊机焊条与焊件的壳接触时，KT 两端电压很低，KT 释放，KT 触点闭合，电焊工即可焊接。焊接完毕，KT 两端电压升高，经延时再动作。时间继电器的工作点应整定在电弧燃烧时不动作，而在熄弧时延时动作。

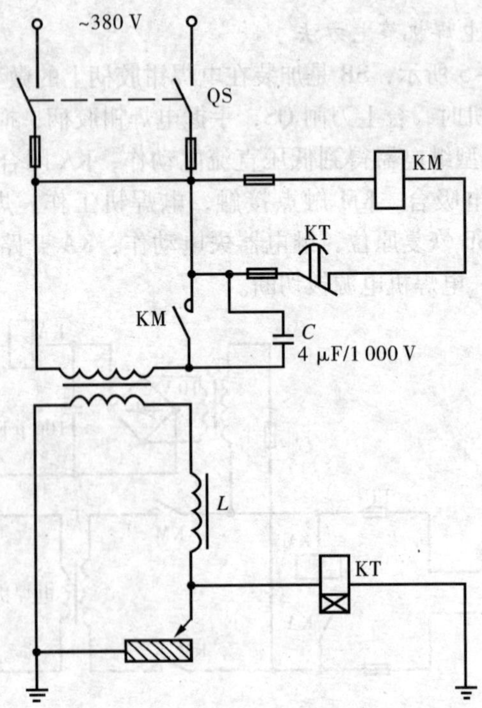

图 8－6　交流电焊机熄弧自动断电装置

7. 简易电焊机空载自停装置

目前，市场上出售的不少电焊机空载自停节电装置，大都是利用电焊机本身变压器原边串入电容降低空载损耗，副边利用电流互感器检出起弧信号，经放大使原边交流开关吸合来进行焊接。但这种线路存在以下缺点：节电效果不显著，焊机空耗仍在 100 W 以上，加之利用电流互感器通过的电流较大，故体积也大，线路也较复杂，故障较多。图 8－7 是一种线路简单、成本低并具有延时电路的电焊机空载自停装置。

工作原理：SB 是加装在电焊机胶柄上的微型开关。当使用电焊机时，合上刀闸 QS，手握电焊钳胶柄，拇指随即按下按钮开关 SB，三极管 VT 导通，继电器 KA 吸合，KA 触点闭合，交流接触器 KM 得电吸合，KM 触点接触，电焊机开始工作。焊接完毕时，拇指抬起，SB 恢复原位，经一定时间后，继电器失电释放，KA 开路，交流接触器线圈断电释放。电路中 C_3 是为了使继电器 KA 延时释放所加，可避免在焊接工作时微型按钮瞬间多次通断造成电焊机工作电源的不正常。

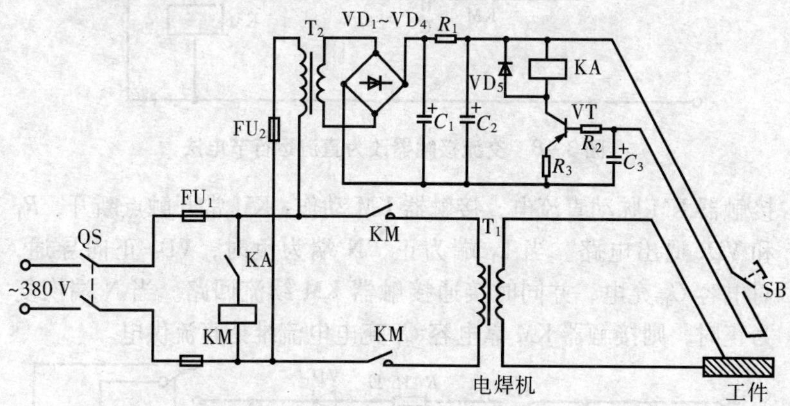

图 8-7　简易电焊机空载自停装置

8. 交流接触器改为直流运行节电法

交流接触器改为直流运行可以消除运行中的噪声，降低释放电压，节电效果显著。如图 8-8 是一种简单的交流接触器无声运行节电线路。当启动电动机时，按下交流接触器 KM 启动按钮 SB_1，交流接触器 KM 吸合，KM 辅助点也闭合，放松按钮 SB_1，SB_1 常闭触点将二极管 VD 接通，VD 与 KM 线圈相并联，这时 KM 仍保持吸合，并转为直流运行。电容 C 串入电路起降压作用，并使交流电在正负半波时都由上而下流过线圈，从而使交流接触器改为直流运行。

9. 交流接触器无声运行电路

交流接触器改为无声运行具有节电效果显著、无噪声、运行温度低及使用寿命延长等很多好处，工作原理如图 8-9 所示。按下 SB_1，当电源 N 端为正，L_1 端为负时，VD_1 接入电路，供给

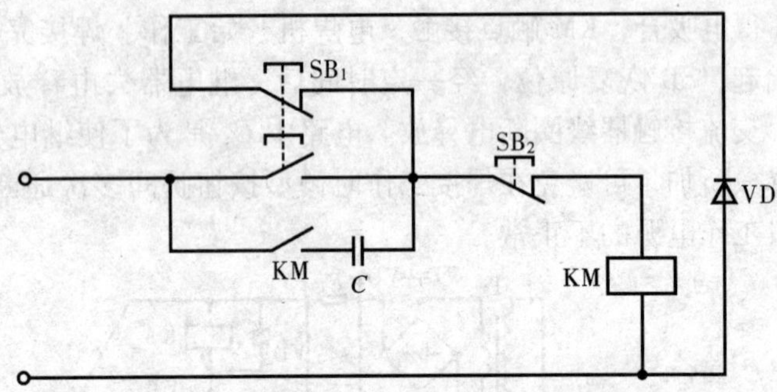

图 8－8　交流接触器改为直流运行节电法

接触器 KM 脉动直流电，接触器 KM 动作，KM 常开触点断开，R_1 和 VD_1 退出电路。当 L_1 端为正，N 端为负时，VD_2 正向导通，对电容 C_1 充电，并同时接通接触器 KM 续流回路。当 N 端恢复为正时，则接触器 KM 靠电容 C_1 充电电流维持直流供电。

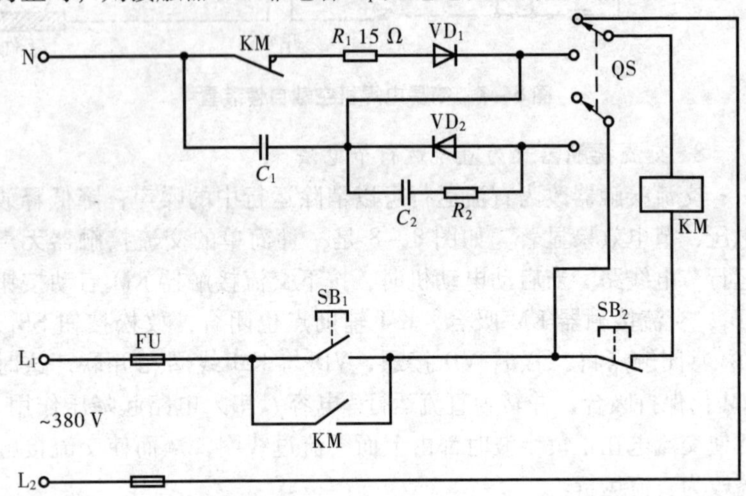

图 8－9　交流接触器无声运行电路

QS 为交直流转换开关，如整流电路需要进行故障维修时，可将转换开关 QS 投入交流位置，使接触器转入交流运行，不影响电气设备的正常运行。

常用交流接触器无声运行型号为 CJ10 – 100 时，电容容量为 1.47 μF/400 V，二极管型号 IN 4007。型号为 CJ10 – 150 时，电容容量为 1.47 μF/400 V，二极管型号 IN 4007。型号为 CJ12B – 250 时，电容容量为 2 μF/400 V，二极管型号 IN 4007。

第九章 电工仪表线路

1. DD17 型单相跳入式电度表的接线方法

电度表是测量用电器用电量的一种仪表，它可测量用电器的有功功率。它的接线方法见图 9－1，电度表电流线圈 1 端接电网火线，2 端接用电器火线，3 端接电网零线进入线，4 端接用电器零线。总之，1、3 进线，2、4 出线后进入用户。电度表每月本身耗电约 1 度左右，因此一般分表应向总表多补贴一度电费。

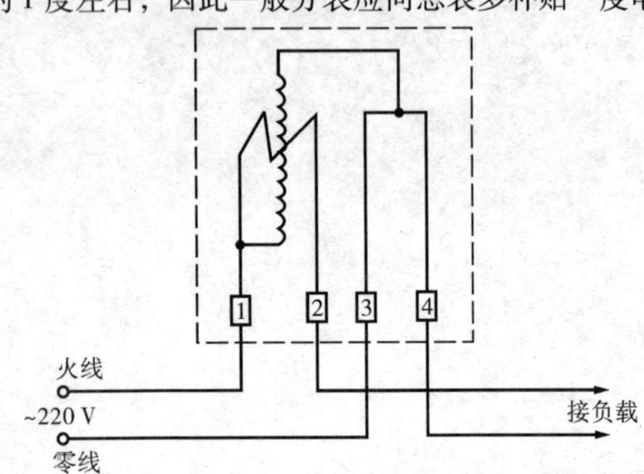

图 9－1 DD17 型单相跳入式电度表的接线线路

电度表的额定电压为 220 V、电流规格为 1（2）A 安时，选用负载为最小功率 11 W，最大功率 440 W，否则造成电表度数计费不准或超载时烧坏电度表。以此类推，如果电度表为2.5（5）A时，选用负载为27.5～1 100 W；如果电度表为5（10）A安时，选用负载为55～2 200 W；如果电度表为30（6）A安时，选用负载为330～13 200 W；如果电度表为60（120）A安时，选用负载则为660～26 400 W。

2. 单相电度表测有功功率顺入接线方法

如图9－2所示是一种单相电度表测有功功率的顺入接线方法。目前这种方法较少见，多用于老式电度表。它是由接线端于1、2进线，3、4出线，电源的相线必须接接线端于1上。

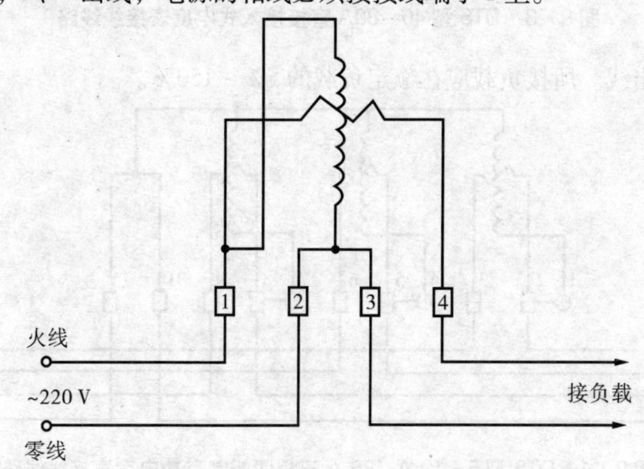

图9－2　单相电度表测有功功率顺入接线线路

3. DT8型40～80 A直接接入式电度表接线方法

如图9－3所示是DT8型40～80 A直接接入式三相四线制有功电度表接线线路。三相四线三元件电度表实际上是三只单相电度表组合，它有三个电流线圈、三个电压线圈和10个接线端子。

4. DT8型510 A、25 A三相四线制有功电度表接线方法

如图9－4所示是DT8型5～10 A、25 A三相四线制有功电度表接线线路。它有11个接线端子，接线时，应按照相序及端钮上所标的线号接线，接线端子标号1、4、7、10为进线，3、6、9、

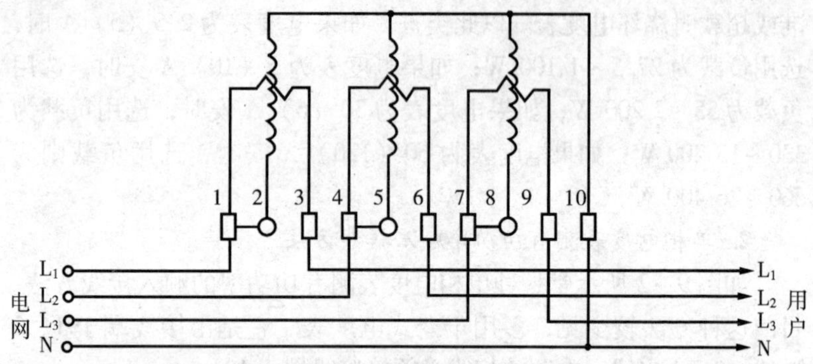

图 9－3　DT8 型 40～80A 直接接入式电度表接线线路

11 为出线。所接负载应在额定负载的 5%～150%。

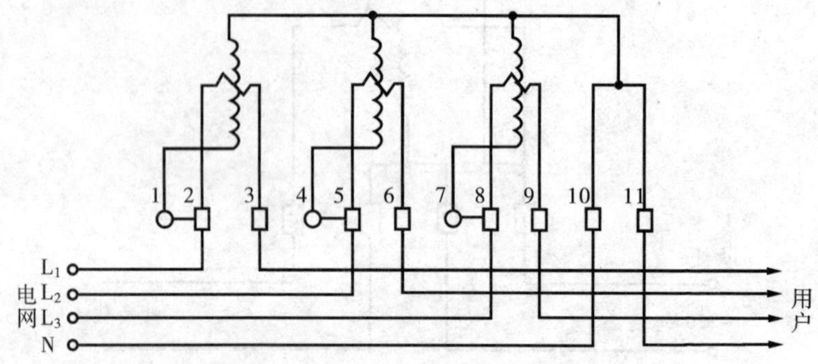

图 9－4　DT8 型 5～10 A、25 A 三相四线制有功电度表接线线路

5. DT8 型 5A 电流互感式三相四线制有功电度表接线方法

DT8 型 5 A 电流互感式三相四线制有功电度表接线方法如图 9－5所示。电度表应按相序接入。电度表经电流互感器接入后，计数器的读数需乘互感器感应比率才等于实际电度数。例如电流互感器的感应比率为 200/5，那么电度表读数再乘以互感器的感应比率才是实际用电度数。

6. DS8 型 380 V、5 A 电流互感式三相三线制电度表接线方法

如图 9－6 所示为 DS8 型 380 V、5 A 电流互感式三相三线制电

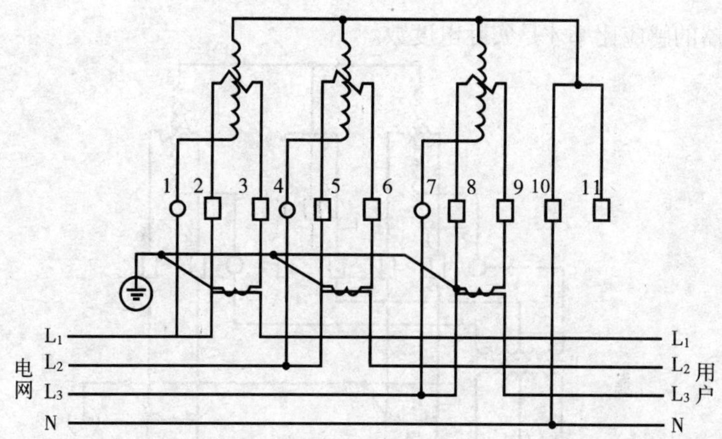

图 9-5 DT8 型 5A 电流互感式三相四线制有功电度表接线线路

度表接线线路。电度表读数再乘以互感器的感应比率才为实际用电度数。

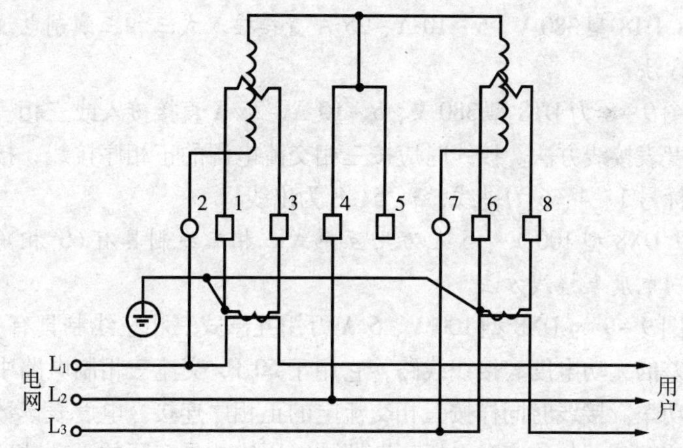

图 9-6 DS8 型 380 V、5 A 电流互感式三相三线制电度表接线线路

7. DS8 型 100 V、5 A 万用互感式三相三线制电度表接线方法

如图 9-7 所示为 DS8 型 100 V、5 A 万用互感式三相三线制电度表接线线路。电度表读数乘以电压互感器的感应电压比和电流互

感器的感应比率才是实际电度数。

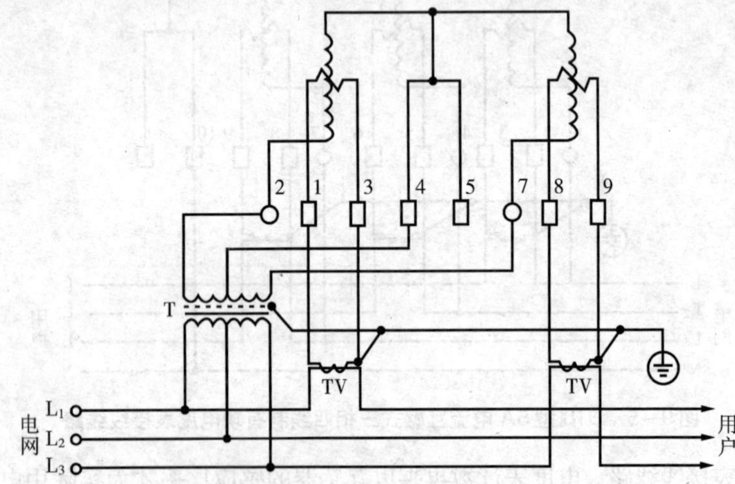

图 9－7　DS8 型 100 V、5 A 万用互感式三相三线制电度表接线线路

8. DT8 型 380 V、5～10 A、25 A 直接接入式三相三线制电度表接线方法

图 9－8 为 DT8 型 380 V、5～10 A、25 A 直接接入或三相三线制电度表接线方法。接线时应按三相交流电源的正相序接线，接线端子标号 1、4、6 为进线，3、5、8 为出线。

9. DX8 型 100 V、5 A 万用互感式三相三线制具有 60°相角差的无功电度表接线方法

图 9－9 为 DX8 型 100 V、5 A 万用互感式三相三线制具有 60°相角差的无功电度表接线线路，它用于 50 Hz 交流三相制电路中测无功功率。接线时同样按三相交流电的正相序连接。电度表读数乘以电流互感器的倍率和电压互感器的电压比才是实际的无功功率度数。

10. DX8 型 380 V、5 A 电流互感式无功电度表接线方法

图 9－10 为 DX8 型 380 V、5 A 电流互感式无功电度表的接线线路。其中互感器线圈一端应可靠接地。无功功率表的读数乘以电

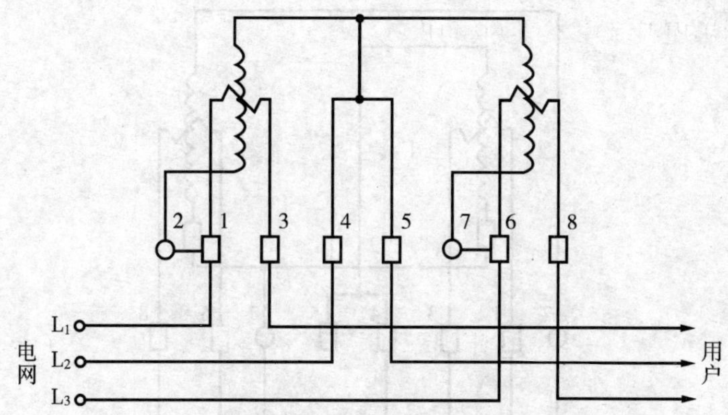

图 9－8　DT8 型 380 V、5～10 A、25 A 直接接入式三相三线制电度表接线线路

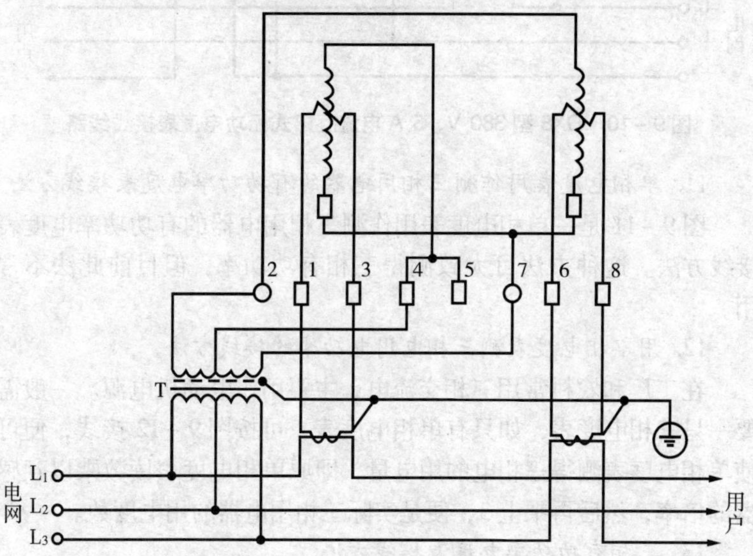

图 9－9　DX8 型 100 V 、5 A 万用互感式三相三线制具有 60° 相角差的无功电度表接线线路

流互感器的倍率才是实际的无功功率数。

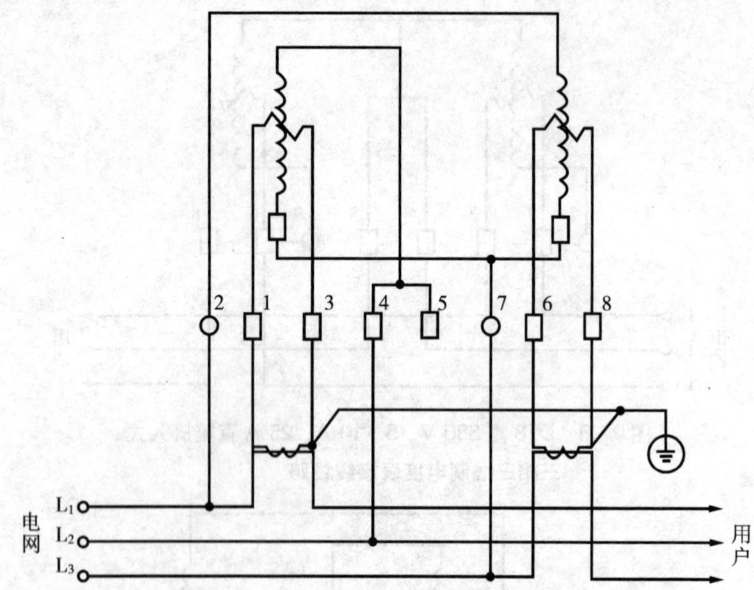

图 9－10　DX8 型 380 V、5 A 电流互感式无功电度表接线线路

11. 单相电度表用作测三相用电器的有功功率电度表接线方法

图 9－11 是一单相电度表用作测三相用电器的有功功率电度表接线方法。这种方法可大致测得三相有功功率，但目前此法不常用。

12. 用单相电度表测三相电用电功率的接线方法

在工厂和农村常用三相交流电，主要用作电动机电源。一般需要一只三相电度表，如只有单相电度表，可按图 9－12 接线，便可使单相电度表测得三相电的用电量，即原单相电度表读数乘以互感器的倍率，然后再乘上 3，便是实际三相用电器的用电度数。

13. 三相有功功率电度表接线方法

如图 9－13 是一种三相有功功率电度表的接线方法。它的外部配接有电流互感器和三相交流变压器。

14. 三相无功电度表具有 60°相角差的二元件正弦表接线方法

具有 60°相角差的三相无功电度表（DX2 型）的特点是：当负

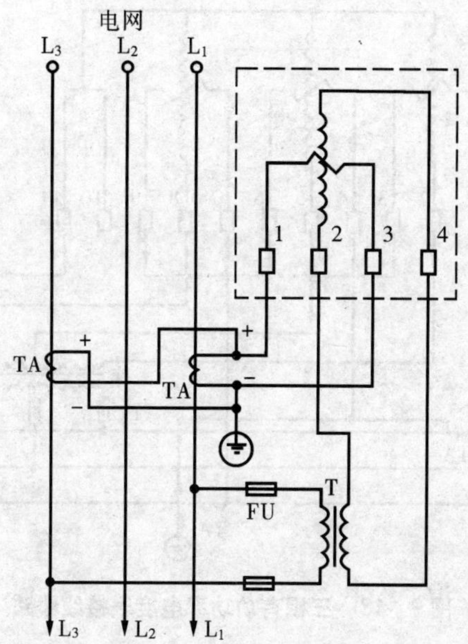

图 9－11 单相电度表用作测三相用电器的有功功率电度表接线线路

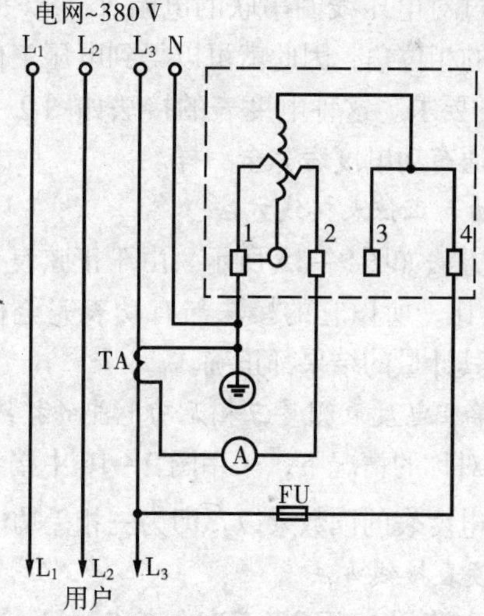

图 9－12 用单相电度表测三相电用电功率的接线线路

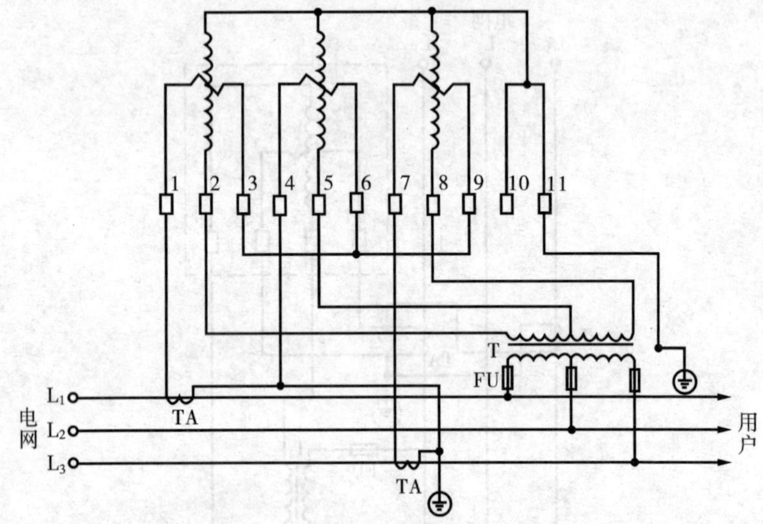

图 9－13 三相有功功率电度表接线线路

载功率因数 $\cos\varphi=1$ 时，电压工作磁通与电流磁通的相位差不是 90°而是 60°，通过对电压线圈串联的电阻 R_1、R_2 的选择，可以改变电压工作磁通的相位角，因此就可以得到电压工作磁通与电流磁通间 60°相位差的要求。这种电度表的接法如图 9－14 所示，可以看出其接线与普通有功电度表完全一样。

15. 三相无功表正弦表接线方法

正弦表接线方法如图 9－15 所示。由于正弦表元件所产生的力矩与 $UI\sin\varphi$ 成正比，所以它的接法与有功表完全相同。不论电流电压是否平衡，其计量的结果都正确。

16. 用一只单相电度表测量三相无功电能的接线方法

在三相负荷对称的情况下，采用图 9－16 中接线方式可以测得三相无功电能。电度表的读数乘以$\sqrt{3}$即为三相无功电能。

17. 直流电度表接线方法

一般的直流电路的电能可用直流电度表测得，其常用的直流电度表接线方法如图 9－17 所示。它有一组电压线圈和一组电流线

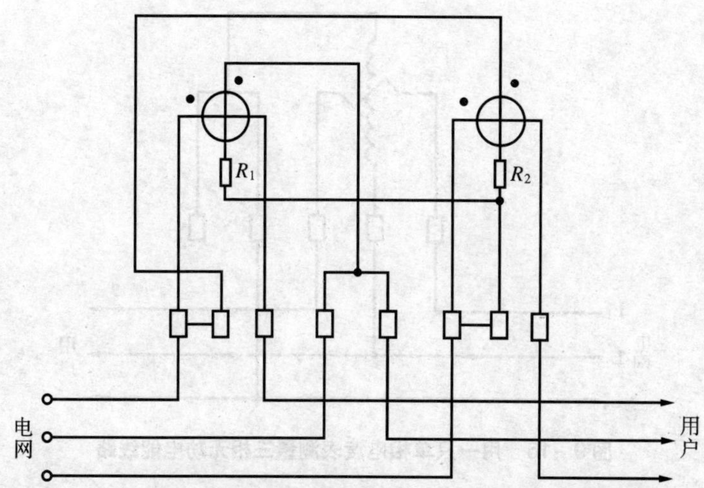

图 9－14　三相无功电度表具有 60°相角差的二元件正弦表接线线路

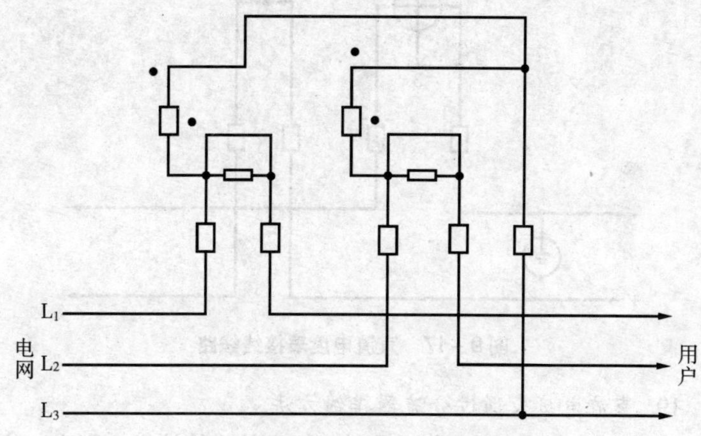

图 9－15　三相无功表正弦表接线线路

圈，分别接于被测电路中。

18. 直流电度表经附加电阻接线方法

图 9－18 所示是一直流电度表经附加电阻接线方法。这种方法主要为使所测的直流电压与电度表上的电压线圈要求相符合。

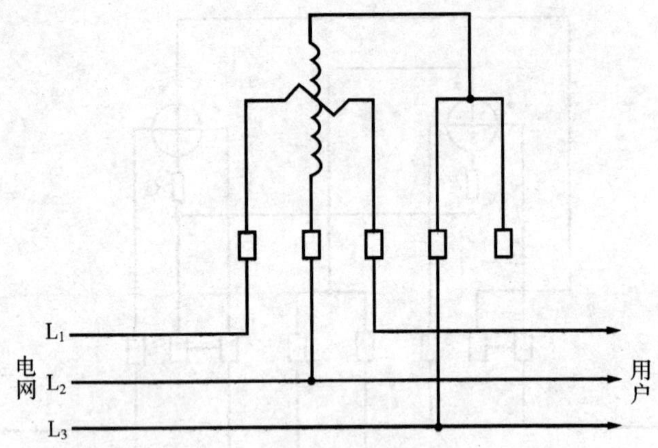

图 9-16 用一只单相电度表测量三相无功电能线路

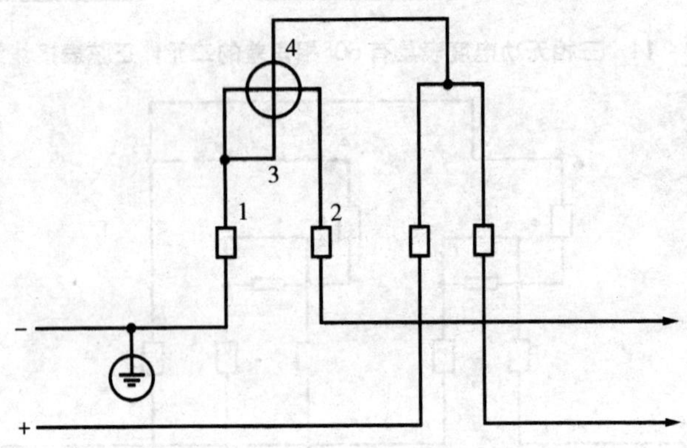

图 9-17 直流电度表接线线路

19. 直流电度表通过分流器接线方法

因直流线路中有时工作电流较大，不能直接接入电度表，这样就必须加一个分流器，然后再接入电路中。其连接线路如图 9-19 所示。

20. 直流电流表的接线方法

电流表是电工用来测量电路中电流大小的仪表。电流表需和被测电路串联。直流电流表的正极应与电源的正极接线端子相连接。

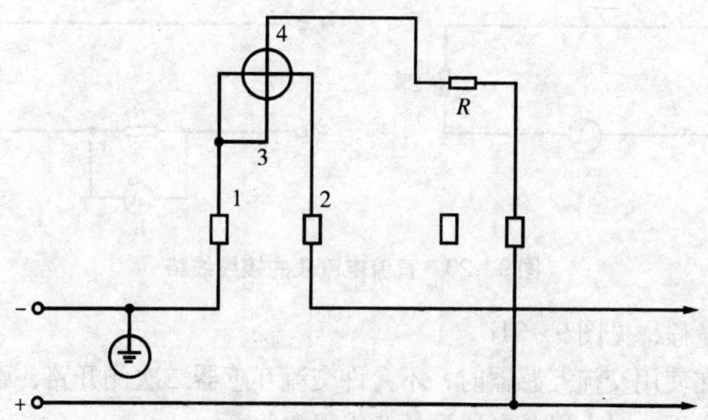

图 9-18　直流电度表经附加电阻接线线路

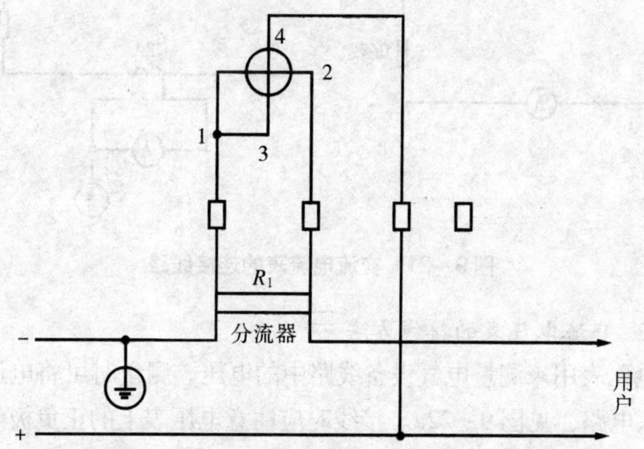

图 9-19　直流电度表通过分流器接线线路

仪表的量限应为被测电流的 1.5～2 倍。

图 9-20a 为直流电流表的直接接入法。图 9-20b 为带外附分流器的直流电流表接入法。

21. 交流电流表的接线方法

电磁式仪表过载能力强，量限大。如果测量范围在量程容限内可按图 9-21a 方法直接接入被测电路。如果需要扩大量限或必需降低通过仪表的电流时，可选用和电流表变比一致的电流互感器来

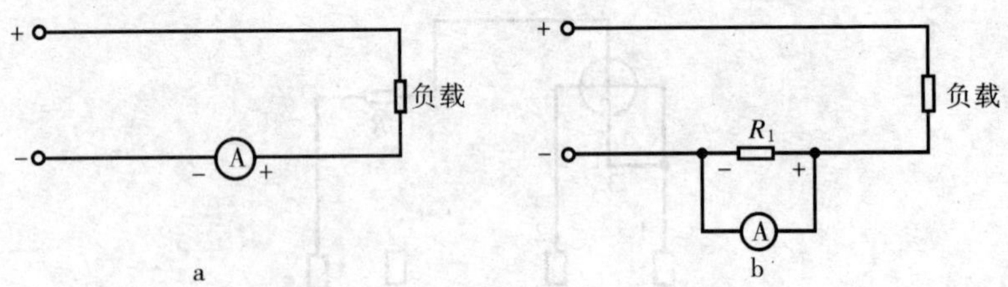

图9－20　直流电流表的接线线路

扩大量程，见图9－21b。

在使用交流互感器时，不允许交流互感器二次侧开路，否则会产生高压，对人以及电器设备造成很大危害。

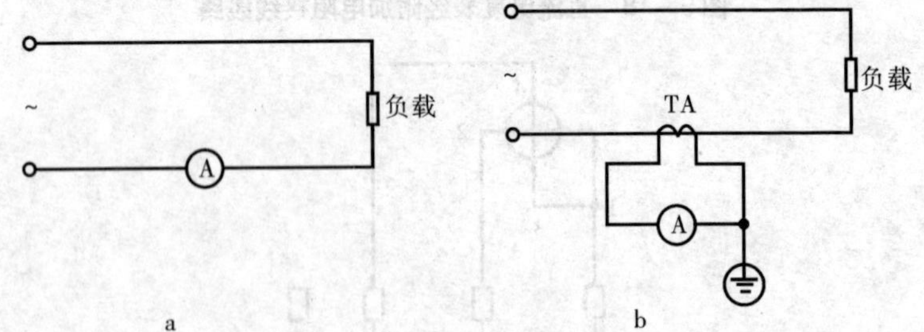

图9－21　交流电流表的连接线路

22. 直流电压表的接线方法

电压表用来测量电气设备线路中的电压。测量时可将电压表直接接入电路，见图9－22a。接线时应注意电压表上的正负极与线路中的电压正负极相对应。如果电压表测量机构的内阻 R 不够大，测量电压又较高时，就需增加一个串联电阻 R_0 来降低仪表机构的电压，这个电路中的电阻也称倍压器，见图9－22b。

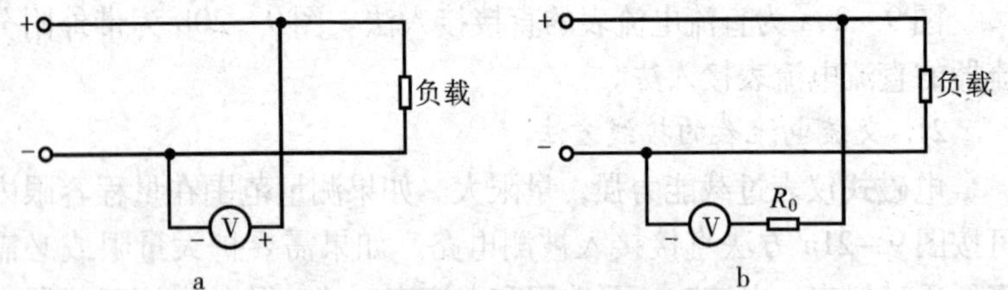

图9－22　直流电压表的连接线路

23. 用两只互感器接入三只电流表方法

用两只互感器接入三只电流表线路如图 9－23 所示。这种方法测量三相交流电流，可省去一只电流互感器。

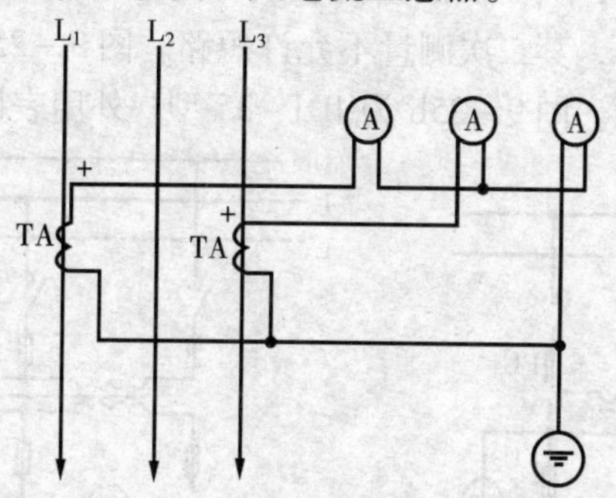

图 9－23　用两只互感器接入三只电流表线路

24. 三只电流表接三相电源方法

图 9－24 所示是三只电流表接三相电源线路，此方法系常用的一种接线方法。接线时，三只电流互感器的一端必须接地，以保证人身和电气设备的安全。

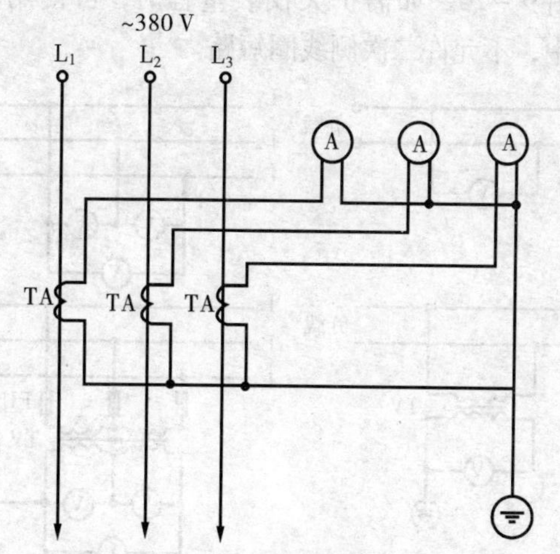

图 9－24　三只电流表接三相电源线路

25. JDJ 型电压互感器接线方法

电压互感器的工作原理与变压器的工作原理一样，它的作用是将高压变为低压，从而供测量仪表或者是继电器的电压线圈用电。使用电压互感器，其二次测量不允许短路。图 9－25a 为 JDJ－6 型户内用表接线图。图 9－25b 为 JDJ－35 型户外用表接线图。

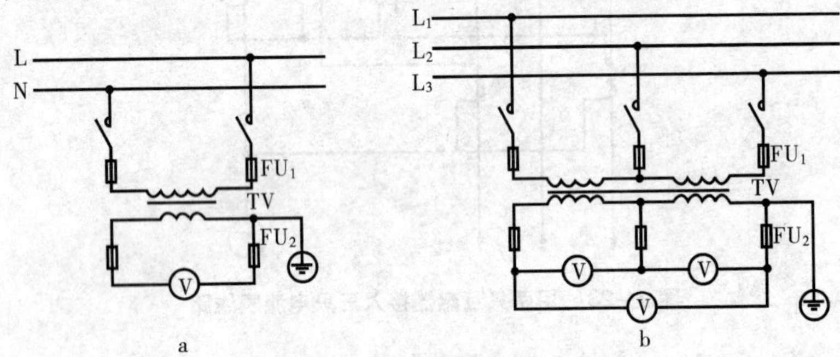

图 9－25　JDJ 型电压互感器接线线路

26. 交流与直流两用电压表的接线方法

用交流或直流两用电压表测量单相或三相交流电路中的电压，接线线路见图 9－26。如需扩大仪表量程时，可使用电压互感器 TV。在接线中，不允许二次侧线圈短路。

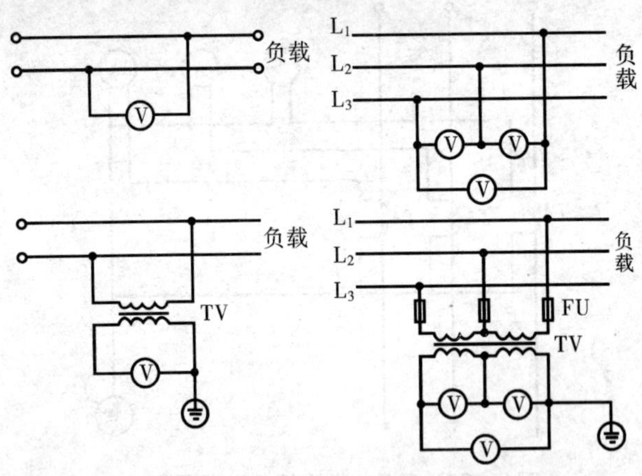

图 9－26　交流与直流两用电压表的接线线路

27. DBY－120 型压力变送器接线方法

DBY 型压力变送器为 DDZ－Ⅱ系列电动单元组合式检测调节仪表中的一个变送单元。DBY 型变送器在测量和自动调节系统中作为检测环节，用于连续测量气体蒸汽、液体等介质的压力和负压，并将被测参数转换成 0～10 mA、DC 统一电流信号输出。它与 DD2－Ⅱ系列电动单元组合仪表中记录仪表、调节器等组成自动检测、调节、控制等工业自动化系统。

DBY－120 型压力变送器接线线路见图 9－27，接线端子 1、2 接该压力变送器的负载（如调节器、指示灯、记录仪表等或负载电阻 1.5 kΩ），接线端子 3、4 接工频电源 220 V。

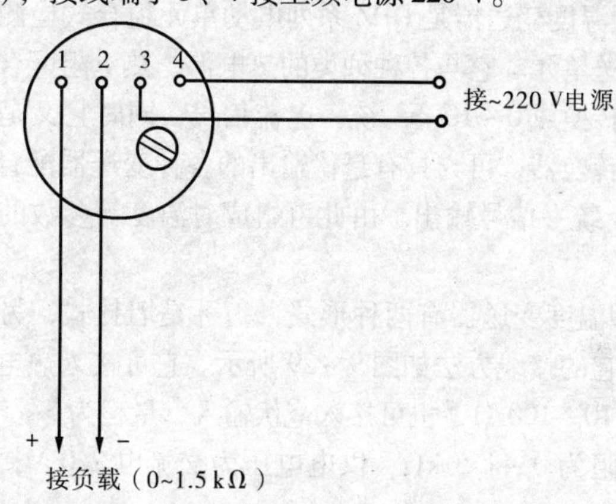

图 9－27 DBY－120 型压力变送器接线线路

28. DZD－031 型电/气转换器接线方法

DZD－031 型电/气转换器为 DDZ－Ⅱ型电动单元组合式检测、调节仪表中的一个转换单元。它在自动调节系统中作为信号转换器用，它能将连续的电信号 0～10 mA、DC 相应地转换为连续的气压信号 0.02～0.1MPa，传送到气动二次仪表、调节器或气动执行机构进行记录、指示和调节。它的输入信号为 0～10 mA、DC，输出信号 0.02～0.1MPa；输入电阻≤2.2 kΩ。其接线线路见图 9－28。

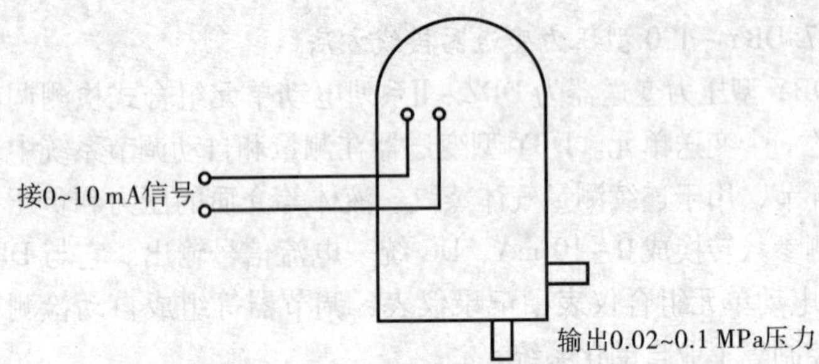

图 9－28　DZD－031 型电/气转换器接线线路

29. DBW－130 型温度变送器接线方法

DBW 型温度变送器是 DDZ 系列电动单元组合式检测调节仪表中的一个变送单元。它与各种种类的热电偶、热电阻配合使用，可将温度信号转换成 0～10 mA 统一电流信号，同时它又是一个低电平直流毫伏转换器，可与具有毫伏输出的各种变送器配合，使之具有 0～10 mA 统一信号输出。由此可组成对温度等参数的自动调节系统。

DBW 型温度变送器有两种形式，一种是墙挂式，另一种是现场安装式。它的接线方法如图 9－29 所示。它可接入热电偶及热电阻，量程为 10～100 Ω，也可接入毫伏输入，量程为 5～50 mV。所接的负载电阻为 0～1.5 kΩ，供电电压为交流电 220 V，消耗电功率约 5 V·A。

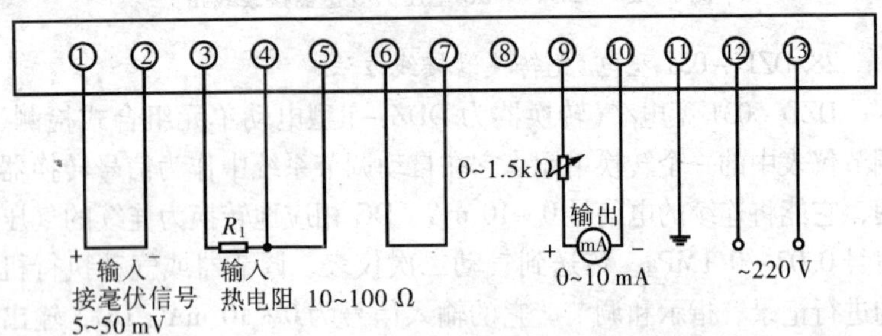

图 9－29　DBW－130 型温度变送器接线线路

30. XWD100 型电子自动记录仪接线方法

XWD100 型电子自动记录仪是自动化仪表的一个单元。它是可将由输入的 0～10 mA 的电流信号变化自动记录下来，得到以时间为坐标的变化曲线图。例如需要记录温度曲线时，测量温度的热电阻阻值变化通过温度变送器输出，变成 0～10 mA 的电流信号送入记录仪中，便可记录出温度变化的曲线。具体外接接线如图 9－30 所示。R_A 为本记录仪自带的外加电阻，配接变送器为 MA，外加交流电压为 220 V。

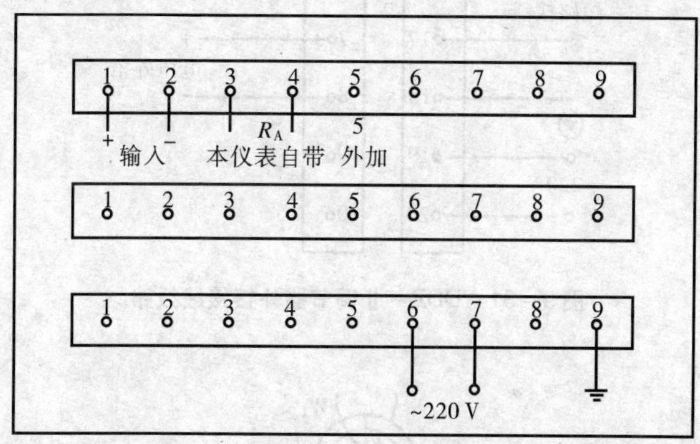

图 9－30　XWD100 型电子自动记录仪接线线路

31. DDZ－Ⅱ调节器外接接线

DDZ－Ⅱ调节器在自动仪表中起直接操动执行机构作用。DDZ－Ⅱ调节器输入 0～10 mA、DC，输出 0～10 mA、DC，电源电压为 220 V。外接接线线路如图 9－31 所示。

32. MG31－2 交流钳形电流表的接线方法

MG31－2 交流钳形电流表是一种互感整流式仪表。被测量的负载导线为一次线圈，在钳形电流表铁芯上固定的线为二次线圈。二次电流经过分流、整流，由指示仪表 M 显示。M 的刻度盘按一次电流的数值显示。电流互感器的电流比为 $I_1/I_2 = W_2/W_1$。其接线线路如图9－32所示。

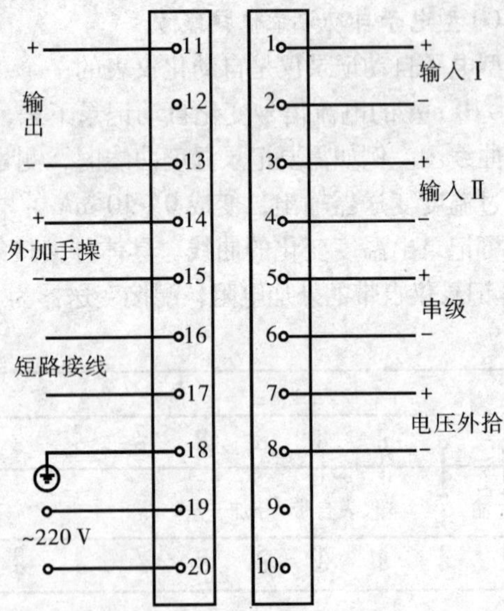

图 9 –31　DDZ – Ⅱ调节器外接接线线路

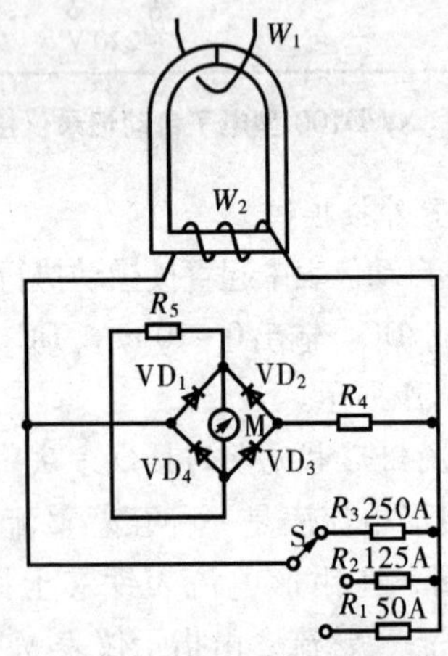

图 9 –32　MG31 –2 交流钳形电流表的接线线路

33. MF52 型万用电表接线方法

万用电表是电工常用测量仪表工具，其内部结构由直流电流表、电容、电阻、二极管、开关、电池等组成。图 9－33 所示是一种典型的袖珍式万用电表线路，它具有直流电流测量挡、交直流电压测量挡、直流电阻测量挡、晶体管 h_{FE} 测定挡。h_{FE} 测量方法如下：把开关转到 $R\times1K$ 挡上，将测试杆短路，调好欧姆零位，再把开关转到 h_{FE} 挡，把晶体管 e、b、c 三极插入万用表相对应的 e、b、e 插孔内，在 h_{FE} 刻度线上可读出 h_{FE} 的值来。

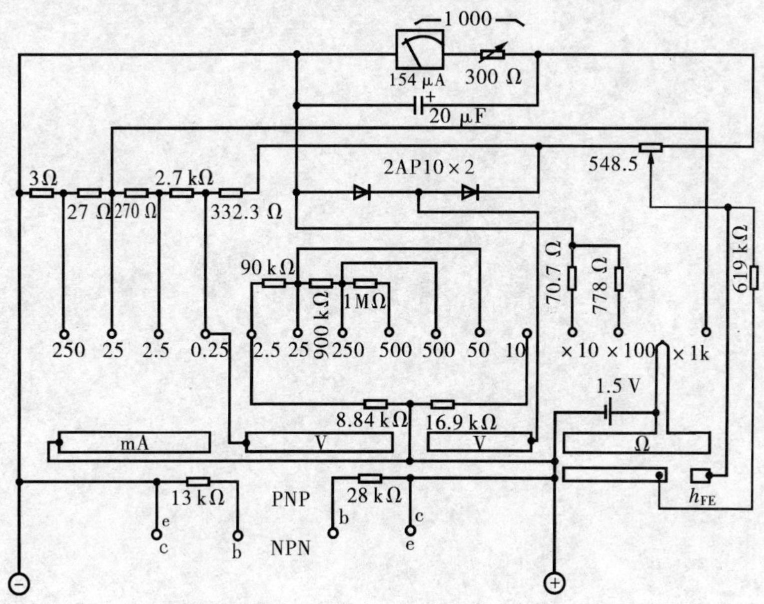

图 9－33　MF52 型万用电表接线线路